高等学校数字媒体技术专业系列教材

数字音频处理教程

刘海英 主编
孙永丽 朱红春 副主编

清华大学出版社
北京

内容简介

本书注重理论知识学习与处理技能训练的结合，系统介绍了声音的特征、数字音频技术的数字化原理、音频数据的压缩编码方法和编码标准、动画配音等基本理论知识内容；结合音频处理软件 Adobe Audition，详细阐述了数字音频处理的基本方法，并设计制作了大量相关实例，帮助读者加深对理论知识的理解和处理技能的掌握。通过对本书的学习，可以系统掌握数字音频的基础理论及其处理的基本方法，为今后从事数字媒体领域的研究和开发工作打下良好的基础。

本书可作为高等学校电子信息类专业及相近专业（信息工程、数字媒体技术、计算机应用技术）、数字音乐专业、录音艺术专业的数字音频处理课程教材，也可供从事音频技术、影视技术、多媒体技术等工作的工程技术人员阅读、参考。

图书在版编目（CIP）数据

数字音频处理教程/刘海英主编. —北京：清华大学出版社，2021.1（2025.1 重印）
21 世纪普通高等学校数字媒体技术专业规划教材精选
ISBN 978-7-302-55754-8

Ⅰ. ①数… Ⅱ. ①刘… Ⅲ. ①数字音频技术－高等学校－教材 Ⅳ. ①TN912.2

中国版本图书馆 CIP 数据核字（2020）第 105095 号

责任编辑：刘向威　吴彤云
封面设计：文　静
责任校对：焦丽丽
责任印制：丛怀宇

出版发行：清华大学出版社
网　址：https://www.tup.com.cn，https://www.wqxuetang.com
地　址：北京清华大学学研大厦 A 座　**邮　编**：100084
社 总 机：010-83470000　**邮　购**：010-83470235
投稿与读者服务：010-62776969，c-service@tup.tsinghua.edu.cn
质量反馈：010-62772015，zhiliang@tup.tsinghua.edu.cn
课件下载：https://www.tup.com.cn，010-83470236
印 装 者：三河市东方印刷有限公司
经　销：全国新华书店
开　本：185mm×260mm　**印　张**：15.25　**字　数**：367 千字
版　次：2021 年 1 月第 1 版　**印　次**：2025 年 1 月第 8 次印刷
印　数：13501～15500
定　价：49.00 元

产品编号：086424-01

《国家中长期教育改革和发展规划纲要(2010—2020)》中指出:"中国未来发展、中华民族伟大复兴,关键靠人才,基础在教育。"[①]

以数字媒体、网络技术与文化产业相融合而产生的数字媒体产业,被称为21世纪知识经济的核心产业,在世界各地高速成长。新媒体及其技术的迅猛发展,给教育带来了新的挑战。目前我国数字媒体产业人才存在很大缺口,特别是具有专业知识和实践能力的"创新型、实用型、复合型人才紧缺"。[①]

2004年,浙江大学(全国首家)和南开大学滨海学院(全国第二家)率先开设了数字媒体技术专业。迄今,全国已有近200所院校相继开设了数字媒体类专业。2012年教育部颁发的最新版高等教育专业目录中,新增了数字媒体技术(含原试办和目录外专业:数字媒体技术和影视艺术技术)和数字媒体艺术(含原试办和目录外专业:数字媒体艺术和数字游戏设计)专业。

面对前所未有的机遇和挑战,建设适应人才需求和新技术发展的学科教学资源(包括纸质、电子教材)的任务迫在眉睫。"21世纪普通高等学校数字媒体技术专业规划教材精选"编委会在清华大学出版社的大力支持下,面向数字媒体专业技术和数字媒体艺术专业的教学需要,拟编写一套突出数字媒体技术和专业实践能力培养的系列化、立体化教材。本套教材包括数字媒体基础、数字视频、数字图像、数字声音和动画等数字媒体的基本原理和实用技术。

本套教材遵循"能力为重,优化知识结构,强化能力培养"[①]的宗旨,吸纳多所院校资深教师和行业技术人员丰富的教学和项目实践经验,精选理论内容,跟进新技术发展,细化技能训练,力求突出实践性、技术先进性、教材立体化的特色。

突出实践性 丛书编写以能力培养为导向,突出专业实践教学内容,为专业实习、课程设计、毕业实践和毕业设计教学提供具体、翔实的实验设计,提供可操作性强的实验指导,适合"探究式""任务驱动"等教学模式。

技术先进性 涉及计算机技术、通信技术和信息处理技术的数字媒体技术正在以惊人的速度发展。为适应技术发展趋势,本套教材密切跟踪新技术,通过传统和网络双重媒介,

---

① 国家中长期教育改革和发展规划纲要(2010—2020),教育部,2010.7。

及时更新教学内容，完成传播新技术、培养学生新技能的使命。

教材立体化 丛书提供配套的纸质教材、电子教案、习题、实验指导和案例，并且在清华大学出版社网站(http://www.tup.tsinghua.edu.cn)提供及时更新的数字化教学资源，供师生学习与参考。

本丛书将为高等院校培养兼具计算机技术、信息传播理论、数字媒体技术和设计管理能力的复合型人才提供教材，为出版、新闻、影视等文化媒体及其他数字媒体软件开发、多媒体信息处理、音视频制作、数字视听等从业人员提供学习参考。

希望本丛书的出版能够为提高我国应用型人才培养质量，为文化产业输送优秀人才做出贡献。

丛书编委会

前言

数字音频利用数字化手段对声音进行录制、存放、编辑、压缩或播放，是随着数字信号处理技术、计算机技术、多媒体技术的发展而形成的一种全新的声音处理手段。数字音频处理是针对数字音频信号的处理技术，其处理模块由固化式发展到开放式，处理功能由单一音频处理发展到集成逻辑控制，系统架构由单台设备集中处理发展到多台设备分布处理。数字音频处理技术呈现出音频信号处理和逻辑控制模块的功能越来越强大、处理模块的新算法越来越先进、音频处理及应用越来越精准、逻辑控制越来越智能等发展趋势。近年来，高等院校相关专业，特别是数字媒体技术、计算机应用技术、教育技术学、音乐学、录音艺术等专业都纷纷将数字音频处理作为本科生、研究生的必修或选修课，所以迫切需要一本在内容上既强调基本概念与基本理论，又融合最新的处理技术方法，在方法上既注重学生基本能力，又强化实践技能培训的教材。

本教材力求实现基础理论与实践操作、科学性与实用性、系统性与可读性的有机结合。全书共分 8 章，主要内容有：声音的特性、数字音频制作基础、数字音频压缩技术、使用 Adobe Audition 录制动画作品中的语言、音频效果处理、多轨混音与合成、动画配音配乐、数字音频处理实例。本教材由刘海英任主编，孙永丽、朱红春任副主编。本教材第 1、3、5、6 章由刘海英编写，第 2、4、7 章由孙永丽编写，第 8 章由朱红春编写，由刘海英完成全书的修改及统稿。书中的部分插图由杨俊萍制作。本教材的编写工作得到国家自然科学基金项目(41601408、41471331、41971339)、山东科技大学教学拔尖人才资助项目、山东科技大学计算机学院杰出青年基金项目的支持，在编写过程中得到山东科技大学计算机科学与工程学院的大力支持，全书从组稿到完成编写，承蒙山东科技大学梁永全教授、郑永果教授、彭延军教授、刘连山副教授等专家的指导与帮助，在此一并表示最衷心的感谢！

这是一本体系创新、深浅适度、重在应用、着重能力培养的应用型教材，由于编者水平和时间有限，书中难免存在疏漏之处，恳请读者批评指正。

刘海英

2020 年 3 月

目录

CONTENTS

第 1 章

声音的特性

本章首先介绍声音的物理属性和感知特性，再介绍声音的艺术属性，最后介绍人耳的听觉特性。

【本章学习目标】

- 了解声音的物理属性和感知特性。
- 理解声音的艺术属性和人耳的听觉特性。

1.1 声音的物理属性

声音是由于物体的振动通过介质传播并能被人的听觉器官所感知的波动现象。在振动时，周围的空气分子随着振动而产生疏密变化，形成疏密波，也就是声波。当声波到达人耳位置的时候，刺激听觉神经末梢，产生神经冲动，神经冲动传给大脑，人就听到了声音。图 1-1 所示为声音的波形图。

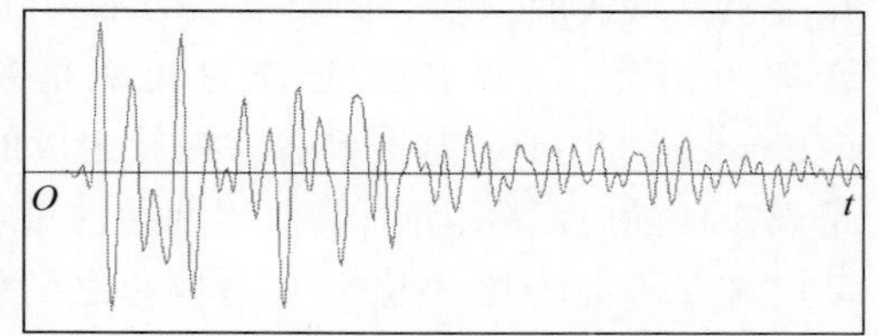

图 1-1 声音的波形图

声音是通过空气传播的一种连续的波，所以，声波具有普通波所具有的传播特性，如反射、折射、干涉和衍射等，声波传播时有一定的速度，在传播途中也会有不同程度的衰减，可以将其归类为传播衰减（如点声源的衰减、线声源的衰减）和吸收衰减（空气吸收、周围环境的吸收等）。声波可用振幅和频率这两个基本物理量来描述，为了便于后面的学习，在此将振幅、频率、波长等几个重要的概念及其相互关系进行简单说明。

1.1.1 振幅

声波的振幅（Amplitude）定义为振动过程中振动的物质偏离平衡位置的最大绝对值。振幅表示声音的大小，也体现声波能量的大小。同一发声物体（如乐器），敲打、弹拨、拉擦它，作用的力越大，产生振动的能量就越大，发出声音的音量就越大，对应声波的振幅也就越大。图 1-2 所示为声波振幅示意图。

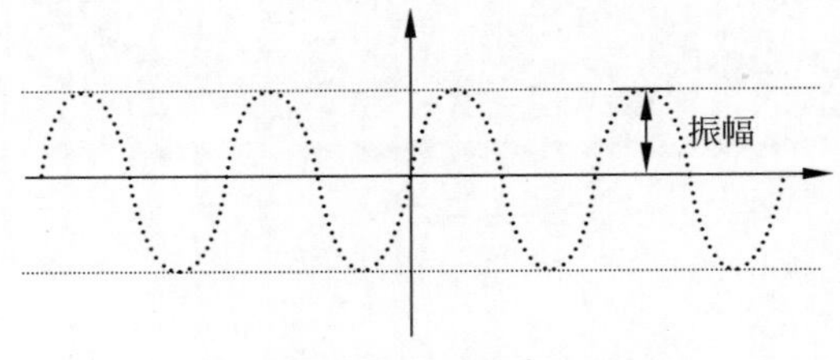

图 1-2 声波振幅示意图

1.1.2 频率

声波的频率(Frequency)定义为单位时间内振动的次数,单位为赫兹(Hz)。人们周围存在着各种频率的声波,然而人类能分辨的声波频率范围为 20Hz～20kHz,称为音频信号(Audio)。语音信号就属于音频范围,其频率范围为 300～3000Hz。对于频率高于 20kHz 或低于 20Hz 的声音,无论强度多高,人耳都是听不到的。频率高于 20kHz 的声音叫超声波,频率低于 20Hz 的声音叫次声波。地震、火山喷发、台风等都伴有次声波产生,一些机器工作时也会产生次声波。

声音频率的高低,与声源物体的共振频率有关。一般情况下,发声的物体(如乐器)越粗大松软,所发声音的频率就越低;反之,物体越细小紧硬,所发声音的频率就越高。例如,大编钟的声音频率比小编钟的声音频率低;大提琴的声音频率比小提琴的声音频率低;同一把提琴,粗弦发出的声音频率比细弦的低;同一根弦,放松时的声音频率比绷紧时的低。

具有单一频率的声音称为纯音(Pure Tone),具有多种频率成分的声音称为复音(Complex Tone)。普通的声音(如人讲话和乐器演奏)一般都是复音。声波往往由各种不同频率的许多简谐振动组成,把其中最低频率的声音称为基音(Fundamental Tone),通常振幅也是最大的。基音的频率称为基频(Fundamental Frequency),比基音高的各频率的声音称为泛音,如果各次泛音的频率是基音频率的整数倍,那么这种泛音就称为谐音(Harmonic Tone),基音和各次谐音组成的复合声音称为乐音。如图 1-3 所示,乐音的波形是规律地随时间变化的,具有周期性的振动,这种声音听起来和谐悦耳。如果物体的复杂振动由许多不同的频率组成,而各频率之间彼此不成简单的整数比,这样的声音不够悦耳,还会使人烦躁。这种频率和强度都不同的各种声音杂乱组合而产生的声音就称为噪声,噪声具有非周期性的特点,如图 1-4 所示。

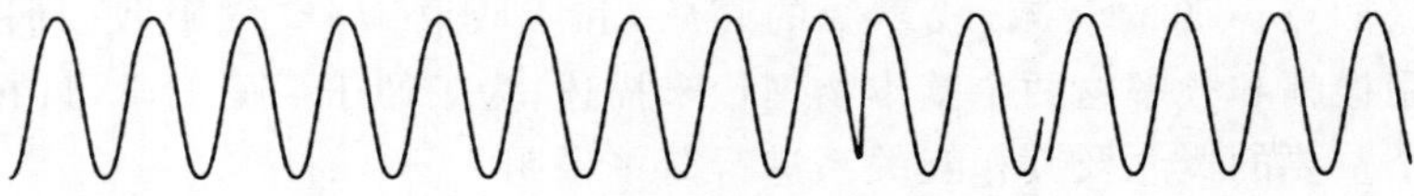

图 1-3 乐音的波形图

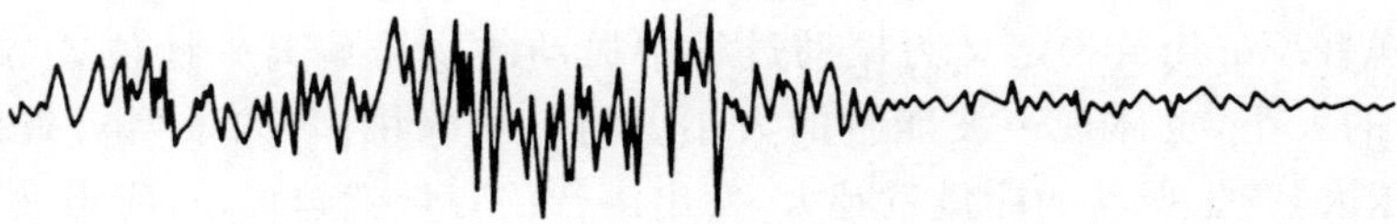

图 1-4 噪声的波形图

1.1.3　波长

可以用波长代替频率来刻画声音的物理特性。声音的波长(Wave Length)定义为声音每振动一次所走过的距离,单位为米(m)。声波的波长(λ)与频率(f)的关系为:$\lambda=c/f$,其中 c 为声速(340m/s)。可见,声波的波长与频率成反比,频率越高,波长越短;频率越低,波长越长。表 1-1 是一些频率的声波所对应的波长。

表 1-1　声波的频率与波长

f	λ	f	λ	f	λ	f	λ
20Hz	17m	250Hz	1.36m	2kHz	17cm	15kHz	2.3cm
50Hz	6.8m	500Hz	68cm	5kHz	6.8cm	20kHz	1.7cm
100Hz	3.4m	1kHz	34cm	10kHz	3.4cm		

1.2　声音的感知特性

除了上面介绍的振幅和频率这两个物理属性外,声音还有若干感知特性,它们是人对声音的主观反应。通常用音强、音调和音色 3 个参数来表示人对声音的主观感觉,这就是人耳的听觉特性三要素,也可以称为声音的三要素,反映在声波的物理特征上就是频率、振幅和频谱分布。

1.2.1　音强

音强又称为响度或声强,就是常说的音量,是人耳对声音强弱的感觉程度。响度是听觉的基础,主要取决于声波振幅的大小。在物理上,使用客观测量单位来度量声音的大小,例如,声压用帕(Pa)或牛顿/平方米(N/m^2)、声强用瓦/平方米(W/m^2)、声功率用瓦(W)、声级用分贝(dB)表示。由于声压级、声强级和声功率级的值是一致的,所以它们可以统称为声级(Sound Level),参见表 1-2。

表 1-2　声压、声强、声功率与声压级、声强级、声功率级

声压/Pa	声强/(W/m^2)	声功率/W	声级/dB	环　境
2×10^{2}	10^{2}	10^{2}	140	飞机发动机(3m)
2×10^{1}	1	1	120	痛阈
2×10^{0}	10^{-2}	10^{-2}	100	织布机房
2×10^{-1}	10^{-4}	10^{-4}	80	汽车喇叭
2×10^{-2}	10^{-6}	10^{-6}	60	交谈(1m)
2×10^{-3}	10^{-8}	10^{-8}	40	安静室内
2×10^{-4}	10^{-10}	10^{-10}	20	轻声耳语
2×10^{-5}	10^{-12}	10^{-12}	0	听阈

人耳听觉的动态范围很宽广,约为 0～140dB。一般正常年轻人在中频附近的听阈约为 0dB,人耳能忍受的强噪声极限约为 125dB。

声压变化 10 倍,声压级变化 20dB。声强和声功率变化 10 倍,声强级和声功率级变化

10dB。声压增加1倍，声压级增加6dB左右。声强和声功率增加1倍，声强级和声功率级增加3dB左右。

对于50Hz～10kHz的纯音，在声压级超过听阈50dB时，人耳大约可以鉴别1dB的声压变化。在声压级超过听阈40dB，频率低于1kHz时，人耳大约可以察觉3Hz的频率变化。

在心理上，主观感觉的声音强弱使用响度（Loudness）或响度级（Loudness Level）来度量，响度的单位为宋（sone），响度级的单位为方（phon）。这两种感知声音强弱的计量单位是完全不同的概念，但是它们之间又有一定的联系，如图1-5所示。

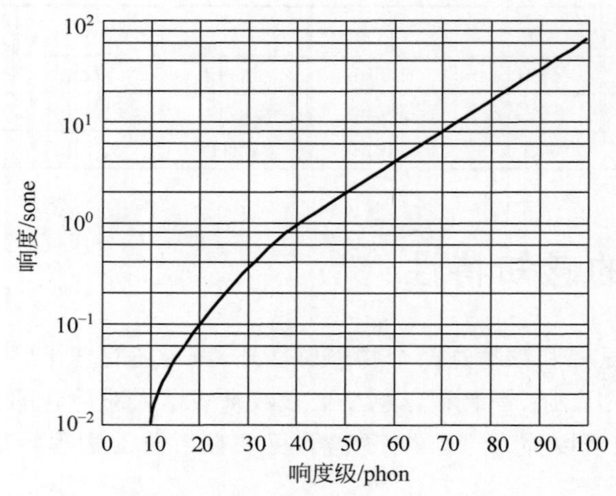

图1-5 响度与响度级的关系

为了对响度进行计算，定义声级为40dB的1kHz标准音的响度为1sone；定义响度级为1kHz标准音的声级的分贝值。响度S与响度级P之间有如下关系式：

$$S = 2^{0.1(P-40)}, \quad 40\text{phon} \leqslant P \leqslant 105\text{phon}$$

或

$$P = 40 + 10\text{lb}S = 40 + 33.219281\text{lg}S, \quad 1\text{sone} \leqslant S \leqslant 91\text{sone}$$

可见，40phon为1sone，2sone比1sone响1倍，3sone比1sone响2倍，其余可依此类推。

描述响度、声压以及声音频率之间关系的曲线称为等响度曲线，也就是著名的弗莱彻—蒙森等响曲线。

当声音弱到人的耳朵刚刚可以听见时，称此时的声音强度为“听阈”（Hearing Threshold或Audibility Threshold）。例如，1kHz纯音的声强达到10^{-12} W/m^2（定义为0dB声强级）时，人耳刚能听到，此时的主观响度级定为0phon。实验表明，听阈是随频率变化的。测出的等响度曲线如图1-6所示。

图1-6中最下面的一条曲线叫作“零方等响度级”曲线，也称为“绝对听阈”曲线，即在安静环境中，能被人耳听到的纯音的最小值。

另一种极端的情况是声音强到使人耳感到疼痛。实验表明，如果频率为1kHz的纯音的声强级达到120dB左右，人的耳朵就感到疼痛，这个阈值称为“痛阈”（Pain Threshold）。对不同的频率进行测量，可以得到“痛阈—频率”曲线，如图1-6中最上面所示的一条曲线。这条曲线也就是120phon等响度级曲线。

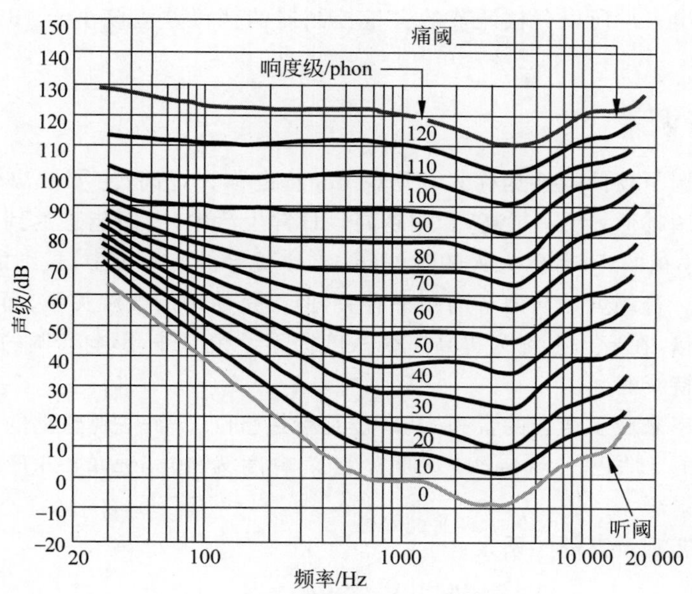

图 1-6　等响度曲线示意图

在"听阈—频率"曲线和"痛阈—频率"曲线之间的区域就是人耳的听觉范围。这个范围内的等响度级曲线也是用同样的方法测量出来的。由图 1-6 可见，1kHz 的 10dB 的声音和 200Hz 的 30dB 的声音，人耳听起来具有相同的响度。

图 1-6 说明人耳对不同频率的敏感程度差别很大，其中对 1～5kHz 范围的信号最为敏感，幅度很低的信号都能被人耳听到。而在低频区和高频区，能被人耳听到的信号幅度要高得多。

此外，人的听觉频响还随声压级的变化而变化，如图 1-7 所示。

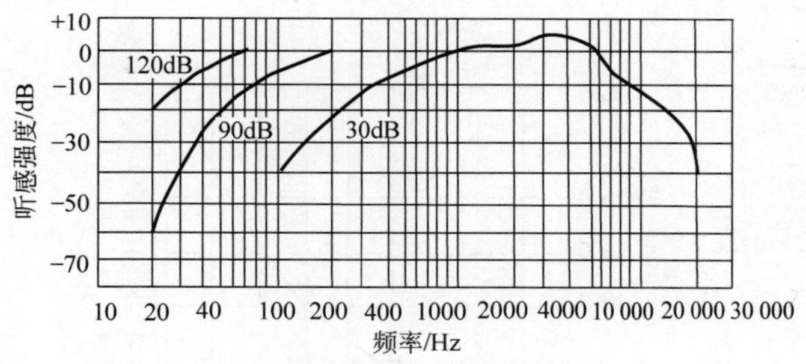

图 1-7　听觉的频响特性

声音的响度级还与声音的持续时间有关，对振幅一定的连续声音，开始听到的响度并不是立即达到其响度级，而是较急速地增大，经过一段时间后才达到最大值，随后逐渐减小。对于持续时间在 1s 以下的声音，人耳会感到响度下降，频率越高的声音，下降得越多。持续时间越短的声音，听起来的响度也下降得越多。

人耳对音强差别的感知与声压级有关，而与频率的关系不大。当声压级在 50dB 以上时，人耳能辨别的最小声压级差大约为 1dB；如果声压级小于 40dB，则声压级须变化 2dB

左右才能被察觉出来。所以分档调节的音量控制器的档位差应该小于 1dB,以免人耳感觉音量突变。

1.2.2 音调

人耳对声音调子高低的感觉称为音调(Tone),也称为音高,主要取决于声波基频的高低,频率越低,音调越低;频率越高,音调越高。日常生活中,人们能感觉到,女生的音调高,男生的音调低;小孩的音调高,大人的音调低;在小提琴的 4 根弦中,最细的弦音调最高,最粗的弦音调最低。音调虽然与声音的频率有关,但不是简单的线性关系,而是对数关系。声音的频率提高一倍,在音乐上称为提高一个八度。除了频率外,影响音调的因素还有声音的声压级和声音的持续时间。

客观上用频率来表示声音的音高,其单位是赫兹(Hz)。而主观感觉的音高(音调)单位则是"美尔"(mel)和"巴克"(bark)。通常定义响度为 40phon 的 1kHz 纯音的音高为 1000mel。

主观音高与客观音高的关系是:

$$\mathrm{mel} = 1000\,\mathrm{lb}(1 + f)$$

$$\mathrm{bark} = 13\cot\frac{0.76f}{1000} + 3.5\cot\frac{f^2}{7500^2}$$

其中,f 的单位为 Hz,这也是两个既不相同又有联系的单位。

人耳对响度的感觉有一个范围,即从听阈到痛阈。同样,人耳对频率的感觉也有一个范围。人耳可以听到的最低频率约为 20Hz,最高频率约为 20kHz。响度的测量是以 1kHz 纯音为基准,音高的测量是以 40dB 声强为基准。

测量主观音高时,让实验者听两个声强级为 40dB 的纯音,固定其中一个纯音的频率,调节另一个纯音的频率,直到实验者感到后者的音高为前者的两倍,就标定这两个声音的音高差为两倍。实验表明,音高与频率之间也不是线性关系,测出的"音高—频率"曲线如图 1-8 所示。

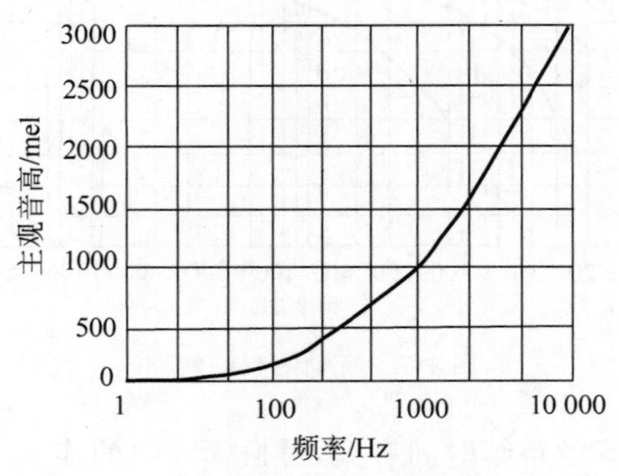

图 1-8 "音调—频率"曲线

除了频率这个主要因素外,影响音调的因素还有声音的响度和持续时间。

对于低频的纯音,声压级升高时会感到音调变低;对于 1～5kHz 的中频纯音,音调与声压级几乎没有什么关系;对于高频的纯音,声压级升高时会感到音调变高。复音的音调由其基音决定，复音声压级的高低对音调的影响比纯音要小得多。

持续时间在 0.5s 以下的声音的音调要比在 1s 以上所感觉到的低。持续时间太短（如 10ms 左右）的声音，人耳感觉不出它的音调，只听到喀呖声。使人耳能明确感知音调所需的声音持续时间随声音频率而不同，低频声音所需要的持续时间要比高频声音的长。

人对声音频率的微小变化的分辨能力，称为人耳对频率的分辨阈。根据实验结果，人耳对于中等强度的中频声音（500Hz～6kHz，50dB）最敏感，分辨阈为 0.3%左右。例如，频率为 3kHz 的声音，变化 3000×0.3%＝9Hz，人耳就能感觉出来。

1.2.3　音色

音色又称为音品，表示人耳对声音音质的感觉，是人们区别不同发声体所发出的具有相同的响度和音调的两个声音的主观感觉。例如，每个人讲话都有自己的音色；每种乐器都有各自的音色，即使它们演奏相同的曲调，人耳还是能将其区分开来。

一定频率的纯音不存在音色问题，音色主要是由复音中不同谐音的分布和组成所决定的。基频决定声音的高低（音调）。声强相同、基频相同的钢琴音和手风琴音，音调是一致的，人耳却感觉到它们的音色不同，原因在于，不同的乐器即使在发出相同基频的声音时，它们包含的谐波成分是不同的，也就是声音的频谱结构不同，表现为谐波的种类（谐波频率）、种数、振幅各不相同，因此给听众的主观感受就有差别。所以说，音色主要取决于声音的频谱结构，如果改变谐音的数量及它们的幅度，也就是改变了频谱结构以后，那么乐器声音的性质会随之改变，所以，谐音决定声音的音品（音色）。

总之，音强（响度）与声源振动的幅度有关；音调与声源振动的基波频率有关；音色与声源发出声音中的谐音数量及其幅度，即声源的频谱结构（波形）有关。

1.3　声音的艺术属性

影视、动画作品中要运用语言、音响和音乐等声音元素对作品进行艺术表现。例如，在声音艺术创作中，可以通过语言的音调、音色、力度以及节奏等物理属性对作品中的人物性格进行刻画。运用声音的物理属性、生理属性和心理属性，提炼生活中的声音素材，创造出与画面相符或具有特殊含义的丰富立体的声音形象，已成为声音创作的重要任务。声音的艺术属性可以从声音的空间感、运动感、色彩感和平衡感等方面理解。

1.3.1　声音的空间感

声音的空间感是指人耳对声源所处立体空间的感觉。正如人在房间中和在操场上交谈的听觉效果完全不同，声源的发声在不同空间具有不同的空间特性。一般来讲，根据自身的生活体验，人耳可辨听出室外和室内的声音，还可以分辨出声学特性不同、体积大小各异的封闭或非封闭空间，这是由所处环境空间的声学特性决定的。在作品创作中，声音的空间感应该与画面所表现的空间范围相一致。

由于声音可以改变空间感，因此在特定空间中的声音必须符合该空间的特征，这就要求设计者更加了解声音在不同空间中产生的不同效果，才能更准确地在虚拟空间中模拟空间中声音的传播方式以及状态，给人以自然、真实的感觉。声音的空间感反映在以下几个方面。

1. 环境感

环境感是指影视作品中的声音空间环境。现实生活中，人们的生活空间充满了各种各样、连绵起伏的声音。通过具有典型性的环境声响，可营造出不同的画内和画外空间环境，使观众感知到所处画面的空间环境。例如，录制这样一句声音："各位乘客请注意，您所乘坐的MU123次班机就要起飞了"，可以处理成机场候机大厅的广播效果，这样就可以增强画面的真实感，使听众身临其境。

2. 透视感

声音的透视感，又称为距离感、远近感或纵深感。在不同的空间环境里，声音的直达声和反射声的比例，以及声音振幅（音量）的大小，可以使人们产生声音远近距离的感觉。在声音创作中，当声音景别的透视感和画面景别的透视感相吻合时，可以使观众产生声音的真实感。例如，对声音进行"淡入""淡出"等效果处理，就是利用这一特点来增强声音的真实感。

3. 方向感

声音的方向感，又称为方位感。在不同的空间环境里，声音到达耳朵的时间、强度和音色是不同的，由此可以使人们辨别出声源的具体方向和所处位置。应该说，方向感中含有距离感因素。在立体声的声音创作中，方向感能使人们感觉到声音的水平定位和深度定位，从而使听众产生身临其境的感觉。

1.3.2 声音的运动感

各种声源在内容、音量、音色以及远近上的交替变化形成了生动的声音运动感。当声源与听者之间以一定的速度做相对运动时，听者所接收到的声音频率（或波长）就会改变，引起音量及音调的明显变化，声学上称为"多普勒效应"。例如，人们听到疾驶而来的火车鸣笛声，就是音调先升高，然而当火车掠身而过再向后驶去时，鸣笛声音调又突然降低，这些都是多普勒效应在生活中的体现。

声音的运动感还包括声源种类的变化。在作品制作实践中大量利用声音的运动感，完成多种声音空间的过渡和转换。

1.3.3 声音的色彩感

声音和画面不同，它没有具体的实在外形。色彩感是对声音的艺术属性的特别描述，其目的是便于听者加深理解和认识声音。声音的色彩可以从地域、民族、时代等方面感受到。

1. 地域色彩

通过声音来反映一个地区的地域特色，通常由地域环境、气候特征、生活习俗决定。在广播节目中，常常会用到带有地域特征的声音。例如，人声中带有地域化特征的是方言，音乐中带有地域化特征的是民歌，音响中带有地域化特征的是当地的地形地貌和环境特征，如驼铃声带我们走进茫茫戈壁、泉水叮咚带我们走入幽幽山涧。色彩鲜明的声音形象，能更生动地表现该地域的社会习俗和风土人情，营造出生活气息和艺术感染力。

2. 民族色彩

通过声音可以反映一个民族的特点和风俗。特定的生活环境、内容和条件，可以构成不同国家不同民族的社会生活色彩，形成与其他民族不同的传统和习惯，这些都可以通过声音的内容和形式得到反映，如西藏喇嘛庙独特的号角声、云南西双版纳的葫芦丝声等。音乐也可以很鲜明地表现出民族特征。在作品中，运用这些富有民族特色的声音及其独特的表达方式，可以创造听众喜闻乐见的不同声音形象，反映出特定的民族社会生活，达到强烈的艺术效果。

3. 时代色彩

通过声音还可以反映时代的特征及风貌。由于不同的时代具有不同的政治、经济、文化及社会生活，所以声音的内容也丰富多彩，会受时间的影响而带有时代所留下的不同印痕。古人有古人的讲话方式，现代人有现代人的沟通手段，如手机、短信、计算机，这些都可以体现在声音上。又如音乐，以歌曲为例，不同年代有不同年代的流行歌曲，《夜上海》一响，就让我们联想到民国时期上海的十里洋场；《金梭和银梭》会把我们带回 20 世纪 80 年代。

1.3.4 声音的平衡感

平衡感就是节目中各种声音的音量、音色、节奏的平衡，一部好的作品听起来是平衡和谐的。声音的平衡主要包含语言、音乐、音效所占节目时间的比例，男女播音员的音色搭配，各种声音元素的音量比例，节目整体节奏的协调性，人声与音乐的情绪等多方面的平衡，整体平衡性还包含高、中、低频段的适当量感分配等。例如，在动画配音时，为了让角色的听觉形象保持统一平衡，应该使演员的语言音色与角色形象相吻合，而且保持音色一致，避免一个人的语言在镜头切换或场景变化时，产生音色和音量的突然变化。除了演员自身的音量和音色需要保持平衡外，还应注意演员之间的音量和音色平衡。

1.3.5 声音的意境

在作品创作中，可以通过声音将生活环境和思想情绪融为一体，形成一种艺术境界，使观众获得情感体验。例如，考场上考生紧张地答题，静悄悄的教室只有钟表的嘀嗒声，强化了时间一分一秒过去的意境。

1.3.6 声音主题

将一种具有某种含义的声音，赋予某个角色或某个环境，并使这一声音多次出现或贯穿始终，以达到刻画人物、表达主题的目的。由于音乐高度概括性的特点，所以，好的音乐可以形成鲜明的主题。例如，很多优秀的影视作品中，都利用主题曲深入人心，烘托主题。

1.4 人耳听觉特性

1.4.1 人耳的听觉系统

声波通过人耳转化成听觉神经中的神经脉冲信号，传到人脑中的听觉中枢，引起听觉。因此，人们对声音的判别主要是由人耳感官的结构和特性造成的。具体形成的机理过程是由声源振动发出的声波，通过外耳道、鼓膜和小听骨的传导，引起耳蜗中淋巴液和基底膜的振动，并转换成电信号，由神经元编码形成脉冲序列，通过神经系统传递到大脑皮层中的听觉中枢，产生听觉，从而感受到声音。

人耳主要由外耳、中耳和内耳 3 部分组成。人耳的结构和技术模型分别如图 1-9 和图 1-10 所示。

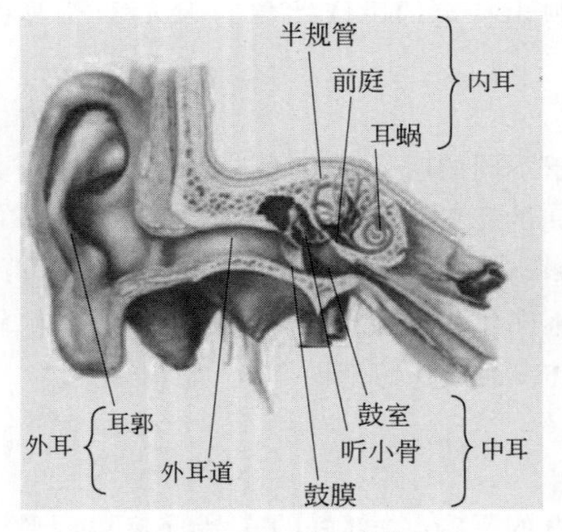

图 1-9 人耳的结构

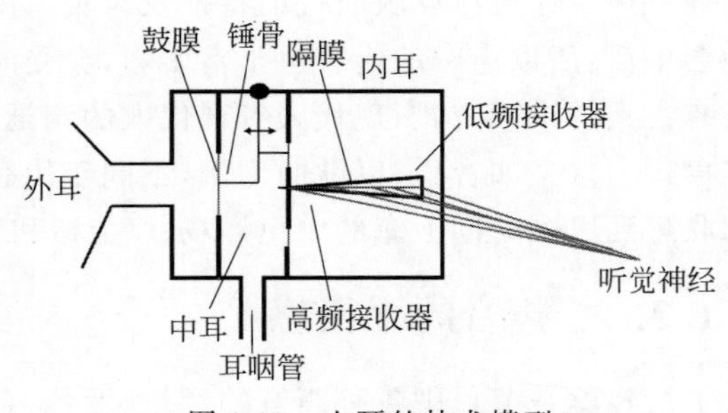

图 1-10 人耳的技术模型

外耳由最外面的耳郭、外耳道组成，到鼓膜为止。耳郭，又称为耳壳，就是我们看到的耳朵，呈不对称形。耳郭主要起收集声音和使耳道与空气之间阻抗匹配的作用，从而使更多的声音能进入耳道。这种匹配作用在 800Hz 左右最好，在高频部分也有效，但在低于 400Hz 时作用就比较差。由于耳郭的形状能使来自不同方向的高频声具有不同的反射情况，因此它对高频声声源产生定位作用，尤其对区分来自前、后方的声音起着重要作用。外耳道是一根直径约 0.5cm，长约 2.5cm 的一端以鼓膜为封闭的圆管，其作用是将声波传导到鼓膜，从而使鼓膜在声波激励下振动。外耳道相当于一个声管，它具有共鸣特性，它的自然谐振频率约为 3000Hz。由于外耳道的共鸣以及人头对声音反射、衍射现象的影响，人耳对 3000Hz 左右的声波的感觉灵敏度特别高。

中耳是鼓膜内侧的空腔部分，它由感觉振动的鼓膜、听骨和容纳鼓膜及听骨的中耳室组成。鼓膜的面积约为 0.8cm^2，厚度约为 0.1mm，是一个浅锥形的软膜，它的顶点朝向中耳内部。鼓膜的振动推动中耳室中 3 块互相连接的小骨头——听骨(又称为听小骨)运动。这 3 块听骨分别叫锤骨、砧骨和镫骨，它们起杠杆放大作用，将鼓膜的振动传到内耳入口处的椭圆窗膜上。与鼓膜相连的是锤骨，然后是砧骨和镫骨，这 3 块听小骨做关节状连接。听小骨上附有能对强声起反射作用的肌肉，使强声减弱后再传入内耳，起到保护内耳的作用。中耳室也叫鼓室，其内充满了空气，体积约为 2cm^3，它通过欧氏管与鼻腔相连。平时欧氏管封闭，当鼓膜内外的压力失去平衡时，欧氏管打开，从而形成了一个沟通鼓室和鼻腔的大气通道，以宣泄鼓室内压强的剧增，使鼓膜内外气压恢复平衡。中耳还可以通过听骨的运动把外耳的空气振动和内耳中的淋巴液的运动有效地耦合起来，从而起到阻抗匹配作用。

内耳是听觉的主要部分，由耳蜗等组成，其作用是对穿入的声波进行分析，将声能转换成神经能传入人脑的听觉中枢。耳蜗的外形有点像蜗牛壳，它是卷曲了 2.75 圈的螺旋形骨质小管。小管是中空的，是神经纤维的通道。耳蜗内充满了淋巴液。耳蜗中间有骨质层和基底膜把它隔成两半，分别为前庭阶和耳鼓阶。

耳蜗的工作过程主要为：当声波引起听骨的振动，并通过卵形窗膜使淋巴液运动传到基底膜上时,会使基底膜上与该声音频率相应的部分产生共振。当入射声音频率较低时,振动向耳蜗深处传播,激励深处的基底膜共振;当入射声音频率较高时,振动会中途衰减,只有靠近耳鼓室的基底膜共振。工作过程如图 1-11 所示。对应于每一个频率,基底膜上都有一个共振点,而不同频率的声音引起基底膜振动的最大振幅位置是不同的,这表明它对频率有一种分析作用。在基底膜上分布着大量的神经末梢元——毛细胞,它们在基底膜振动作用下会发生变形,形成神经脉冲信号,并通过听觉传导神经传至大脑听觉中枢,进一步进行分析,从而使人听到声音,声压越大,被激发的神经脉冲信号数越大,从而使人感到的响度越大。若长期在强声压级环境下工作,毛细胞会因为拉伸应力而疲劳以致损坏,这种损坏是不可能恢复的。

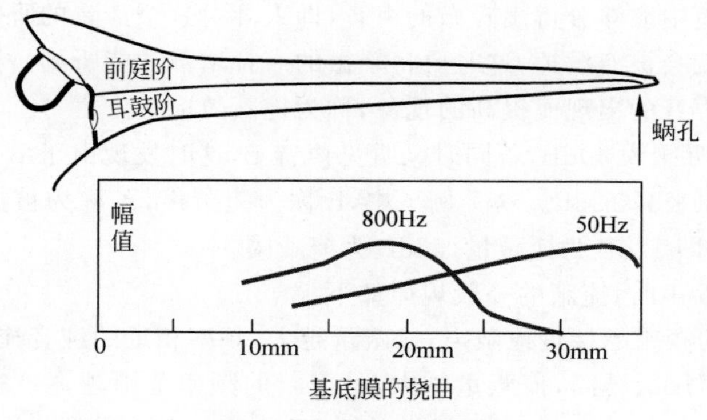

图 1-11 耳蜗的工作过程

此外,声音还可以通过颅骨的振动使内耳液体运动,这一传导途径称为骨传导。颅骨的振动可由振源直接引起,也可由极强声压级的声波引起,还可由身体组织和骨骼结构把身体其他部分受到的振动传至颅骨。在以空气为介质时,声压级超过听阈 60dB 以上,就能由骨传导途径听到。这也可以解释为什么自己听到自己的声音和别人听到自己的声音不一样。

1.4.2 人耳听觉的感受性

1. 人耳可听频率极限

对于可听频率的上限,不同的人有相当大的变化,而且和声音的声压级也有关系。一般年轻人可以听到约 20 000Hz,中老年人只能听到 12 000~16 000Hz,最低频率下限通常认为是 20Hz,人对低于 20Hz 的声波感觉主要是由于身体的振动而不是听觉。

2. 人耳可听声压极限

人类听觉感受性有极宽的动态范围,为 0~140dB,在用纯音做测试实验时,一般正常年轻人在中频附近的最小可听极限大致相当于参考压强为 20μPa 的 0dB。一个人最小可听极限即听阈的提高,表示其听觉灵敏度的降低。

在强声压作用下,人耳会有不舒服及疼痛的感觉。各人能容忍的声压级上限与其在噪声中暴露的经历有关,未经历过强噪声的人,极限约为 125dB;有经常处于强噪声环境中经历的人,极限可达 135~140dB。通常,声压级在 120dB 左右时,人就会感到不舒服;130dB 左右耳内会有痒的感觉;达到 140dB 时耳内会感到疼痛;当声压级继续升高时,会造成耳内出血,甚至听觉系统的损坏。

3. 人耳最小可辨阈

对于频率为 50～10 000Hz 的任何纯音，在声压级超过听阈 50dB 时，人耳大约可鉴别 1dB 的声压级变化。当声压级超过 40dB，频率低于 1000Hz 时，人耳约能察觉 3Hz 的频率变化。

1.4.3 人耳听觉的特性

人耳的听觉特性主要包括掩蔽效应、双耳效应、颅骨效应、鸡尾酒会效应、回音壁效应、多普勒效应、哈斯效应等。

1. 掩蔽效应

人们在安静环境中能够分辨出轻微的声音，即人耳对这个声音的听阈很低，但在嘈杂的环境中轻微的声音就会被淹没掉，这时要将轻微的声音增强才能听到。这种在聆听时，一个声音的听阈因另一声音的出现而提高的现象，称为掩蔽效应。

假设声音 A 的听阈为 40dB，若同时又听见声音 B，这时发现由于 B 的影响使 A 的阈值提高到 52dB，即比原来高 12dB。这个例子中，B 称为掩蔽声，A 称为被掩蔽声，听阈提高的分贝数称为掩蔽量，即 12dB 为掩蔽量，52dB 为掩蔽阈。

两个纯音同时发声时，掩蔽的一般规律如下。

(1) 被掩蔽声的频率越接近掩蔽声，掩蔽量越大，频率相近的纯音掩蔽效果显著。

(2) 掩蔽声的声压级越高，掩蔽量越大，且掩蔽的频率范围越宽。实验表明，掩蔽声增加 10dB，掩蔽阈也增加 10dB。两者呈线性关系，且这种关系不受频率影响，既适合纯音，也适合复音。

(3) 掩蔽声对比其频率低的纯音掩蔽作用小，而对比其频率高的纯音掩蔽作用大。即低频声容易掩蔽高频声，而高频声较难掩蔽低频声。

(4) 一个纯音可以被另一个纯音掩蔽，也可以被一个窄带噪声掩蔽。

上述掩蔽现象都是发生在掩蔽声与被掩蔽声同时作用的情况下，称为同时掩蔽。

掩蔽也可以发生在两者不同时作用的条件下。被掩蔽声作用于掩蔽声之前的掩蔽称为后掩蔽；掩蔽声作用在被掩蔽声之前的掩蔽称为前掩蔽。

非同时掩蔽具有如下特点。

(1) 掩蔽声在时间上越接近被掩蔽声，听阈提高越大，即掩蔽效应越强。

(2) 掩蔽声与被掩蔽声相距很短时，后掩蔽作用大于前掩蔽作用。

(3) 掩蔽声强度增大时，掩蔽量并不等比例增大。

(4) 单耳的掩蔽效应比双耳显著。

一般情况下，同时掩蔽的掩蔽效用在频率的两侧是不对称的，低频掩蔽声对高频掩蔽声起作用，但高频掩蔽声对低频掩蔽声作用不大。但是当噪声声级超过 30dB，上述现象被突破，低于噪声频率的声音也受到掩蔽，称为远掩蔽。远掩蔽效用是对称的，而且随噪声带宽及其频谱的增加而增加。

掩蔽声和被掩蔽声分别加于两耳，也能产生掩蔽，这显然有较高级的听觉系统参与作用，所以称为中枢掩蔽。中枢掩蔽的效果较小，比单耳情况下的掩蔽约低 50～60dB，效用是对称的，它受频率的制约，最大掩蔽效用发生在掩蔽声和被掩蔽声频率附近。

表 1-3 所示为时域掩蔽效应的分类及效果。

表 1-3　时域掩蔽效应的分类及效果

类　　别	名　　称	掩蔽出现时间	掩蔽持续时间	效　　果
同时掩蔽	同时掩蔽	与掩蔽声同时	同时掩声	在掩蔽声持续时间内，对被掩蔽声的掩盖最明显
非同时掩蔽	前掩蔽	在掩蔽声之前	20ms	由于人耳的积累效应，被掩蔽声尚未被听到，掩蔽声已经出现，其掩盖效果很差
	后掩蔽	在掩蔽声之后	100ms	由于人耳的存储效应，掩蔽声虽已消失，掩蔽效应仍然存在

2. 双耳效应

双耳作用首先表现在接收纯音信号的阈值比单耳阈值约低 3dB，这可以理解为双耳综合作用的结果。3dB 是功率的加倍，所以总和意味是 2∶1 的效益。双耳接收白噪声和语音信号，也表现出类似的效果。在响度级测量中对一定声压级的纯音，双耳听起来比单耳响两倍。响度平衡的实验证明，在阈值附近，双耳的响度和单耳相等，而且效益随着声级逐渐增加。对强度和频率的辨别，双耳的辨别力高于单耳。对比声压级 70dB 的 250Hz、1000Hz 和 4000Hz 3 种纯音实验的结果，双耳的差别感受性都低于单耳。

在日常生活中双耳接收声信号，无论时间、强度或频谱，都是互不相同的，但是听到的却是一个单一的声像，这个过程称为双耳融合。双耳听觉大都是在立体声条件的声场中听到的声音近乎位于周围的环境中，而从一对耳机听到的声音位置在其内。为了区分上述不同的感觉，称前者为定向，后者为定位。低频信号的定向是以双耳的时间差为依据，高频信号的定向取决于两耳间的强度差。当波长大于声音从近耳到远耳的距离时，两耳间的相位差也是声源定向线索。绕经头部的路程约为 22～23cm，所以声音由近耳传到远耳约需 660μs，相当于频率 1.5kHz。因此，对更长的波长而言，两耳间将有一个显著的相位差，可作为有效的定向线索。

声源定位的方法是给听音者两个耳间差不同的信号，由此确定耳间差对定位的影响，即耳间时差对 1.3kHz 以下的频率最重要，而耳间强度差是高频定位的主要线索。

3. 颅骨效应

颅骨效应就是通过颅骨传导声音的现象。一个声音从音源传入人耳有两种途径。一是音源通过空间传入人耳，再由听觉器官将感受到的声音信息送入大脑的听觉脑区，即：音源→空间→人耳→大脑。另一个途径就是音源通过人体的组织、颅骨传到听觉器官，送入大脑，即：音源→人体颅骨→大脑。

听自己讲话时声音的传播渠道有两个，即：

- 音源→人体颅骨→大脑
- 音源→空间→人耳→大脑

听自己讲话录音的传播渠道只有一个，即：

- 音源→空间→人耳→大脑

听自己讲话的声音有两个传播渠道，所以频带很宽，自己感觉音色比较好；听自己的录音时，只有一个传播渠道，频带不是很宽，声音也就不那么好听了。所以有些人总是觉得自己的声音比别人的声音好听得多，这种感觉正是由于颅骨效应。颅骨传导现象在日常生活当中是很多的。

机械手表里钟摆振动的"咔嚓"声,只有把手表放在耳边才能听到,而且声音很小。若将手表用牙咬住(如果怕损坏,可以垫在手帕上)再堵住双耳,以断绝空间的背景噪声传入人耳,这时,就会感觉到非常清晰的钟摆声,而且声音还很响。这就是通过牙齿和颅骨把钟摆的声音传递给大脑神经。

人们在进行声乐发声训练的时候也常用这种方法:当你练唱一首还不能掌握自如的新歌时,若条件不允许放声练唱,就可以用手指堵住双耳,轻声练唱,这时你会很清晰地感到自己声带发声的旋律、音高、滑音和声音结构的细节部分,就可以通过甲状软骨、甲环软骨、和撕裂肌肉的配合调节声带的收缩和放松来调整音高和音色。

欧洲人在歌剧演出中使用了一种新型话筒——头盔式话筒。它把话筒极头置于头盔或头饰上,话筒的极头是一个片状的拾音头,贴在人的脑门上,导线通过头发、耳后,连接无线话筒发射机(一个装在口袋里的小盒子),人的声音从声带振动通过人体组织和颅骨传入拾音头中,这也是利用了颅骨传导作用。

4. 鸡尾酒会效应

人耳对不同声源有选择功能。例如,在嘈杂的声音中,你可以把听力集中在一个人的谈话上,而把其他的声音都推到背景中。这是因为大脑会分辨出声音到达两耳的时间差,以及不同距离声源的音质和音量,还能辨别声源方向。而用话筒录音就不同了,它把在接收范围内的声音,包括反射声都接收进来,而人耳却能单独选取一个声音,这就是"鸡尾酒会效应"。

如果用话筒录音后再放音,就没有这种效果了,人感觉声音都是从扬声器中发出的。从某个点录入的谈话人的声音,方位就辨别不出来了。

人耳可以调整听觉神经选择不同方位的声源。不同方位的声音传入人耳时,两耳的感觉是不一样的,有距离上的差异、时间上的差异和频率上的差异。人耳通过两耳拾取的声音的3个不同差别可以辨别出不同方位的声音,就可以通过调节听觉神经来选择不同方位的声源,这就是人耳的选择功能。

5. 回音壁效应

在生活环境中,在某一个声场中,视觉看不到声源,而听觉却能听到声音,这种现象就是回音壁效应。许多建筑可以产生回音壁效应,如意大利露天剧场、哈尔滨铁路文化宫、山西古塔、少林寺鸡鸣街等。就像少林寺鸡鸣街,少林寺附近的一个小镇里,有一条胡同叫"鸡鸣街",据说人们在胡同的西端拍手,在胡同的东端就能听到鸡叫的声音。这就是一种声音的特殊反射现象。这条胡同的房屋都是强反射的硬质材料,因此声音反射很强,声音损失很少。由于多次的反射使音色结构产生某些畸变,所以西边拍手,东边就变成了鸡叫。

6. 多普勒效应

人耳听到声音的频率应与声源振动频率一致,但有时,人耳听到声音的频率不等于声源振动的频率,此时,人耳听到的声音与声源发出的声音音高不同,这是1843年多普勒发现的一种声音传播现象。他发现音高在声源和观察者本身位置有变动时产生表面变化现象:如果声源移近观察者或观察者移近声源,使二者距离相近,这时听到的声音比实际声源发出的声音频率高;相反,声源与观察者距离增大时,则表面音高低于实际音源的音高。

例如,当你乘火车时,迎面开来另一列火车,当两列火车错车时,你会感到火车鸣笛声由低逐渐变高；当火车远离时，你又会感到火车鸣笛声由高逐渐变低。其实，火车鸣笛的声音是固定不变的，人们之所以感到它的声音频率在改变，是因为人耳与音源之间的距离发生了变化。

7. 哈斯效应

若一个声场有两个声源(这两个声源发出的声音是同一个音频信号)，当这两个声音传入人耳的时间差在50ms以内时，人耳不能明显辨别出两个声源的方位。人耳听觉的感觉是：哪一个声源的声音先传入人耳，那么人的听觉感觉就是全部声音都是由这个声源的方位传来的。人耳的这种先入为主的聆听感觉特性，称为“哈斯效应”。

哈斯效应的第一种情况：当声源A和B距离人耳的距离相同，又都是相同的音源信号时，那么，人不能明显地辨别出两个声源的准确方位，主观感觉是声音来自两个声源之间，增加了空间感，称为假立体声。

哈斯效应的第二种情况：当人距声源A近，距声源B远时，会听到A、B两个强弱不同的声音，但人们的心理感觉却只有一个A的声音，而没有感到B的存在。即50ms以内的两个声源的声音，人耳不能分辨出是两个独立的声音，而只感觉是一个声音。哪个声音强，人们就感觉全部声音都由这个方位传来。这种听觉错觉现象就是哈斯效应。

哈斯效应的第三种情况：当人距声源B近，距声源A远时，会感到全部声音都是声源B发出的，而忽略了A的存在。若切断声源B，人们才会发现声源A的存在，不过其声音因距离人较远而显得小一些。若切断声源A，人们仍会感到声音由B发出，只不过听到的声音由于切断了A而变小了一些，其感觉的方位并没有改变。

哈斯效应的第四种情况：当人们距声源A近时，会觉得全部声音都是A发出的，而感觉不到声源B的存在。但若将声源A经延时器处理，使其声音在声源B声音送入人耳后才传到人耳，此时声源A虽然离人位置近，但声音传入人耳晚，人们就会感到全部声音都是由B传来的，这就是哈斯效应在各种不同情况下的作用。

哈斯效应在舞台、剧场中的应用如下。

在剧场演出时，主扬声器一般都装在舞台口两侧，观众席的前排观众和后排观众听到舞台上演员演唱的声音强度是不一样的。前区声音响度大，后排声音响度小，所以产生了较大的声场不均匀度。为了减小声压级之间的差异，有些剧场增加了顶部扬声器或中区侧部扬声器，使前区和后区的观众都能听到很强的响度。但是，这样就会出现新的情况。因为顶部扬声器和侧部扬声器距离观众较近，根据哈斯效应，后区观众会感觉全部声音都是从顶部扬声器或侧面扬声器传来的，产生了演员在台上演唱，而声音都是从顶部和侧面传来的听觉与视觉不统一的现象。为了弥补哈斯效应产生的听视觉不统一的现象，在高级剧场中，对顶部扬声器系统和侧部扬声器扩音系统都通过扩音器进行延时处理，使舞台两侧主扬声器的声音和顶部扬声器与侧面扬声器声音同时传入人耳，使听视觉达到同一协调的目的。

1.5 本章小结

本章主要介绍了声音的物理属性和感知特性；声音的主要艺术属性，包括声音的空间感、运动感、色彩感和平衡感；人耳的听觉特性，包括人耳的听觉系统以及人耳的掩蔽效应、双耳效应、颅骨效应、鸡尾酒会效应、多普勒效应、回音壁效应和哈斯效应。

第2章

数字音频制作基础

本章首先介绍模拟信号和数字信号、声音的数字化过程以及声音数字化的技术指标和音频信号的衡量指标，再介绍数字音频的常用硬件，最后介绍常用的音频制作软件。

【本章学习目标】

- 熟悉模拟信号与数字信号的区别、声音数字化的技术性指标。
- 了解数字音频的硬件和常用的音频制作软件。
- 掌握声音的数字化过程。

2.1 数字音频基础

由第1章的介绍可知，声音信号是由许多不同频率的分量信号组成的复合信号，复合信号的频率范围称为频宽，频宽为20Hz～20kHz的信号称为音频信号，可以被人耳感知，而高于20kHz的声音称为超声。本章要介绍的数字音频，就是利用数字技术处理声音的方法，是一种利用数字化的手段对声音进行录制、存放、编辑、压缩或播放的技术。

2.1.1 模拟信号与数字信号

由于物体的振动，使得介质中的分子在这种力的作用下振动起来，振动波传入人耳，在人耳中所感觉到的就是声音。声波通过传声器可以变为强度不断变化的电信号。用电表示时，声音信号在时间和幅度上都是连续的。在时间上连续是指在任何一个指定的时间范围内声音信号都有无穷多个幅值；在幅度上连续是指幅度的数值为实数。我们把在时间(或空间)和幅度上都连续的信号称为模拟信号(Analog Signal)。

为了便于计算机处理，同时也为了信号在复制、存储和传输过程中少受损害，需要将模拟信号数字化。在某些特定的时刻对模拟信号进行测量叫作采样(Sampling)，由这些特定时刻采样得到的信号称为离散时间信号。采样得到的幅值是无穷多个实数值中的一个，因此幅度还是连续的。如果把信号幅度取值的数目加以限定，这种由有限个数值组成的信号就称为离散幅度信号。例如，假设输入电压的范围为0～0.7V，并假设它的取值只限定在0,0.1,0.2,…,0.7共8个值。如果采样得到的幅度值为0.123V，它的取值应记为0.1V，如果采样得到的幅度值为 0.26V，它的取值应为 0.3V，这种数值就称为离散数值。我们把时间和幅度都用离散的数字表示的信号称为数字信号(Digital Signal)。

从模拟信号到数字信号的转换称为模数转换，记为 A/D(Analog-to-Digital)；从数字信号到模拟信号的转换称为数模转换，记为 D/A(Digital-to-Analog)。通过各种拾音器，如话筒，将物体振动所产生的声音录制下来，存储在磁带、磁盘等电磁存储介质上，这种声音是以电信号存在的，称为模拟音频。再通过计算机设备及相关音频软件将模拟音频转换为计算机可以识别的二进制声音信号，就形成了数字音频。

传统的模拟音频技术将声音存储在磁带或黑胶片等模拟介质中，不容易保存，而数字音频将声音保存在光存储介质或磁存储介质中，可以长期保存而不损坏。模拟音频技术记录下的声音很难进行复杂的二次加工，而数字音频所提供的声音处理方法可以对很多错误进行天衣无缝的修正。模拟音频技术在尽量不损失音质的前提下，最多可以实现 1∶2 的压缩比率，数字音频是压缩的领先者，压缩比率高达 1∶13，甚至更高，出色的压缩技术使得声音能够快速传播。

2.1.2　声音信号的数字化

为了将连续的模拟信号转换成离散的数字信号，虽有多种方法，但在数字音响中普遍采用的是脉冲编码调制(Pulse Code Modulation，PCM)方式。PCM 方式是由采样、量化和编码 3 个基本环节完成的。数字化实际上就是采样和量化。声音的数字化需要回答如下两个问题：每秒需要采集多少个声音样本，也就是采样频率(Sampling Frequency)是多少；每个声音样本的位数应该是多少，也就是量化精度。为了做到无损数字化，采样频率需要满足奈奎斯特采样定理；为了保证声音的质量，必须提高量化精度。

1. 采样和量化

连续时间的离散化通过采样来实现，就是每隔相等的一小段时间采样一次，这种采样称为均匀采样(Uniform Sampling)。相邻两个采样点的时间间隔称为采样周期 T_s(Sampling Period)或采样间隔 T(Sampling Interval)。连续幅度的离散化通过量化(Quantization)来实现，就是把信号的强度划分成小段，在每一段中只取一个强度的等级值(一般用二进制整数表示)，如果幅度的划分是等间隔的，则称为线性量化，否则称为非线性量化，如图 2-1 所示。

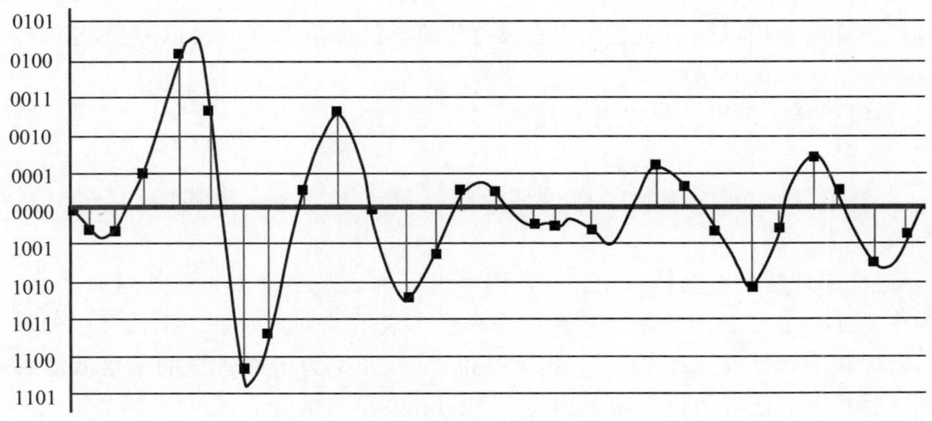

图 2-1　连续音频信号的采样和量化

图 2-2 是声波通过话筒和声卡进行声/电转换和数字化转换变成离散的计算机数据，然后再通过声卡和喇叭/耳机还原为声波全过程的示意图。

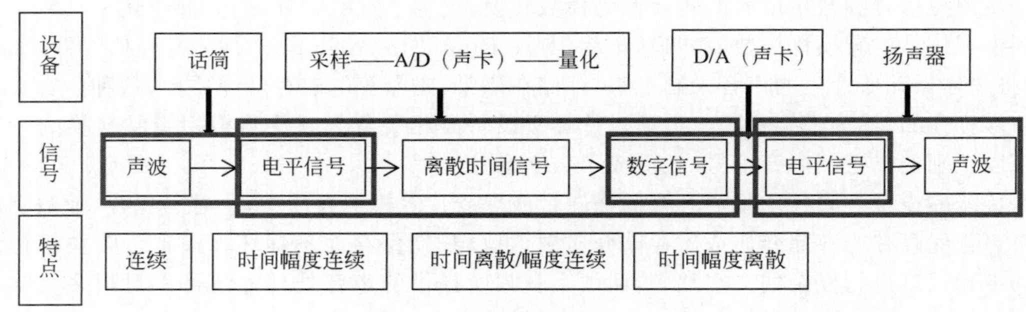

图 2-2 从声音到计算机数据再到声音的全过程

2. 编码

把采样、量化后的声音信息转换为二进制数码的过程称为编码（Coding）。在数字音响中，通常采用 16 位数码表示一个量值，即量化位数 $n=16$。经上述采样、量化和编码所得的数字信号称为 PCM 编码信号，或 PCM 数字信号。

2.1.3 声音数字化的技术指标

声音数字化的过程就是以一定的采样率、一定的量化位数的分辨率获取自然声源的数字化信息，然后设法使记录下来的数据尽可能减少，而重播和回放时使声音波形尽可能接近原始波形。这些都涉及数字音频的技术指标和压缩存储的问题。下面对基本的技术指标进行讨论。

1. 采样频率

采样频率是指 1s 内采样的次数。简单地说就是通过波形采样的方法记录 1s 长度的声音，需要多少个数据。44.1kHz 采样率的声音就是要使用 44 000 个数据描述 1s 的声音波形。

采样频率的选择应该遵循奈奎斯特采样定理：如果对某一模拟信号进行采样，则采样后可还原的最高信号频率只有采样频率的一半，或者说只要采样频率高于输入信号最高频率的两倍，这样就能把以数字表达的声音没有失真地还原成原来的模拟声音，这叫作无损数字化（Lossless Digitization）。

奈奎斯特采样定理可用公式表示为：

$$f_s \geqslant 2f_{\max} \quad \text{或} \quad T_s \leqslant T_{\min}/2$$

其中，f_s 为采样频率，$f_{\max}$ 为被采样信号的最高频率，T_s 为采样周期，$T_{\min}$ 为最小采样周期。

可以这样来理解奈奎斯特理论：声音信号可以看成是由许多正弦波组成的，一个振幅为 A、频率为 f 的正弦波至少需要用两个采样样本表示，因此，如果一个信号中的最高频率为 $f_{\max}$，采样频率最低要选择 $2f_{\max}$。也就是说，采样频率为信号带宽的两倍就能够重构原始信号。例如，电话话音的信号频率约为 3.4kHz，采样频率就应该不小于 6.8kHz，考虑到信号的衰减等因素，一般取 8kHz；CD 激光唱盘的采样频率为 44.1kHz，可记录的最高音频为 22.05kHz，这样的音质与原始声音相差无几，也就是人们常说的超级高保真音质。采样的 3 个标准频率分别为：44.1kHz、22.05kHz 和 11.025kHz。

2. 量化位数

量化位数是对模拟音频信号的幅度轴进行数字化所采用的位数，它反映度量声音波形幅度的精度，决定了模拟信号数字化以后的动态范围。由于计算机按字节运算，一般的量化位数为 8b 和 16b。量化位数越高，信号的动态范围越大，数字化后的音频信号就越可能接近原始信号，但所需要的存储空间也越大。例如，每个声音样本用 16b(2B)表示，测得的声音样本值的范围为 0～65 536，它的精度就是输入信号的 1/65 536。电话的量化位数一般为 8b，CD 的量化位数为 16b。

量化位数的大小影响到声音的质量，位数越多，声音的质量越高，而需要的存储空间也越多；位数越少，声音的质量越低，需要的存储空间越少。常用的采样精度为 8b/s、12b/s、16b/s、20b/s、24b/s 等。每增加 1b，表达声波振幅的状态数就翻一番，并且增加 6dB 的动态范围，一个 2b 的数码音频系统表达千种状态，即 12dB 的动态范围，依此类推。如果继续增加位数，则采样精度就将以非常快的速度提高，可以计算出，16b 能够表达 65 536 种状态，对应 96dB；而 20b 可以表达 1 048 576 种状态，对应 120dB；24b 可以表达多达 16 777 216 种状态，对应 144dB 的动态范围。采样精度越高，声音的还原就越细腻。

3. 声道数

声道数有单声道和双声道之分。双声道又称为立体声，在硬件中要占两条线路，音质、音色好，但立体声数字化后所占空间比单声道多一倍。现在又有了各种多声道的环绕声(Surround Sound)方式，如 4.1、5.1、6.1、7.1 声道。

4. 编码算法

编码的一个作用是采用一定的格式记录数字数据，另一个作用是采用一定的算法压缩数字数据以减少存储空间和提高传输效率。压缩算法包括有损压缩和无损压缩。有损压缩是指解压后数据不能完全复原，要丢失一部分信息。压缩编码的基本指标之一就是压缩比，它通常小于 1。压缩越多，信息丢失越多，信号还原后失真越大。根据不同的应用，应该选用不同的压缩编码算法。

5. 数据传输率

音频信号数字化后，其数据传输率与信号在计算机中的实时传输有着直接的关系，而且总数据量又与计算机的存储空间有直接的关系。因此，数据传输率是计算机处理时要掌握的一个基本技术参数。对于无压缩的数字音频，数据传输率可以按以下公式计算：

$$\text{数据传输率} = \text{采样频率} \times \text{量化位数} \times \text{声道数}$$

其中，数据传输率以比特每秒(b/s)为单位，采样频率以赫兹(Hz)为单位，量化位数以比特(b)为单位，对于声道数，单声道为 1，立体声为 2。

采用 PCM 编码，音频数字化所占用的空间(音频数据量，单位为 B)可以用如下公式计算：

$$\text{音频数据量} = \text{数据传输率} \times \text{持续时间} / 8$$

例如，以 22.05kHz 的采样率，8b 量化对单声道音频信号进行采样，则该音频数据传输率为 22.05kHz×8b×1=176.4kb/s，那么 1min 的数字音频的数据量为 176.4kb/s×60s/8=1 323 000B≈1.26MB。

对于 CD 音质，即 44.1kHz 的采样频率，16b 量化位数，立体声标准的数字音频，1min 的数据量为 44.1kHz×16b×2×60s=10 584 000B≈10.09MB。

2.1.4 音频信号的质量指标

根据音频信号的特征，信号质量的度量首先从信号的频率和强度上考虑。

1. 频带宽度

由于声音信号是由许多频率不同的分量信号组成的复合信号，而描述信号复合特性的参数就是频带宽度，或称为带宽，它描述组成复合信号的频率范围。音频信号的频带越宽，所包含的音频信号分量越丰富，音质就越好。

在广播通信和数字音响系统中，通常以声音信号的带宽来衡量声音的质量。根据声音的频带宽度，通常把声音的质量分成 5 个等级，由低到高分别是电话（Telephone）、调幅（Amplitude Modulation，AM）广播、调频（Frequency Modulation，FM）广播、激光唱盘（CD-Audio）和数字录音带（Digital Audio Tape，DAT）的声音。几种音频业务的频带宽度如图 2-3 所示。

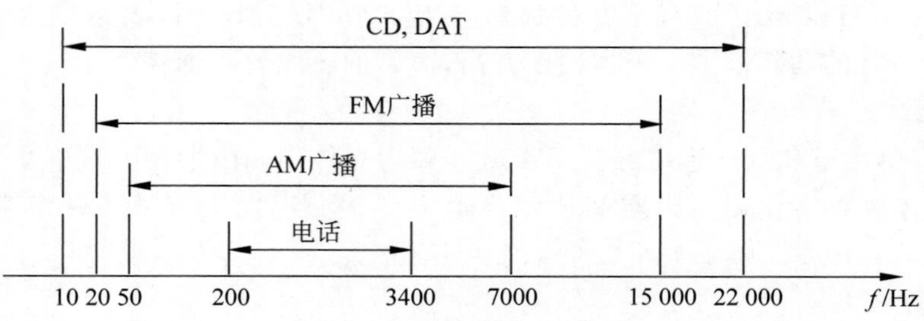

图 2-3 几种音频业务的频带宽度

这 5 个等级使用的采样频率、样本精度、声道数和数据率列于表 2-1 中。

表 2-1 声音质量和数据率

质量	采样频率/kHz	样本精度/b·s^{-1}	声道数	数据率/kb·s^{-1}	频率范围/Hz	频宽/kHz
电话	8	8	单声道	64	200～3400	3.2
AM	11.025	8	单声道	88.2	50～7000	7
FM	22.050	16	立体声	705.6	20～15 000	15
CD	44.1	16	立体声	1411.2	20～20 000	20
DAT	48	16	立体声	1536.0	20～20 000	20

2. 动态范围

声音的动态范围是最大音量与最小音量之间的声音级差。动态范围越大，信号强度的相对变化范围越大，音响效果越好。几种音频业务的动态范围如表 2-2 所示。

表 2-2 几种音频业务的动态范围

音质效果	AM	FM	数字电话	CD，DAT
动态范围/dB	40	60	50	100

3. 信噪比

由于直流稳压电源一般都是由交流电源经整流稳压等环节形成的，这就不可避免地在直流稳定量中多少带有一些交流成分，这种叠加在直流稳定量上的交流分量称为纹波。电源电压中的纹波对电路会造成一些不良影响，使音响装置发出交流声，从而产生噪声。除了设备产生的噪声外，环境也可以产生噪声。信噪比（Signal to Noise Ratio，SNR）是正确信号能量与噪声能量之比的简称。信噪比的单位为分贝（dB），1dB=1/10bel。

$$\mathrm{SNR} = 10\lg \frac{V_{\mathrm{signal}}^2}{V_{\mathrm{noise}}^2} = 20\lg \frac{V_{\mathrm{signal}}}{V_{\mathrm{noise}}}$$

其中，V_{signal} 表示正确信号的电压有效值，V_{noise} 表示噪声的电压有效值。信噪比是衡量信号质量的标准之一，也是一个最常用的技术指标，对音频设备而言，信噪比越大，声音质量越好。设计任何一个声音编码系统都要使信噪比尽可能大，从而得到尽可能好的声音质量。

4. 主观度量法

人的感觉机理对声音的度量最有决定意义。感觉上的、主观上的测试是评价声音质量不可缺少的部分。当然，可靠的主观度量值是较难获得的。

声音质量的评价涉及心理学，是一个很困难的问题，是目前还在继续研究的课题。除了上面介绍的用声音信号的带宽来衡量声音的质量外，声音质量的度量还有两种基本的方法，一种是主要采用信噪比的客观质量度量，另一种是相对的主观质量度量。评价语音质量时，有时同时采取两种方法评估，有时以主观质量度量为主。

主观平均判分法是主观度量声音质量的方法，召集若干实验者，由他们对声音质量的好坏进行评分，求出平均值作为对声音质量的评价。这种方法所得的分数称为主观平均分（Mean Opinion Score，MOS）。

目前，声音主观质量度量比较通用的标准是 5 分制，评分标准见表 2-3。

表 2-3　声音质量评分标准

分数	质 量 级 别	失 真 级 别
5	优（Excellent）	无察觉
4	良（Good）	（刚）察觉但不讨厌
3	中（Fair）	（察觉）有点讨厌
2	差（Poor）	讨厌但不反感
1	劣（Bad）	极讨厌（令人反感）

2.2　数字音频硬件基础

实现声音从模拟信号到数字信号的转换，是需要借助一定的硬件设备的。从声音的拾取、录制到编辑处理，都涉及不同的硬件设备，常见的有话筒、调音台、监听设备、数字音频工作站、录音棚等。

2.2.1　话筒

话筒（Microphone）就是我们常说的“麦克风”，也叫作传声器。它是在录音中拾取声音信号，并将声音信号转换成电信号的基本设备，可以说它是最重要的录音设备。如果话筒不好，录制的声音本身就有问题，无论如何靠后期处理修复，那都是亡羊补牢。

话筒的分类很多，按用途可分为录音（广播）及演出用话筒、通信用话筒和专业测量用话筒；按换能方式可以分为电动式（包括动圈式和带式）、电容式（包括驻极体式）、电磁式、压电式等。当然还有其他一些划分方式，如按照振膜受力、指向、有线或无线等角度来划分。用来录音的话筒一般有动圈式和电容式两种。

动圈式话筒是最常见的话筒。它的构造很简单，话筒里装着一块磁铁，在振膜下面带着一个线圈，当振膜振动时，线圈就在磁场中运动，由于电磁感应，就产生了电信号。可以说，动圈式话筒是应用最广泛的话筒，多为手持式，因此大多用在演出中，如图 2-4 所示。

一般来说，动圈式话筒的价格比较便宜，对录音环境要求比较低，即使没有专门的录音室，动圈式话筒也一样可以进行录音。

电容式话筒的特点是灵敏度高，频响范围宽，音质好，是目前专业录音中最常用的话筒。如图 2-5 所示，电容式话筒的构造和动圈式不一样，它使用拉直的鼓膜平贴在薄薄的充电背板上，电流同时通过鼓膜和背板，鼓膜的振动引起电流的细微变化，从而产生输出信号。其原理和打印机类似，由电流变化转化成信号，可见其灵敏度是很高的。充电板的电源来自一个直流电源，也就是需要额外供电，所以需要与话筒相对应的话筒放大器或调音台来提供电源。因此，电容式话筒是需要供电才能使用的。

图 2-4　动圈式话筒

图 2-5　电容式话筒

专业录音棚往往都有各种各样的话筒，而不是一两支。录音师会根据不同的需要来选择不同的话筒。录制交响乐时，面对各种各样的乐器，就要根据不同的情况使用不同的话筒，不同的乐器，话筒的摆位也都不同。

值得一提的是，话筒是将声音的压力变化信号转换成电压信号，这是一种模拟信号，如果在计算机中进行存储还需要进行数字化。

2.2.2 调音台

如图 2-6 所示，调音台（Audio Mixing Console）又称为调音控制台，是现代电台广播、舞台扩音、音响节目制作等系统中进行播送和录制节目经常使用的重要设备，相当于声音制作的调控中心。调音台由输入部分、输出部分以及监听部分组成。在工作时，常常是对多路输入信号进行放大、音质修饰

图 2-6　调音台

以及进行特殊音响效果处理，然后按照不同的音量将其进行混合，产生一路或多路输出。在很多专业的音频卡中，已经集成了调音台，并且还有很多软件调音台，所以，一些音频工作站中无须配备专用的调音台。

调音台的输入部分在面板上以每个通道为一组，每组以垂直排列的方式构成，每组的电路结构和面板排列位置基本相同，自上而下一般由输入信号选择开关、前置放大器、音质均衡器、声像移动器以及输入电平控制器和开关矩阵等部件构成。调音台的输入通道一般以4组为一个单元，所以调音台的输入声道数一般是4的整数倍，如12路调音台、24路调音台等，可以根据需要，以4为单位进行组合和增减。

2.2.3　监听设备

要理解监听这个概念，需要额外解释一下音染。音染就是声音本质、原声受到了额外的干扰，出现了多余的声音，或者改变了声音的原貌。举个比较形象的例子：你对着一个大罐子说话，听到自己的声音和平时不一样，罐子里面的空间改变了你的声音，这就是音染。录音师需要听到声音的本质，这样才能够知道如何对声音进行修饰，最终达到完美。所以监听设备用于听音室、录音室等制作音频节目时的监听，它具有失真小、频响宽而平直、声音结像清晰、对信号很少修饰等特性，因此最能真实地重现声音的原来面貌。常见的监听设备有监听功放、监听音箱和监听耳机如图2-7和图2-8所示。监听音箱的本质就是尽量杜绝音箱对声音造成的音染，所以与其他的主放音音箱是有一定差别的。专业的监听耳机和人们平时用的耳机在耳罩的材料选用、隔音效果、耳压等方面都有很大差别。

图2-7　监听功放

图2-8　EQUATOR Q12监听音箱

2.2.4　数字音频工作站

数字音频工作站(Digital Audio Workstation，DAW)是一种用来处理、交换音频信息的计算机系统。它是随着数字技术的发展和计算机技术的突飞猛进，将两者相结合的新型设备。数字音频工作站由硬件和软件组成。硬件部分包括计算机控制部分、专业的音频信号处理卡、数字信号处理器(Digital Signal Processor，DSP)等，软件部分则包括一些功能软件和插件程序，实现对音频的编辑处理以及混音功能。

广义上，凡是能够输入输出音频信号，并对它做加工处理的计算机都可以称为数字音频工作站。但从专业的角度，数字音频工作站应该能实现符合专业要求的音质录入与播放；能够同时播放至少8个音频轨；具有快捷、精细的音频剪辑功能；具有完善的混音功能。数字音频工作站往往都配备专业的音频卡。普通音频卡的采样率一般为44.1kHz，16b量化，而专业音频卡一般要支持 96kHz 采样率,24b 量化,具有低失真、高信噪比等特点,而且专业级的音频卡还提供了很多专业的音频接口,价格也相对高,往往都在几千元到上万元不等。

专业音频制作领域中比较常用的数字音频工作站有 PROTOOLS 9(美国 Digidesign 公司出品)、LOGIC(美国苹果公司出品)、德国 Steinberg 公司(Yamaha 旗下)出品的 NUENDO 和 CUBASE 等。PROTOOLS、NUENDO 和 CUBASE 这 3 种音频工作站软件都可以支持 Windows 和 Mac OS 两大操作系统;LOGIC 则只支持 Mac OS 操作系统。PROTOOLS 需要用户在软件的基础上购买原厂的专用硬件设备(专用的板卡或音频接口),才能够正常工作;而 LOGIC、NUENDO 和 CUBASE 不需要依赖专用的硬件设备就可以独立工作。

2.2.5 录音棚

录音棚又叫录音室,它是人们为了创造特定的录音环境声学条件而建造的专用录音场所,是录制电影、歌曲、音乐等的录音场所,录音室的声学特性对于录音制作及其制品的质量起着十分重要的作用。普通的房子是不能作为录音棚使用的,因为录音棚采用了科学的声学建筑手法。玻璃一律是隔音的真空玻璃,包括门窗也要做隔音处理。比如门,就要加牛皮筋来封死门缝;地板要做成悬空的,先打一层龙骨,然后铺地板,最后铺上地毯;墙壁要建造隔断,先打一层龙骨,龙骨架内可用的材料有玻璃棉、泡沫、玻璃纤维等隔音材料。录音棚主要需要计算机、专业声卡、调音台、录音棚监听室、麦克风、话筒放大器、人声效果器、监听音箱、耳机、耳机分配器等。图 2-9 为录音棚的工作示意图。

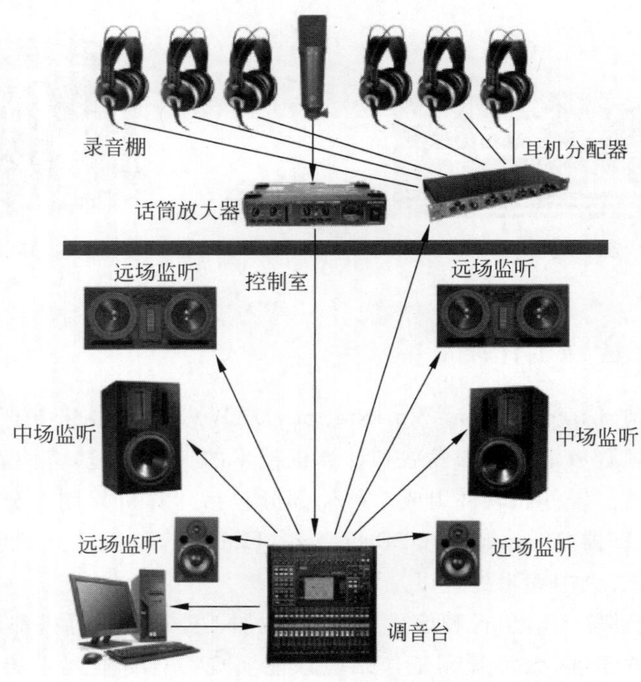

图 2-9 录音棚的工作示意图

2.3　常用的音频制作软件

如果说硬件系统是数字音频制作的骨架，那么音频制作软件就是数字音频制作的灵魂。近几年，数字音频制作软件发展迅速，很多硬件的功能，如音序器、合成器、采样器、效果器、均衡器等，都可以由软件来实现。如今，各种类型的软件呈现出功能覆盖和叠加的态势。例如，一些 MIDI(Musical Instrument Digital Interface)音序器软件也具备了音频编辑处理能力，而一些音频编辑软件也扩展了多轨录音的功能等。软件越来越向多功能性集成，在归类时其实很难将其划分在某单一领域，只能按其侧重进行归类。对于数字音频制作，从制作的功能性进行归类，音频制作软件大致可分为专用软件、音频处理类、MIDI 音序类、音源类等几种类型。

2.3.1　专用软件

专用软件一般来说需要与配套的硬件板卡共同工作才能发挥它的作用，因此往往在一些专业级工作站中出现，它们的功能强大，有独立开发的 DSP 处理系统，与硬件板卡的结合更加彻底、全面，性能也更加优秀。Pro Tools 是目前最专业的音频制作工具，是录音行业的业界标准。根据不同的市场定位与价位划分，又派生出了 Pro Tools | HD、Pro Tools | 24MIX、Digi001、Digi002、Mbox 等硬件配置等级不同、软件功能略有差异的数个系统。Pro Tools 级别最高，投入最多，其品质自然也是最好的。

Pro Tools 将软硬件完美结合后，提供了无比简明的方式，使一个项目从策划到完成会很容易地实现。对音频/MIDI 录制、编辑、混合只通过两个主要的窗口即可完成。Pro Tools 的软件界面就是一个超级的用户可以自定义的调音台。制作人员可以从一个标准的模板开始，或创建一个自己的调音台结构。作为以计算机为基础的数字音频工作站，它重新定义了音乐的制作手段和方式，并完全取代了传统音频的磁带多轨录制和混合调音台，包含了所有专业声音处理所需要的功能，诸如 MIDI、录音、剪接编辑、效果处理、混音、声音格式转换、无损编辑等专业录音工作，Pro Tools 无不囊括在内。除此之外，Pro Tools 更拥有多家协力厂商开发的近百套 Plug-in 特效处理软件，不但满足了各种专业工作对声音的需求，更提供音乐工作者在创作上无限的弹性空间，是专业音乐、电影电视音频后期制作的主力产品，音乐、广播、电影、电视中数字音频制作的标准，并在多数格莱美获奖音乐和奥斯卡获奖电影的数字音频制作中占据了重要的位置。

2.3.2　音频处理类软件

这类软件的主要功能包括录音、压缩、混音、编辑、后期效果及母带处理等。目前见到的大部分音频软件大都集成了这些功能，由于使用者需求与条件的差异，用户对软件的选择及使用上也呈现不同的差别。

1. Adobe Audition

Adobe Audition 是一个专业音频编辑和混合环境，其前身为 Cool Edit。2003 年，Adobe 公司收购了 Syntrillium 公司的全部产品，著名的音频编辑软件 Cool Edit Pro 也随之改名为 Adobe Audition v1.0。Adobe Audition 功能强大，控制灵活，可以完成录制、混音、编辑和效果处理，也可轻松创建音乐、制作广播短片、修复录制缺陷。Adobe Audition专门为音频和视频专业人员设计，通过与 Adobe 视频应用程序的智能集成，还可将音频和视频内容结合在一起。Adobe Audition 操作简便，界面简洁，易学易掌握，而且容量小，能够满足对音频的各种编辑需求，这也是非专业人士当中普及较广、人气最佳的一款软件。

2. Samplitude 2496

Samplitude 2496 一般简称为 SAM 2496，是由德国 MAGIX 公司出品的 DAW 软件，分为 Samplitude Classic 和 Samplitude Professional 两个版本。在 7.0 版本之前，Samplitude一直是一款侧重于音频多轨编辑与缩混的软件，但从 7.0 版本开始，Samplitude 开始支持ASIO 驱动 VST 插件、VST 乐器以及分轨 MIDI 功能等，至此，Samplitude 7.0 已经成为音频、MIDI 两手都抓，两手都硬的全能选手。Samplitude 2496 支持各种格式的音频文件，能够任意切割、剪辑音频，自带频率均衡、动态效果器、混响效果器、降噪、变调等多种音频效果器，在中高端用户中备受好评。

3. Sound Forge

Sound Forge 是 Sonic Foundry 公司开发的一款单轨录音软件，9.0 版本曾获得国际大奖。单轨录音，顾名思义就是指只能进行一个声部（音轨）的录制，要想进行多声部录制，只能分别多次进行。而多轨录音则可以同时对几个声部进行录制，并能对音乐和人声进行合成处理。单轨录音虽然会给多声部录制带来很多不便，但在编辑、修改单独一个音频文件时却显得十分简单，其编辑功能也普遍比多轨录音软件强大许多。因此，它们之间是相辅相成、互相弥补的，应该在录音的不同阶段使用不同的录音方法。

Sound Forge 不需要非常好的硬件系统，它的可操作性在同类软件中是出类拔萃的，它的主要用途是录音，录音界面非常专业，可以满足任何录音要求。在计算机音频工作站中，Sound Forge 的作用就是录制音频信号，存为 WAVE 文件，等待其他多轨音频软件的编辑与混音。

2.3.3 MIDI 音序类软件

音序软件的主要功能是将演奏者实时演奏的音符、节奏信息以及各种表情控制信息（如速度、触键力度、颤音以及音色变化等）以数字方式在计算机中记录下来，然后对记录下来的信息进行修改编辑，并发送给音源，音源即可自动演奏播放。这就是通常所讲的 MIDI 文件，如今单纯具有 MIDI 功能的音序软件已经非常少见了，大多都集成了音频编辑功能。

1. Sonar（Cakewalk）

计算机音乐圈里，美国的 Cakewalk 可谓大名鼎鼎，是最早的 MIDI 制作音序器软件。通过不断完善，Cakewalk 如今已升级为 Sonar，在原有的基础上，增加了针对软件合成器的全面支持，并且增强了音频功能，使之成为 MIDI、音频、音源（合成器）一体化的新一代全能型超级音乐工作站。

Sonar 有两种型号，完全功能的叫 Sonar XL，简称 Sonar。Sonar 自身就附带了几个比较优秀的 DXi 软音源插件，能够允许第三方制作的软件合成器作为一个插件在 Sonar 里面使用。通过收购，Sonar 把 Untrafunk 效果器包、VST-DX Adapter 等著名软件纳入自己的安装程序，此外，还带有 MusicLab 公司的几个 MIDI 插件，MIDI 处理能力史无前例的强大。而它的操作和使用却非常方便，容易上手，所以受到专业音乐制作人和业余音乐爱好者的广泛喜爱。

2. Cubase/Nuendo

Cubase/Nuendo 均出自德国 Steinberg 公司，Cubase 面向个人工作室。两者的界面稍有不同，操作上完全一样。目前，Nuendo 已经成为使用最广泛的专业音乐制作软件，它的功能极其强大，是一款集 MIDI 制作、录音混音、视频等诸多功能于一身的高档工作站软件。不过它过于专业，如果你会 MIDI 键盘，那么使用它可能会比较方便。Cubase 的音源和音频功能非常强大，许多公司对它开放了很多 VST 音频效果器和音源插件，VST 插件具有非常良好的实时性、监听真实性和稳定性，这是它对比 Sonar 具有的优势，而且，它的录音、音频处理和多轨缩混功能都非常出色。绝大多数 VST 插件效果器和音源均可以转换为 DXi 在 Sonar 里面使用，这从某种角度上达到了互补，Cubase 的资源占用比 Sonar 要高，而且需要声卡支持 ASIO 专业标准才能较好地使用。

3. Logic Studio

Logic Studio 是由苹果公司推出的一套音乐制作软件套装，采用全新的音频设计思路，将 Macintosh 计算机变成业界最高声音质量标准的数字音频工作站，包含了众多合成器和效果器，以及特别完美的节奏与乐段编曲工具，并针对 PowerPC G5 处理器和 Mac OS 做过优化，组成一套具有强大功能的音频系统。其集群运算带来的革命可以利用联网的计算机提供更强大的数字信号处理运算能力。针对目前流行的 Loop 制作方式，Logic 内置了 Apple Loops，它的浏览和编辑功能足以让市场上各种同类软件黯然失色，可以实时伸缩节奏乐段的时值长短，并修改节奏乐段的音调。由于对硬件性能需求较高，目前用户数量相对较少，但其增长速度相当快。

以上 3 款音序软件其实都已变成了多功能的音频工作站，需要说明的是，具有音序功能的软件也是非常多的，一些自动伴奏软件如 Band in A Box、JammerLive、TT 作曲家等，众多的舞曲制作软件如 Reason、FL Studio、ACID 等。

2.3.4 音源类软件

音源类软件是目前发展速度最快、产品最多的一类软件。软音源若以软件运行状态划分，可分为以插件运行方式和独立运行方式两类，如 Reality、GigaStudio 是属于独立运行的软音源、软采样器，它们有一个致命的缺点，就是不能通过算法直接与音频轨缩混在一起，只能用内录的方式通过声卡将其转换为音频。插件，就是“插入”到主工作站软件内使用的软件，它本身不能独立运行，要依靠主软件来运行，使用起来非常方便，可以直接通过算法和音频轨进行缩混，没有任何音质的损耗。

若以音色来源划分，可分为采样类和软波表类。采样类软件是将真实乐器的各种音色及技法原封不动地记录下来，供客户恰当应用。大名鼎鼎的 Vienna Symphonic、EastWest 等是典型的采样类软音源。波表类的音色则是“计算”出来的或模仿、创新的音色，如 Steinberg Hypersonic、YamahaXG100 等都属于软波表音源。采样类的优势在于其接近真实乐器的音色，而波表类则更侧重无穷变化的电子音色。

若以插件格式划分，则有 DXi、VSTi、AudioUnits、TDM、HTDM、RTAS 等多种格式。DXi、VSTi 是使用最多的插件格式。DXi 是由 Cakewalk 公司开发的，这类插件的数量并不多，而且只能运行在 Cakewalk Sonar 系列软件上，局限性较大，因此，它并不是非常受欢迎。

VSTi 是基于 Steinberg 的“虚拟乐器插件”技术，各种各样的软件音源已经多得数不清了，是目前应用最广、种类最多的格式。Audio Units 是 Mac OS X 平台的音源插件格式。还有其他的必须有相应硬件配合才可以使用的专业插件格式，如 Pro Tools 的 TDM、HTDM、RTAS 格式，Creamware 的 Creamware 格式，VariOS 的 VariOS 格式等。

按虚拟乐器的乐器特点划分，可分为电子、管弦、打击、民乐、键盘等组别，也可分为综合类和单一型两类，如 East West QL COLOSSUS、Hypersonic，由于一个插件包含了众多音色，属于综合类；RealGuitar、PlugSound Keyboard 等只有一种乐器的音色，则属于单一型，分别是吉他音源和钢琴音源。

2.3.5 音频格式转换软件

1. Ease Audio Converter

Ease Audio Converter 适用于音频文件的压缩与解压缩，它可以将任何压缩格式转换成 WAVE 格式，或者将 WAVE 格式的文件转换成任何一种压缩格式。

2. Super Video to Audio Converter

Super Video to Audio Converter 是一款从视频中提取音频的工具，它支持从 AVI、MPEG、VOB、WMV/ASF、RM/RMVB、MOV 格式的视频文件提取出音频，保存成 MP3、WAV、WMA 或 OGG 格式的音频文件。

随着各种新技术、新软件的不断涌现，软件的功能越来越完善，虽然生产厂商不同，界面不同，但一些功能都具有相似性。各种软件不能互相取代，用户可以根据操作习惯和层次要求选择适合自己的软件。

2.4 本章小结

本章主要介绍了数字音频基础，包括模拟信号与数字信号，声音信号的采样、量化和编码的数字化过程，声音数字化的技术指标和音频信号的质量指标；再介绍了数字音频的常用的硬件，主要有话筒、调音台、监听设备、数字音频工作站和录音棚等；最后简单介绍了常用的音频制作软件，主要包括专用软件（如 Pro Tools）、音频处理软件（如 Adobe Audition）、MIDI 音序类软件、音源类软件以及音频格式转换软件等。

第 3 章

数字音频压缩技术

本章首先介绍数字音频压缩的可行性和音频压缩方法，再详细介绍数字音频的各种压缩编码方法和音频压缩编码的标准，最后介绍常用的数字音频文件的格式。

【本章学习目标】

- 了解数字音频压缩的可行性、压缩方法的主要分类和数字音频文件的常见格式。
- 掌握数字音频的压缩方法和主要的音频压缩编码标准。

3.1 数字音频压缩技术概述

3.1.1 数字音频压缩的可行性

为利用有限的资源，压缩技术从一出现便受到广泛的关注。信号(数据)之所以能进行压缩，是因为信号本身存在很大冗余度。根据统计分析结果，音频信号中存在着多种冗余，可分别从时域和频域来考虑。另外，由于音频主要是给人听的，所以考虑人的听觉机理，也能对音频信号进行压缩。

1. 时域冗余

音频信号在时域上的冗余主要表现为以下几个方面。

1）幅度分布的非均匀性

统计表明，在大多数类型的音频信号中，小幅度样值出现的概率比大幅度样值出现的概率要高。人的语音中，间歇、停顿等出现了大量的低电平样值；实际讲话的功率电平也趋向于出现在编码范围的较低电平端。

2）样值间的相关性

对语音波形的分析表明，相邻样值之间存在很强的相关性。当采样频率为 8kHz 时，相邻样值之间的相关系数大于 0.85。如果进一步提高采样频率，则相邻样值之间的相关性将更强。因此，根据较强的一维相关性，可以利用差分编码技术进行有效的数据压缩。

3）周期之间的相关性

虽然音频信号分布于 20Hz～20kHz 的频带范围，但在特定的瞬间，某一声音却往往只是该频带内的少数频率成分在起作用。当声音中只存在少数几个频率时，就会像某些振荡波形一样，在周期与周期之间存在一定的相关性。利用音频信号周期之间的相关性进行压缩的编码器，比仅利用邻近样值间的相关性的编码器效果好，但要复杂得多。

4）基音之间的相关性

语音可以分为清音和浊音两种基本类型。浊音由声带振动产生，每一次振动使一股空气从肺部流进声道。激励声道的各股空气之间的间隔称为基音周期。浊音的波形对应于基音周期的长期重复波形。对浊音编码是对一个基音周期波形进行编码，并以它作为其他基音段的模板。

5）静止系数

两个人之间打电话，平均每人讲话时间为通话时间的一半，并且在这一半的通话过程中也会出现间歇停顿。分析表明，话音间隙使全双工话路的典型效率约为 40%（或称静止系数为 0.6）。显然，话音间隔本身就是一种冗余，若能正确检测出这些静止段，可插空传输更多信息。

6）长时自相关函数

统计样值、周期间的一些相关性时，在 20ms 时间间隔内进行统计，称为短时自相关函数。如果在较长的时间间隔（如几十秒）内进行统计，则称为长时自相关函数。长时统计表明，当采样频率为 8kHz 时，相邻样值之间的平均相关系数可高达 0.9。

2. 频域冗余

1）长时功率谱密度的非均匀性

在相当长的时间间隔内进行统计平均，可以得到长时功率谱密度函数，其功率谱呈现明显的非平坦性。从统计的观点看，这意味着没有充分利用给定的频段，或者说存在固有的冗余度。功率谱的高频成分能量较低。

2）语音特有的短时功率谱密度

语音信号的短时功率谱，在某些频率上出现峰值，而在另一些频率上出现谷值。这些峰值频率，也就是能量较大的频率，通常称为共振峰频率。共振峰频率不止一个，最主要的是前三个，由它们决定不同的语音特征。另外，整个功率谱也是随频率的增加而递减的。更重要的是整个功率谱的细节以基音频率为基础，形成了高次谐波结构。

3. 听觉冗余

人是音频信号的最终用户，因此，要充分利用人类听觉的生理和心理特性对音频信号感知的影响。利用人耳的频率特性、灵敏度以及掩蔽效应，可以压缩数字音频的数据量。可以将会被掩蔽的信号分量在传输之前就去除，因为这部分信号即使传输了也不会被听见；可以不理会可能被掩蔽的量化噪声；可以将人耳不敏感的频率信号在数字化之前滤除，如语音信号只保留 300～3400Hz 的信号。

3.1.2 数字音频压缩方法的分类

语音编码技术是一种很重要的技术。各种编码技术对语音信号进行处理，目的都是降低传输码率和提高音质。

1. 根据压缩品质的不同分类

一般来讲，可以将音频压缩技术分为无损（Lossless）压缩和有损（Lossy）压缩两大类。

1）无损压缩编码

无损压缩编码是一种可逆编码，其特点是利用数据的统计特性进行压缩编码，出现概率大的数据采用短编码，概率小的数据采用长编码，以去掉数据中的冗余，而且编码后的数据在解码后可以完全恢复，压缩比较小。无损压缩编码主要用于文本数据、程序代码和某些要求严格不丢失信息的环境中，常用的有霍夫曼编码、行程（游程）编码、算术编码和词典编码等。

2）有损压缩编码

有损压缩编码损失的信息是不能恢复的，所以是一种不可逆编码。编码后的数据在解码以后所复原的数据与原数据相比有一定的可以容忍的误差。它考虑到编码信息的语义，可获得的压缩程度取决于媒介本身。其压缩比比无损编码大得多。常用的有损压缩编码技术有预测编码、变换编码、矢量量化编码、分层编码、频带分割编码和混合编码等。

2. 根据编码方式的不同分类

根据编码方式的不同，音频编码技术分为 4 种：波形编码、参数编码、混合编码和感知编码。一般来说，波形编码的话音质量高，编码速率也很高；参数编码的编码速率很低，产生的合成语音的音质不高；混合编码使用参数编码技术和波形编码技术，编码速率和音质介于它们之间。

1）波形编码

波形编码是指不利用生成音频信号的任何参数，直接将时域信号转换为数字代码，使重构的语音波形尽可能地与原始语音信号的波形形状保持一致。波形编码的基本原理是在时间轴上对模拟语音信号按一定的速率采样，然后将幅度样本分层量化，并用代码表示。

波形编码方法简单，易于实现，适应能力强且语音质量好。不过因为压缩方法简单，也带来了一些问题：压缩比相对较低，需要较高的编码速率。一般来说，波形编码的复杂程度比较低，编码速率较高，通常在 16kb/s 以上，质量相当高。但编码速率低于 16kb/s 时，音质会急剧下降。

最简单的波形编码方法是脉冲编码调制（Pulse Code Modulation，PCM），它只对语音信号进行采样和量化处理。其优点是编码方法简单，延迟时间短，音质高，重构的语音信号与原始语音信号几乎没有差别，不足之处是编码速率比较高（64kb/s），对传输通道的错误比较敏感。

2）参数编码

参数编码是从语音波形信号中提取生成语音的参数，使用这些参数通过语音生成模型重构出语音，使重构的语音信号尽可能地保持原始语音信号的语义。也就是说，参数编码是把语音信号产生的数字模型作为基础，然后求出数字模型的模型参数，再按照这些参数还原数字模型，进而合成语音。

参数编码的编码速率较低，可以达到 2.4kb/s，产生的语音信号是通过建立的数字模型还原出来的，因此重构的语音信号波形与原始语音信号波形可能会存在较大的区别，失真会比较大。而且因为受到语音生成模型的限制，增加数据速率也无法提高合成语音的质量。不过，虽然参数编码的音质比较低，但是保密性很好，一直被应用在军事上。典型的参数编码方法为线性预测编码(Linear Predictive Coding,LPC)。

3）混合编码

混合编码是指同时使用两种或两种以上的编码方法进行编码。这种编码方法克服了波形编码和参数编码的弱点，并结合了波形编码的高质量和参数编码的低编码速率，能够取得比较好的效果。

4）感知编码

感知编码是利用人耳听觉的心理声学特性(频谱掩蔽特性和时间掩蔽特性)以及人耳对信号幅度、频率、时间的有限分辨能力，凡是人耳感觉不到的成分不编码，不传送，即凡是对人耳辨别声音信号的强度、音调、方位没有贡献的部分(称为不相关部分或无关部分)都不编码和传送。对感觉到的部分进行编码时，允许有较大的量化失真，并使其处于听阈以下，人耳仍然感觉不到。简单地说，感知编码是以建立在人类听觉系统的心理声学原理为基础，只记录那些能被人的听觉所感知的声音信号，从而达到减少数据量而又不降低音质的目的。

3.2 数字音频压缩方法

3.2.1 波形编码

波形编码是将时域信号直接转换为数字代码，由于这种系统保留了信号原始样值的细节变化，从而保留了信号的各种过渡特征，所以波形编码系统的解码音频信号质量一般较高。波形编码系统的不足之处是传输码率比较高，压缩比不高。

1. 脉冲编码调制

脉冲编码调制(PCM)是各种数字编码系统中最规范的方法，也是应用最广泛的系统。PCM 是“数字化”的最基本的技术，模拟信号正是通过 PCM 转换成数字信号的，其具体过程是：通过采样、量化和编码 3 个步骤，用若干代码表示模拟形式的信息信号(如图像、声音信号)，再用脉冲信号表示这些代码进行传输/存储。

2. 差分脉冲编码调制

PCM 方式是把采样值变成二进制数后进行传输或存储的。如果不记录采样值本身，而是记录采样值之间的差值，这种方式就称为差分脉冲编码调制(Differential Pulse Code Modulation,DPCM)。通常自然界的声音是频率越高，声压级越低，人耳特性也是随着频率的增高，灵敏度急剧下降。频率越高，声音的动态范围越小。PCM 与 DPCM 的电平分布如图 3-1 所示，可见 DPCM 方式是非常符合自然界规律的。3 位 DPCM 的系数法如表 3-1 所示。

3. 自适应脉冲编码调制

音频信号的振幅和频率分布是随时间比较缓慢但大幅度变化的。因此出现了根据邻近信号的性质使量化步长改变的编码，这就是自适应脉冲编码调制(Adaptive Pulse Code Modulation,APCM)。准瞬时压扩和动态加重就可以看作是一种 APCM。APCM 组成框图如图 3-2 所示。

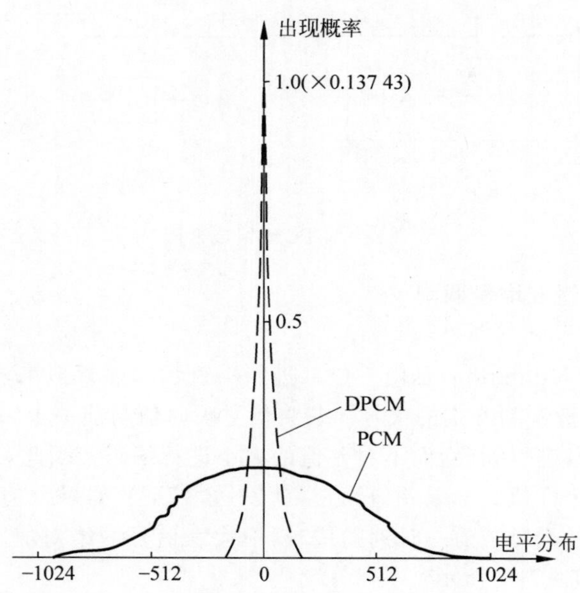

图 3-1　PCM 与 DPCM 的电平分布

表 3-1　3 位 DPCM 的系数法

DPCM 码(正值)	系　数	DPCM 码(负值)	系　数
011	1.75	111	0.90
010	1.25	110	0.90
001	0.90	101	1.25
000	0.90	100	1.75

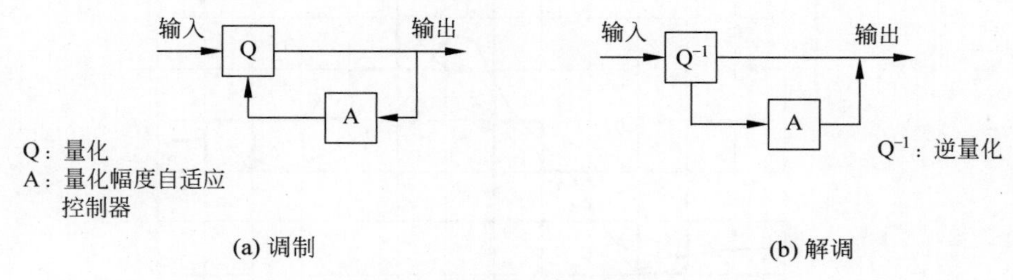

图 3-2　APCM 组成框图

4. 自适应差分脉冲编码调制

自适应差分脉冲编码调制(Adaptive Differential Pulse Code Modulation，ADPCM)就是把自适应量化步长引入 DPCM，即不是把信号 $x(n)$ 直接量化，而是把它和预测值 $x(n)$ 的差 $d(n)$ 进行量化，比前述的 APCM 效率高。ADPCM 组成框图如图 3-3 所示。多功能电话机的留言录音等短时间录音、不同磁带的固体录音机和向导广播、自动售货机以及多媒体技术应用领域的 CD-I 中，都是采用 4～8b 的 ADPCM。

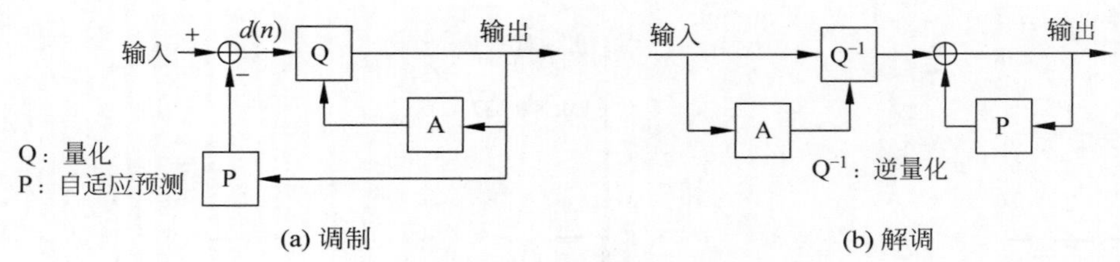

图 3-3 ADPCM 组成框图

5．增量调制和自适应增量调制

1）增量调制

增量调制(Delta Modulation)是用一位二进制码表示相邻模拟采样值相对大小的 A/D 转换方式，ΔM 就是增量调制方式的代号。它将信号瞬时值与前一个采样值之差进行量化，并且对这个差值的符号进行编码，而不对差值的大小进行编码。因此，量化只限于正负两个电平，只用 1b 传输一个样值。如果差值为正，就发送“1”码；如果差值为负，就发送“0”码。数码“1”和“0”只是信号相对于前一时刻的增减，不代表信号的绝对值。简单增量调制原理和编码原理如图 3-4 和图 3-5 所示。

图 3-4 中，$x(t)$为一个模拟信号，$x'(t)$为本地解码器输出的前一时刻的量化信号。

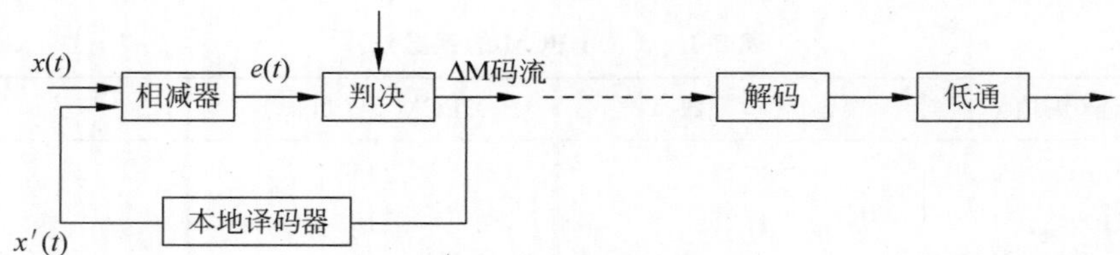

(a) ΔM原理框图

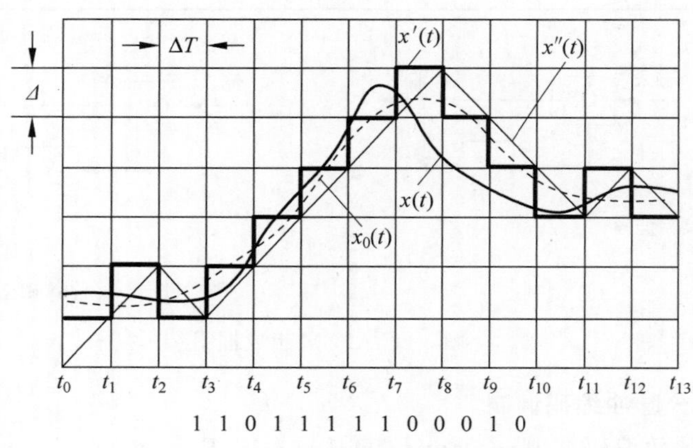

(b) ΔM波形示意图

图 3-4 简单增量调制原理图

增量调制存在的主要问题有以下两个方面。

一个问题是斜率过载。当语音信号大幅度发生变化时，阶梯波形的上升或下降有可能跟不上信号的变化，因而产生滞后，这种失真称为“过载失真”。在斜率过载期间的码字将是

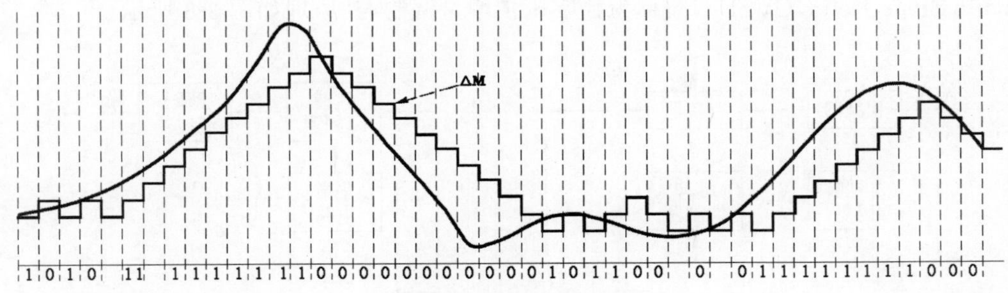

图 3-5　ΔM 编码原理

一连串的 0 或一连串的 1，如图 3-6 所示。为避免斜率过载，要求阶梯波的上升或下降的斜率必须大于或等于语音信号的最大变化斜率。

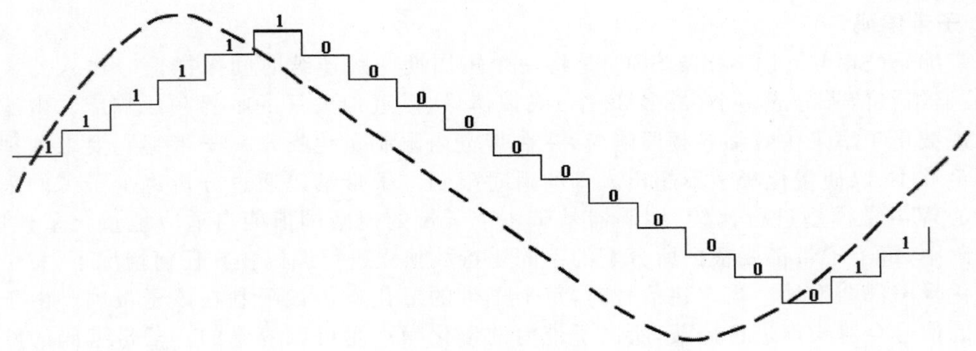

图 3-6　增量调制系统过载失真示意图

另一个问题是当话音信号不发生变化或变化很缓慢时，预测误差信号将等于零或具有很小的绝对值，在这种情况下，编码为 0 和 1 交替出现的序列。在解码器中得到的是等幅脉冲序列，这样形成的噪声称为颗粒噪声，如图 3-7 所示。

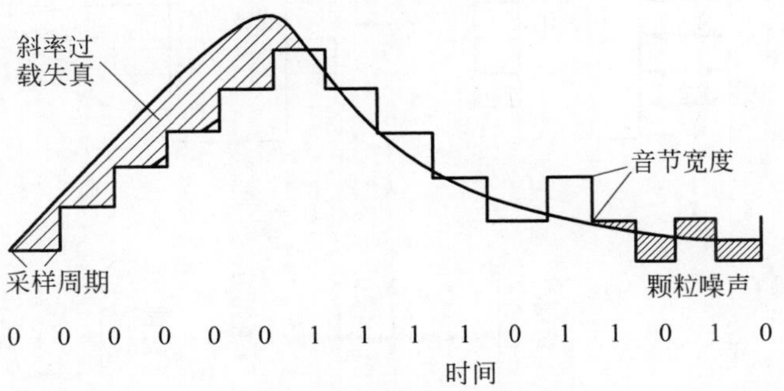

图 3-7　两种噪声的形式

2）自适应增量调制

自适应增量调制是一种改进型的增量调制方式，它的量化级随着音节时间间隔（5～20ms）中信号平均斜率而变化。由于这种方法中信号的平均斜率是根据检测码流中连“1”或连“0”的个数确定的，所以又称为数字检测、连续可变斜率增量调制（Continuously

Variable Slope Delta,CVSD),简称为数字压扩增量调制,其原理如图 3-8 所示。

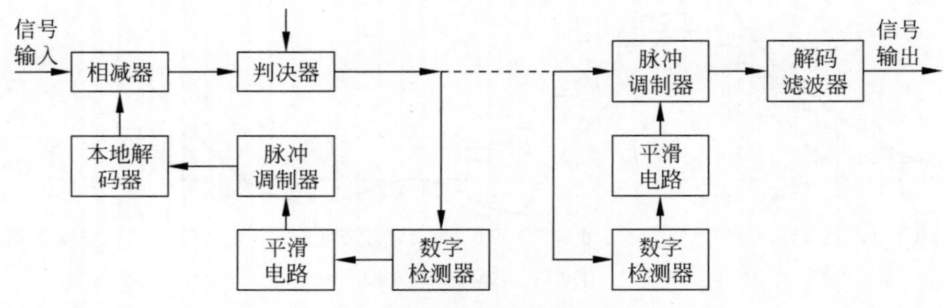

图 3-8　数字压扩增量调制原理

自适应增量调制与简单增量调制相比,编码器能正常工作的动态范围有很大提高,信噪比比简单增量调制优越。

6. 子带编码

子带编码(Subband Coding,SBC)是将一个短周期内的连续时间采样信号送入滤波器中,滤波器组将信号分成多个(最多 32 个)限带信号,以近似人耳的临界频段响应。由滤波器组的锐截止频率来仿效临界频段响应,并在带宽内限制量化噪声。子带编码要求处理延迟必须足够小,以使量化噪声不超出人耳的瞬时限制。子带编码通过分析每个子带的采样值并与心理声学模型进行比较,编码器基于每个子带的掩蔽阈值能自适应地量化采样值。子带编码中,每个子带都要根据所分配的不同比特数独立进行编码。在任何情况下,每个子带的量化噪声都会增加。当重建信号时,每个子带的量化噪声被限制在该子带内。由于每个子带的信号会对噪声进行掩蔽,所以子带内的量化噪声是可以容忍的。子带编码的原理如图 3-9 所示。

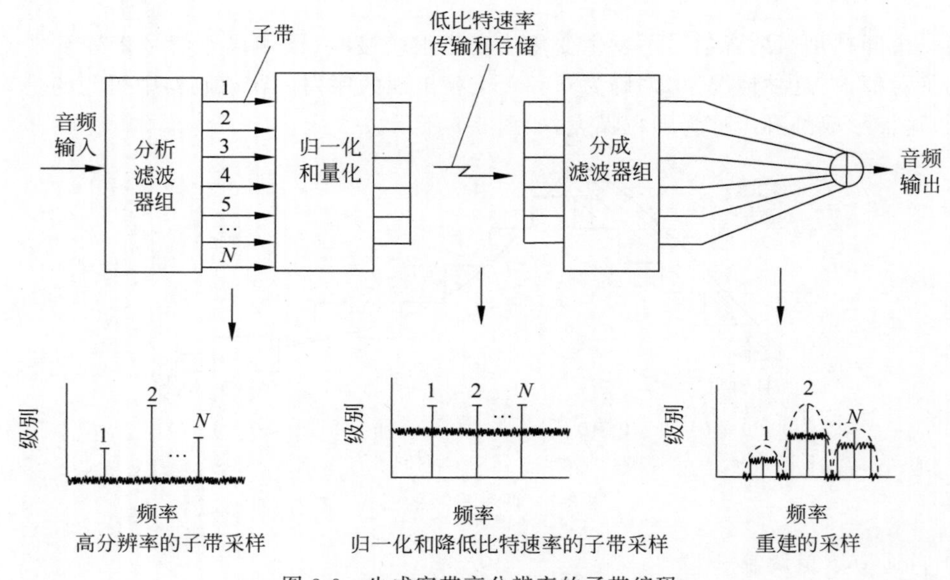

图 3-9　生成窄带高分辨率的子带编码

子带编码的主要特点如下。

(1) 每个子带对每一块新的数据都要重新计算,并根据信号和噪声的可听度对采样值进行动态量化。

(2) 子带感知编码器利用数字滤波器组将短时的音频信号分成多个子带(对于时间采样值可以采用多种优化编码方法)。

(3) 每个子带的峰值功率与掩蔽级的比率由所做的运算决定,即根据信号振幅高于可听曲线的程度分配量化所需的比特数。

(4) 给每一个子带分配足够的位数,保证量化噪声处于掩蔽级以下。

可将子带编码与 ADPCM 编码相结合(SB-ADPCM),其编码和解码框图如 3-10 所示。

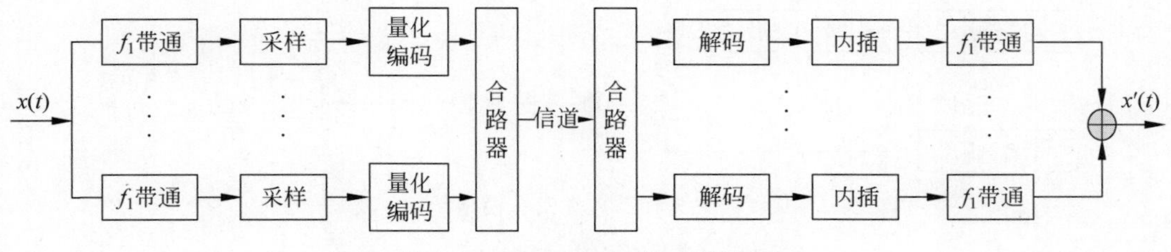

图 3-10 SB-ADPCM 编、解码框图

7. 矢量编码

标量量化(Scalable Quantization,SQ)是指独立地对一个样值量化编码的方式,由于对每一个样值单独编码处理,因此系统码率不可能低于采样频率。而矢量量化(Vector Quantization,VQ)是对若干个音频样值一起量化编码。在矢量量化编码中,把输入数据几个一组地分成许多组,成组地量化编码,即将这些数看成一个 k 维矢量,然后以矢量为单位逐个进行量化。VQ 的基本原理如图 3-11 所示。矢量量化是一种限失真编码,其原理仍可用信息论中的率失真函数理论来分析。率失真理论指出,即使对无记忆信源,矢量量化编码也总是优于标量量化。

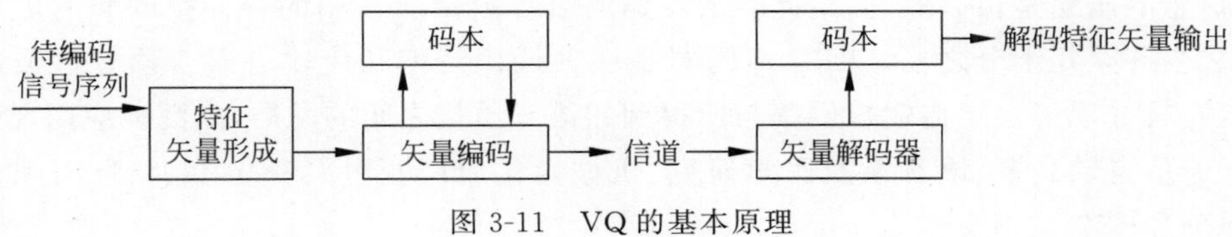

图 3-11 VQ 的基本原理

3.2.2 参数编码

参数编码技术以语音信号产生的数学模型为基础,根据输入语音信号分析出表征声门振动的激励参数和表征声道特性的声道参数,然后在解码端根据这些模型参数恢复语音。这种编码算法并不忠实地反映输入语音的原始波形,而是着眼于人耳的听觉特性,确保解码语音的可懂度和清晰度。基于这种编码技术的编码系统一般称为声码器,主要用在窄带信道上提供 4.8kb/s 以下的低速率语音通信和一些对时延要求较宽的场合。当前参数编码技术主要的研究方向是线性预测声码器和余弦声码器。

1. 语音生成模型

参数编码的基础是人类语音的生成模型。语音学和医学的研究结果表明,人类发音器官产生声音的过程可以用一个数学模型来逼近。人的语音发声过程是:气流从肺呼出后经过声门时受声带作用，形成激励气流，再经过由口腔、鼻腔和嘴组成的声道的作用而发出语音。从声门出来的气流相当于激励信号，而声道可以等效成一个全极点滤波器，称为声道滤波器或合成滤波器。在讲话过程中，激励信号和滤波器系数不断地变化，从而发出不同的声音。通常认为激励信号和滤波器系数 5～40ms 更新一次。人们在发声母时，声带不振动，激励信号类似白噪声，这类声音称为清音；发韵母时，声带振动，激励信号呈周期性，这类声音称为浊音。因此，如图 3-12 所示，用白噪声或周期性脉冲信号激励声道滤波器就能合成语音，这就是 LPC 声码器的工作原理。

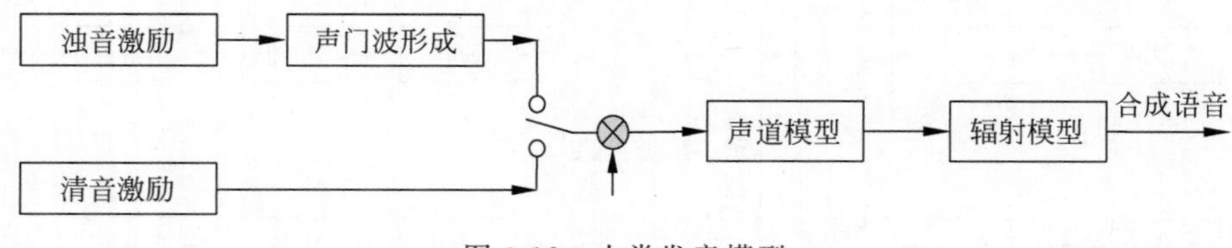

图 3-12　人类发音模型

这个模型的物理含义是：人类通过嘴讲出来的话，也可以用它来再生，条件是要合理地选择模型中的参数。人的讲话随着时间而变化，那么，模型的参数也是变化的。这个用模型参数代替原语音波形进行传输/存储的系统就是声码器。对该发声模型的参数进行编码传输，称为参数编码。人的发声是很复杂的，上面的模型只是一种近似，忽略了不少因素，这个模型也叫简化发声模型，它合成出的语音质量不高，后来又有许多改进。

2. 线性预测编码

线性预测编码（LPC）是一种非常重要的编码方法，线性预测方法分析和模拟人的发音器官，不是利用人发出声音的波形合成，而是从人的语音信号中提取与语音模型有关的特征参数。在语音合成过程中，通过相应的数学模型计算去控制相应的参数合成语音，这种方法对语音信息的压缩是很有效的，用此方法压缩的语音数据所占用的存储空间只有波形编码的十分之一甚至几十分之一。LPC 声码器是一种低比特率和传输有限个语音参数的语音编码器，它较好地解决了传输数码率与所得到的语音质量之间的矛盾，广泛地应用在电话通信、语音通信自动装置、语音学及医学研究、机械操作、自动翻译、身份鉴别、盲人阅读等方面，其原理如图 3-13 所示。

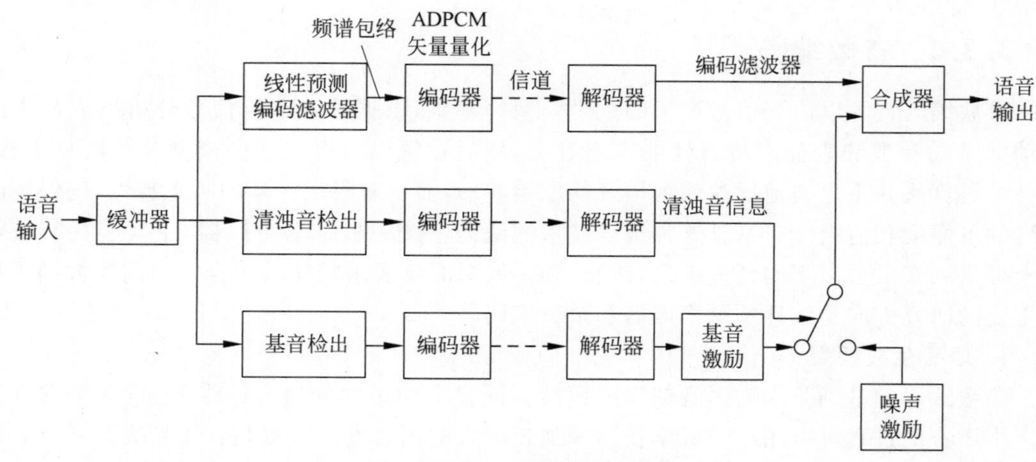

图 3-13　LPC 声码器的原理图

LPC声码器在众多的声码器中是最为成功的，也是应用最为广泛的。它属于时域声码器，这类声码器从时间波形中提取重要的语音特征。

3.2.3 混合编码

混合编码是波形编码和参数编码的综合，既利用了语音生成模型，通过模型中的参数（主要是声道参数）进行编码，减少波形编码中被编码对象的动态范围或数目，又使编码的过程产生接近原始语音波形的合成语音，保留说话人的各种自然特征，提高了合成语音质量。目前得到广泛研究和应用的码激励线性预测编码法，以及它的各种改进算法，是混合编码的典型代表。

简单声码器由于激励形式过于简单，与实际差别较大，导致系统合成出的语音质量不好。是否可以对经过语音合成系统的逆系统——预测滤波器产生的预测误差信号，直接逼近产生新的激励形成，这样，问题的解决就容易得多了。但理论和实验表明，这样做并不能产生高质量的合成语音。因为人耳听见的只是合成语音，不是激励，即使新的激励与原来的预测误差信号很像，经过合成系统后，合成的语音与原来的语音仍有相当大的距离，因为激励部分的误差可能被合成滤波放大。解决这个问题的唯一办法，只能是改变激励信号的选择原则，使得最优激励信号的产生，不是去追求与预测误差信号接近，而是使它激励合成系统的输出，即合成语音尽可能接近原始语音。这样的编码方式叫作分析/合成（A/S）编码，即编码系统大都是先“分析”输入语音提取发声模型中的声道模型参数，然后选择激励信号去激励声道模型产生“合成”语音，通过比较合成语音与原始语音的差别选择最佳激励，追求最逼近原始语音的效果。所以，编码的过程是一个分析加合成的过程，原理如图3-14所示。

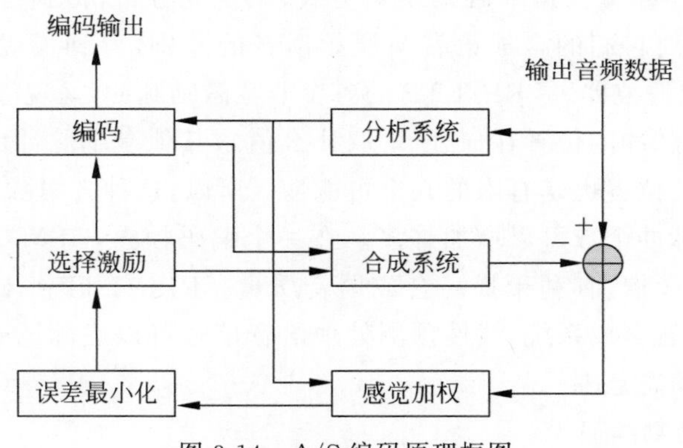

图3-14 A/S编码原理框图

1. 多脉冲线性预测编码

语音模型中的激励信号，可以通过分析A/S编码系统产生的预测误差获得。这个预测误差序列可由大约只占其个数十分之一的另一组脉冲序列来替代，由新脉冲序列激励$H(z)$产生的合成语音仍具有较好的听觉质量。这个预测误差序列，尽管在大多数位置上都不等于零，但它激励合成滤波器所得的合成语音，与另一组绝大多数位置上都是零的脉冲序列激励同样的合成滤波器所得的合成语音具有类似的听觉。由于后者形成的激励信号序列中不为零的脉冲个数占序列总长的极小部分，所以编码时，仅处理和传输不为零的激励脉冲的位置与幅度参数，就可以大大压缩码率了。这种编码方法称为多脉冲线性预测编码

(Multi-Pulse Linear Predictive Coding,MPLPC)。

MPLPC 编码原理如图 3-15 所示,其主要任务就是寻找该脉冲序列中每个脉冲的位置和幅度大小,并对其编码。一般采用序贯方法,一个一个脉冲求解,寻求次优解。

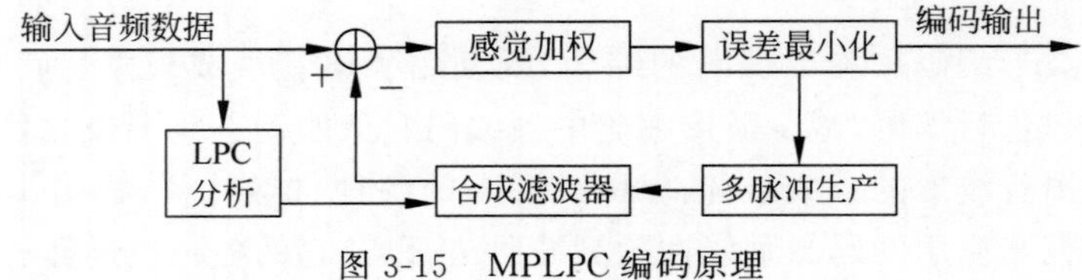

图 3-15 MPLPC 编码原理

2. 规则脉冲激励/长项预测编码

规则脉冲激励/长项预测(Regular Pulse Excitation/Long Term Prediction,RPE/LTP)编码是全球移动通信系统(Global System of Mobile Communications,GSM)标准中采用的语音压缩编码算法,其标准码率为 13kb/s,也叫作移动通信的全速率编码标准。GSM 语音压缩编解码器中的语音生成模型如图 3-16 所示。人们为进一步提高信道利用率,正在制定码率为 6~7kb/s,与 RPE/LTP 方案相当的语音压缩编码标准。新方案称为移动通信中的半速率语音编码算法。

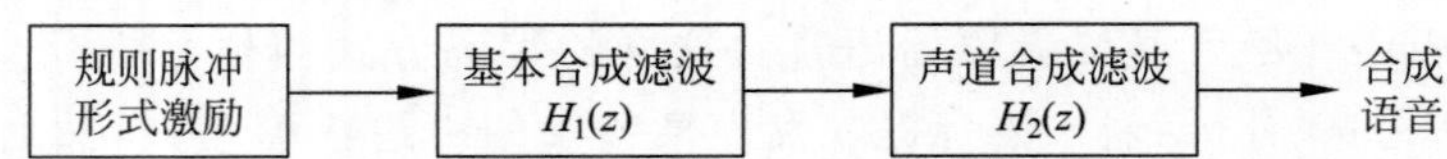

图 3-16 GSM 语音压缩编解码器中的语音生成模型

RPE/LTP 语音压缩编码属于 A/S 编码方式,系统先分析,得到合成滤波器参数,再通过选择不同激励,判别它们的合成语音与原始语音的差别,得到最优的激励信号。RPE/LTP 采用了感觉加权滤波器。PRE/LTP 的各个非零激励脉冲,呈现等间隔的规则排列,只要使收方知道第一个脉冲的位置在何处(n 取什么值),其他激励脉冲的位置也就可以得知了,而且第一个脉冲的位置也是有限的几个可能性。所以,这种方案脉冲位置的编码所需码率非常低,非零激励脉冲个数可以增加许多。在一个编码帧内,GSM 方案的非零激励脉冲比 MPLPC 方案多了 3 倍,有利于提高合成语音质量。RPE/LTP 编码算法设置了基音预测系统以及相应的基音合成系统,线性预测处理语音信号可以去除语音信号样值间的相关性,大大降低信号的动态范围。

3. 码激励线性预测编码

码激励线性预测(Code Excited Linear Prediction,CELP)编码系统是中低速率编码领域最成功的方案。基本 CELP 算法不对预测误差序列个数及位置做任何强制假设,认为必须用全部误差序列编码传送以获得高质量的合成语音。为了达到降低传码率的目的,对误差序列的编码采用了大压缩比的矢量量化技术 VQ,也就是对误差序列不是一个一个样值分别量化,而是将一段误差序列当成一个矢量进行整体量化。由于误差序列对应语音生成模型的激励部分,现在经 VQ 量化后,用码字代替,故称为码激励。典型的 CELP 系统如图 3-17 所示。

4. 矢量和激励线性预测编码

矢量和激励线性预测(Vector Sum Excited Linear Prediction,VSELP)编码作为北美第

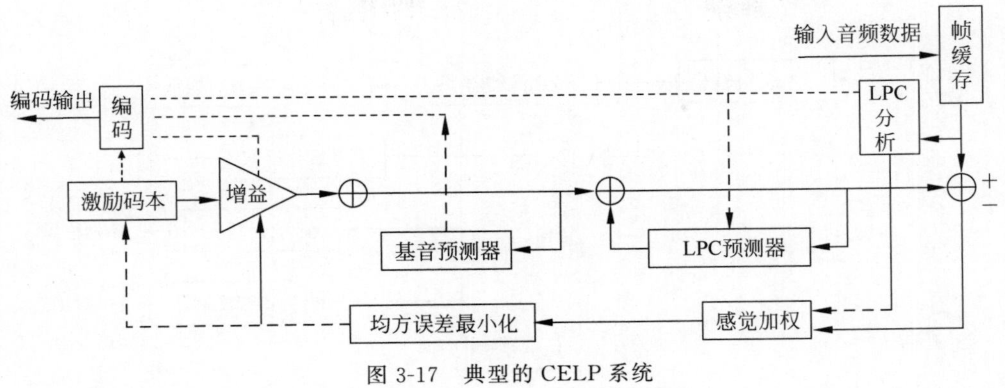

图 3-17 典型的 CELP 系统

一代数字蜂窝移动通信网语音编码标准，由摩托罗拉公司首先提出，其码率为 8kb/s。VSELP 编码系统结构如图 3-18 所示。

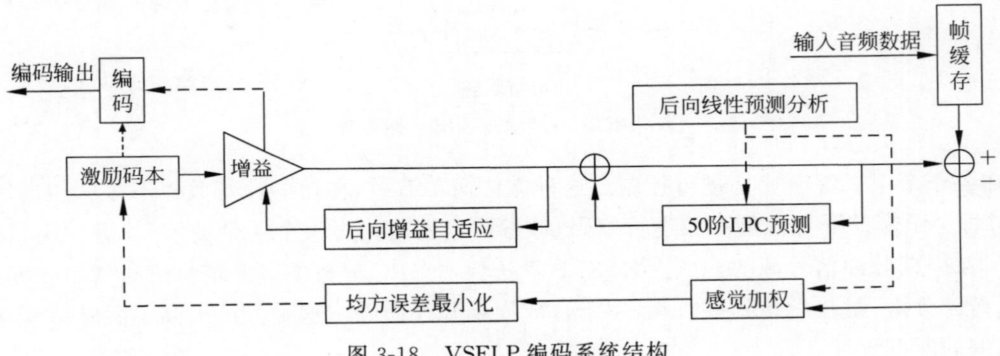

图 3-18 VSELP 编码系统结构

5. 多带激励语音编码

语音短时谱分析表明，大多数语音段都含有周期和非周期两种成分，因此很难说某段语音是清音还是浊音。传统声码器，如线性预测声码器，采用二元模型，认为语音段不是浊音就是清音。浊音段采用周期信号，清音采用白噪声激励声道滤波器合成语音，这种语音生成模型不符合实际语音特点。人耳听觉过程是对语音信号进行短时谱分析的过程，可以认为人耳能够分辨短时谱中的噪声区和周期区。因此，传统声码器合成的语音听起来合成声重，自然度差。这类声码器还有其他一些弱点，如基音周期参数提取不准确、语音发声模型同有些音不符合、容忍环境噪声能力差等，这些都是影响合成语音质量的因素。

多带激励(Multi-Band Excitation，MBE)语音编码方案突破了传统线性预测声码器整带二元激励模型，它将语音谱按基音谐波频率分成若干个带，对各带信号分别判断是属于浊音还是清音，然后根据各带清、浊音的情况，分别采用白噪声或正弦产生合成信号，最后将各带信号相加，形成全带合成语音。多带激励编解码器原理如图 3-19 所示。

6. 混合激励线性预测编码

混合激励线性预测(Mixed Excited Linear Prediction，MELP)编码算法对语音的模式进行两级分类。首先，将语音分为“清”和“浊”两大类，这里的清音是指不具有周期成分的强清音，其余的均划为浊音，用总的清/浊音判决表示。其次，把浊音再分为浊音和抖动浊音，用非周期位表示。在对浊音和抖动浊音的处理上，MELP 算法利用了 MBE 算法的分带思

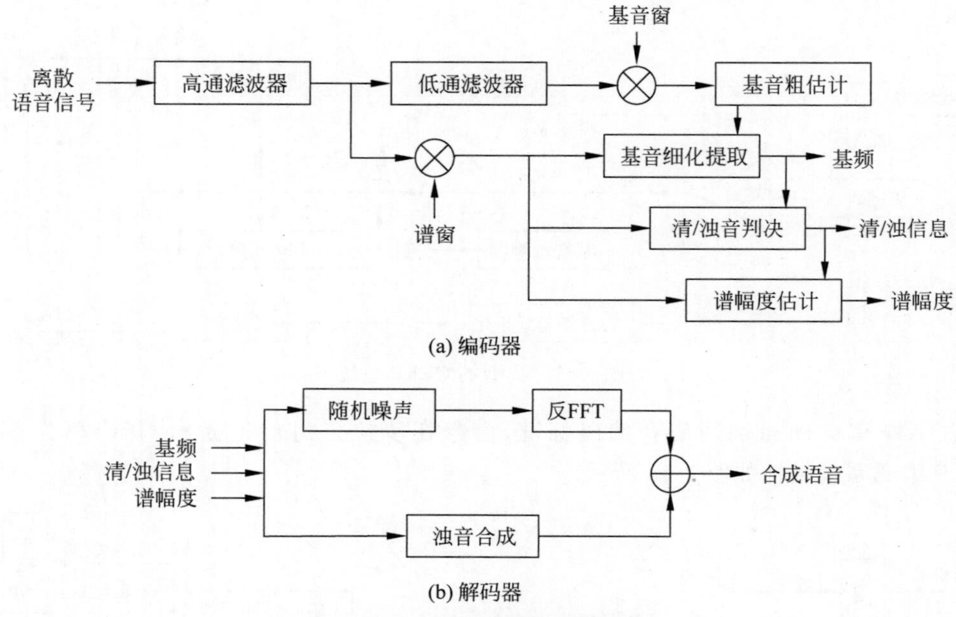

(a) 编码器

(b) 解码器

图 3-19　多带激励编解码器原理

想，在各子带上对混合比例进行控制。这种方法简单有效，使用的比特数也不多。如果使用1b对每个子带的混合比例参数进行编码，该参数也就简化为每个子带的清/浊音判决信息。另外，在周期脉冲信号源的合成上，MELP算法要对LPC分析的残差信号进行傅里叶变换，提取谐波分量，量化后传到接收端，用于合成周期脉冲激励。这种方法提高了激励信号与原始残差的匹配程度。

MELP的参数包括LPC参数、基音周期、模式分类参数、分带混合比例、残差谐波参数和增益。如图3-20所示，在MELP的参数分析部分，语音信号输入后要分别进行基音提取、子带分析、LPC分析和残差谐波谱计算。MELP算法的语音合成部分仍然采取LPC合成的形式，不同的是激励信号的合成方式和后处理。这里的混合激励信号为合成分带滤波

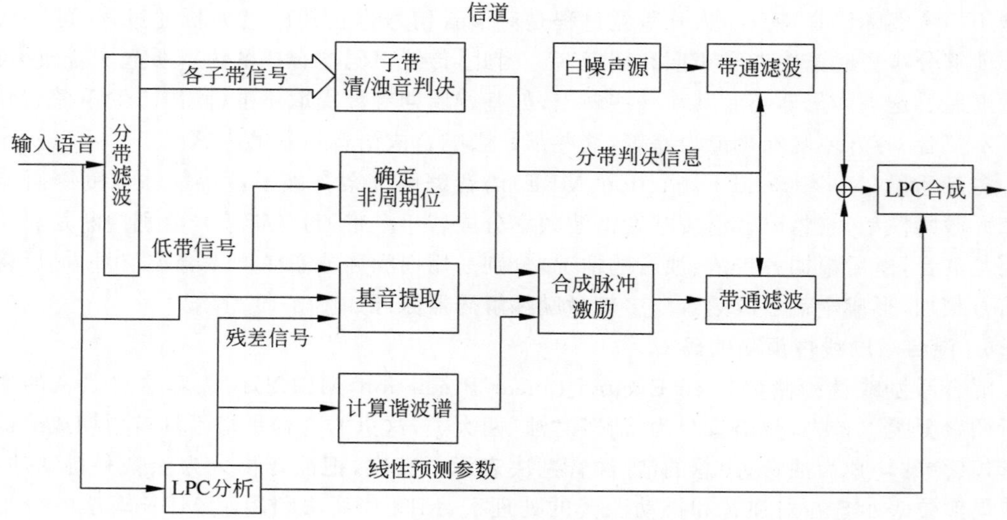

图 3-20　MELP算法的分析/合成框图

后的脉冲与噪声激励之和。脉冲激励通过对残差谐波谱进行离散傅里叶反变换得出，噪声激励则在对一个白噪声源进行电平调整和限幅之后产生，两者各自滤波后叠加在一起形成混合激励。混合激励信号合成后经自适应谱增强滤波器处理，用于改善共振峰的形状。随后，激励信号进行 LPC 合成得到合成语音。

3.3　音频压缩编码标准

当前国际上数字音视频标准有两个系列，一个是声音信源编码中的运动图像专家组(Moving Picture Exports Group，MPEG)制定的音频编码，简称 MPEG 音频；另一个是先进电视系统委员会(Advanced Television System Committee，ATSC)的杜比 AC-3 音频编码。其中 MPEG 音频的应用涉及领域广泛，不仅用于数字电视、数字声广播，还有影音光盘、多媒体应用以及网络服务等，因此是主流。而杜比 AC-3 则仅用于多声道环绕立体声重放，包括 DVD 影音光盘及 ATSC 数字电视标准中的音频编码。在音频压缩标准化方面取得巨大成功的是 MPEG 数字音频压缩方案。

3.3.1　MPEG 数字音频压缩标准

MPEG 是一组由国际电工委员会(International Electrotechnical Commission，IEC)和国际标准化组织(International Organization for Standardization，ISO)制定发布的视频、音频、数据的压缩标准。MPEG 的声音数据压缩编码不是依据波形本身的相关性和模拟人的发音器官的特性，而是利用人的听觉系统的特性来达到压缩声音数据的目的，这种压缩编码属于感知编码，现已发展成为数字音视频的主流技术。

目前，MPEG 已经完成了 MPEG-1、MPEG-2、MPEG-4 第一版的音频编码等方面的技术标准，正在制定 MPEG-4 第二版、MPEG-7 及 MPEG-21 的音频编码技术标准。

1. MPEG-1 音频压缩编码标准

在音频压缩标准化方面取得巨大成功的是 MPEG-1 音频(ISO/IEC 11172-3)，它是 MPEG-1(ISO/IEC 11172)标准的第三部分。在 MPEG-1 音频中，对音频压缩规定了 3 个层次：层Ⅰ、层Ⅱ(即 MUSICAM，又称为 MP2)和层Ⅲ(又称为 MP3)。由于在制定标准时对许多压缩技术进行了认真的考查，并充分考虑了实际应用条件和算法的可实现性，因而这 3 种模式都得到了广泛的应用。

MPEG-1 音频压缩的基础是量化。虽然量化会带来失真，但是 MPEG-1 音频标准要求量化失真对于人耳来说是感觉不到的。在 MPEG-1 音频压缩标准的制定过程中，MPEG 音频委员会做了大量的主观测试实验。实验表明，采样频率为 48kHz，采样值精度为 16b 的立体声声音数据压缩到 256kb/s 时，即在 6：1 的压缩比下，即使是专业测试员也很难分辨出是原始音频还是编码压缩后复原出的音频信号。

MPEG-1 音频使用感知音频编码来达到既压缩音频数据又尽可能保证音质的目的。感知音频编码的理论依据是听觉系统的掩蔽效应，其基本思想是在编码过程中保留有用的信息而丢掉被掩蔽的信号，其结果是经编解码之后重构的音频信号与编码之前的原始音频信号不完全相同，但人的听觉系统很难感觉到它们之间的差别。也就是说，对于听觉系统，这种压缩是无损压缩。

MPEG-1 音频编码标准提供 3 个独立的压缩层次，它们的基本模型相同。层Ⅰ是最基础的，层Ⅱ和层Ⅲ都是在层Ⅰ的基础上有所提高。每个后继的层次都有更高的压缩比，同时也需要更复杂的编码器。任何一个 MPEG-1 音频码流帧结构的同步头中都有一个 2b 的层代码字段(Layer Field)，用来指出所用的算法是哪一个层次。MPEG-1 音频码流按照规定构成“帧”(Frame)的格式，层Ⅰ的每帧包含 384 个采样值的码字，384 个采样值来自 32 个子带，每个子带包含 12 个采样值。层Ⅱ和层Ⅲ的每帧包含 1152 个采样值的码字，每个子带包含 36 个采样值。MPEG-1 层Ⅰ的压缩编码原理如图 3-21 所示。

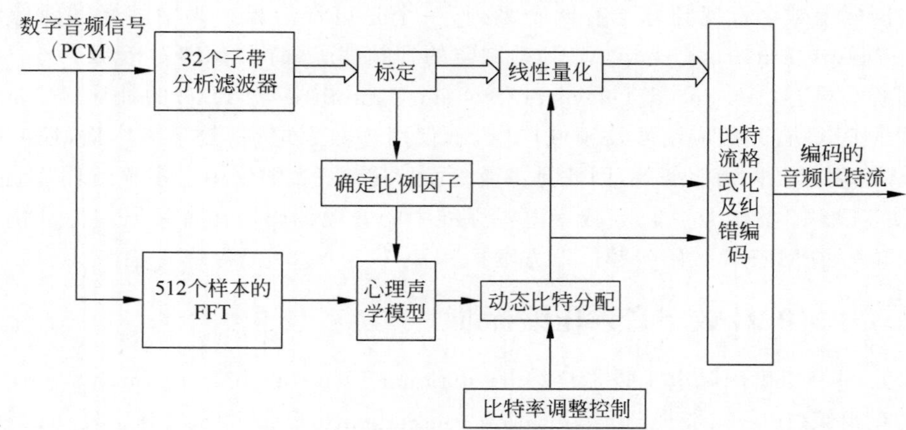

图 3-21 MPEG-1 层Ⅰ的压缩编码原理

1) MPEG-1 层Ⅰ

MPEG-1 层Ⅰ主要技术如下。

(1) 子带分析滤波器组(多相滤波器组)

编码器的输入信号是每声道 768kb/s 的数字化音频 PCM 信号，用多相滤波器组分割成 32 个子带信号。

多相滤波器组是正交镜像滤波器(Quandrature Mirror Filter，QMF)的一种，与一般树形构造的 QMF 相比，它可用较少的运算实现多个子带的分割。

层Ⅰ的子带是均匀划分的，它把信号分到 32 个等带宽的频率子带中。值得注意的是，子带的等带宽划分并没有精确地反映人耳的听觉特性。在低频区域，一个子带覆盖若干个临界频带，某个子带中量化器的比特分配以其中最低的掩蔽阈值为准。这样对低频的量化比较简单，容易引起低频端的量化误差。

(2) 标定

如果将子带信号直接原样量化，则量化噪声电平由量化步长决定，当输入信号电平低时，噪声就会显现出来。考虑到人耳听觉的时域掩蔽效应，将每个子带中连续的 12 个采样值归并成一个块，在采样频率为 48kHz 时，这个块相当于 12×32/48＝8ms。这样，在每一子带中，以 8ms 为一个时间段，对 12 个采样值并成的块一起计算，求出其中幅度最大的值，对该子带的采样值进行归一化，即标定，使各子带电平一致，然后进行适当的量化。

比例因子的作用是充分利用量化器的动态范围，通过比特分配和比例因子相配合，可以相对降低量化噪声电平。

(3) 快速傅里叶变换

数学角度上，信号由时域变换到频域表示的过程称为傅里叶变换。

快速傅里叶变换(Fast Fourier Transform,FFT)是计算离散傅里叶变换的一种快速算法，为了在频域精确地计算信号掩蔽比(Signal Mask Ratio,SMR)，以及掩蔽音与被掩蔽音对应的频率范围和功率峰值，输入的 PCM 信号同时还要送入 FFT 运算器。这样，既可以通过多相滤波器组使信号具有高的时间分辨率，又可以使信号通过 FFT 运算具有高的频率分辨率。

足够高的频率分辨率可以实现尽可能低的码率，而足够高的时间分辨率可以确保在短暂冲击声音信号情况下，编码的声音信号也有足够高的质量。

(4) 心理声学模型

心理声学模型是模拟人类听觉掩蔽效应的一个数学模型，它根据 FFT 的输出值，按一定的步骤和算法计算出每个子带的信号掩蔽比。基于所有这些子带的信号掩蔽比进行 32 个子带的比特分配。

根据心理声学模型计算得到以频率为自变量的噪声掩蔽阈值。一个给定信号的掩蔽能力取决于它的频率和响度。MPEG-1 音频压缩标准提供了两个心理声学模型，其中模型 1 比模型 2 简单，以简化计算。两个模型对所有层次都适用，只有模型 2 在用于层Ⅲ时要加以修改。另外，心理声学模型的实现有很大的自由度。

(5) 动态比特分配

为了同时满足码率和掩蔽特性的要求，比特分配器应同时考虑来自分析滤波器组的输出样值以及来自心理声学模型的信号掩蔽比，以便决定分配给各个子带信号的量化比特数，使量化噪声低于掩蔽阈值。

由于掩蔽效应的存在，降低了对量化比特数的要求，不同的子带信号可分配不同的量化比特数。对于各个子带信号而言，量化都是线性量化。

(6) 帧结构

将量化后的采样值和格式标记以及其他附加辅助数据按照规定的帧格式组装成比特数据流，如图 3-22 所示。

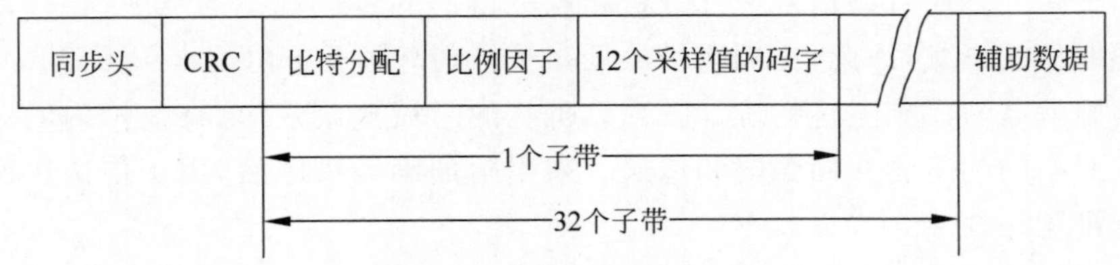

图 3-22 MPEG-1 层Ⅰ的音频码流的数据帧格式

2) MPEG-1 层Ⅱ

MPEG-1 层Ⅱ采用了 MUSICAM 编码方法，其压缩编码器原理如图 3-23 所示。

层Ⅱ和层Ⅰ的不同之处如下。

层Ⅱ使用 1024 点的 FFT 运算，提高了频率的分辨率，得到原信号的更准确瞬时频谱特性。

层Ⅱ的每帧包含 1152 个采样值的码字。与层Ⅰ对每个子带由 12 个采样值组成一块的

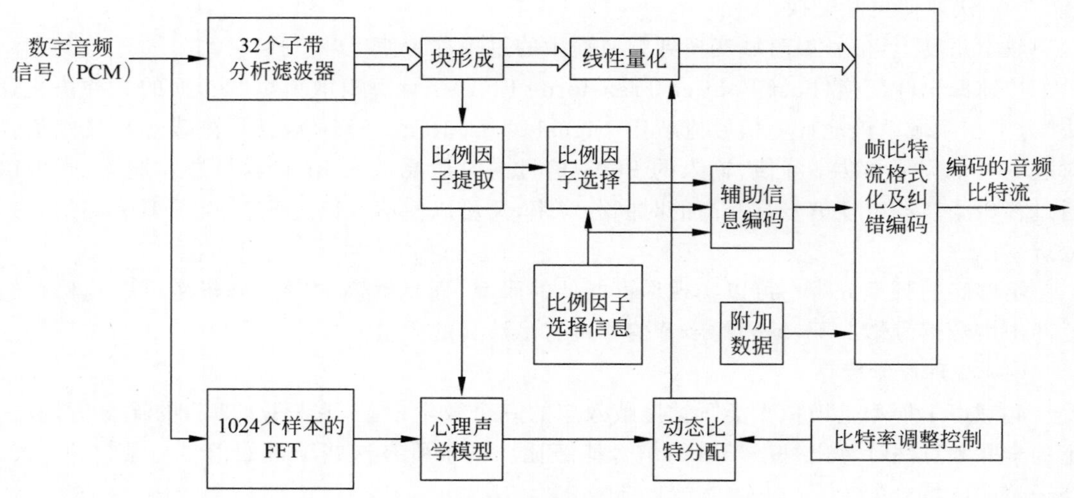

图 3-23　MPEG-1 层Ⅱ的压缩编码器原理

编码不同，层Ⅱ对一个子带的 3 个块进行编码，其中每块 12 个采样值。

描述比特分配的字段长度随子带的不同而不同。低频段子带用 4b 来描述，中频段子带用 3b 来描述，高频段子带用 2b 来描述。这种因频率不同而比特率不一样的做法，也是临界频带的应用，如图 3-24 所示。

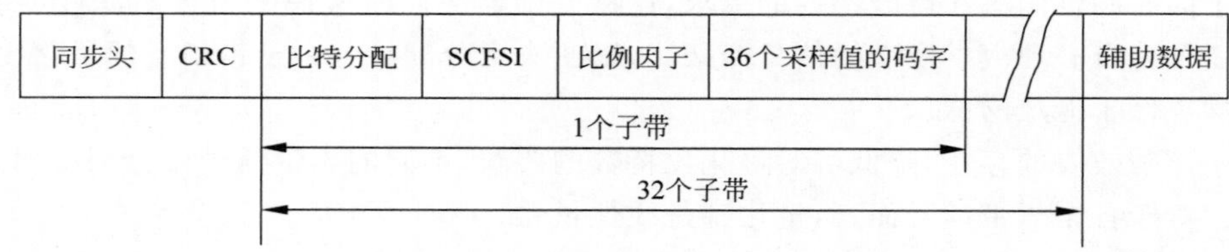

图 3-24　MPEG-1 层Ⅱ的音频码流的数据帧格式

编码器可对一个子带提供 3 个不同的比例因子，所以，每个子带每帧应传送 3 个比例因子。比例因子是人们对音频信号统计分析和观察得出的特征规律的反映，在较高频率时频谱能量出现明显的衰减，因此，比例因子从低频子带到高频子带出现连续下降。比例因子的附加编码措施就是考虑到上述的统计联系和听觉的时域掩蔽效应，将一帧内的 3 个连续的比例因子按照不同的组合共同编码和传送。采用附加编码措施后，用于传送比例因子所需的码率平均可压缩约 1/3。

3）MPEG-1 层Ⅲ

层Ⅲ综合了 ASPEC 和 MUSICAM 算法的特点，比层Ⅰ和层Ⅱ都要复杂。层Ⅲ压缩编码器的原理如图 3-25 所示。MP3 采用 44.1kHz 的采样频率，压缩比能够达到 10∶1～12∶1，基本上拥有近似 CD 的音质。

层Ⅲ使用比较好的临界频带滤波器，把输入信号的频带划分成不等带宽的子带。按临界频带划分子带时，低频段取的带宽窄，即意味着对低频有较高的频率分辨率；在高频段时则有较低一点的分辨率。这更符合人耳的灵敏度特性，可以改善对低频段压缩编码的失真，但这样做需要较复杂的滤波器组。虽然层Ⅲ所用的滤波器组与层Ⅰ和层Ⅱ所用的滤波器组

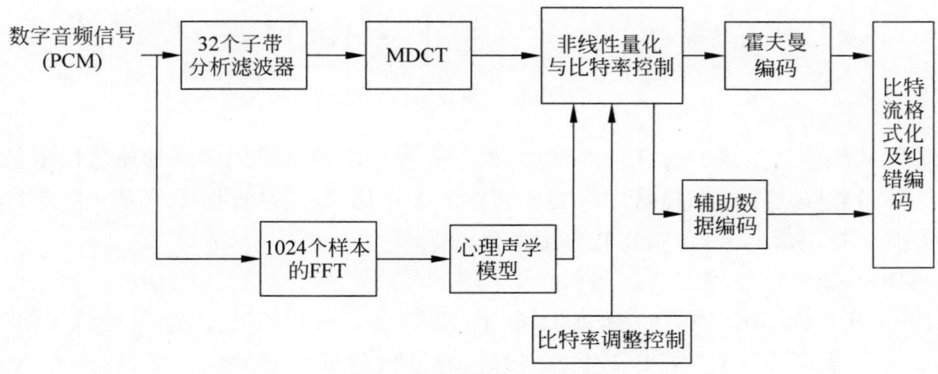

图 3-25　MPEG-1 层Ⅲ压缩编码器的原理

结构相同，但是层Ⅲ重点使用了改进离散余弦变换(Modified Discrete Consine Transform，MDCT)，对层Ⅰ和层Ⅱ的滤波器组的不足做了一些补偿。MDCT 把子带的输出在频域里进一步细分，以达到更高的频域分辨率。通过对子带的进一步细分，层Ⅲ编码器已经部分消除了多相滤波器组引入的混叠效应。

层Ⅲ指定了两种 MDCT 的块长：长块块长为 18 个采样值，短块块长为 6 个采样值。相邻变换窗口之间有 50%的重叠，所以窗口大小分别为 36 和 12 个采样值。长块对于平稳的音频信号可以得到更高的频域分辨率，短块对瞬变的音频信号可以得到更高的时域分辨率。在短块模式下，3 个短块代替一个长块，而短块的块长恰好是一个长块的 1/3，所以 MDCT 的采样值不受块长的影响。对于给定的一帧音频信号，MDCT 可以全部使用长块或全部使用短块，也可以长、短块混合使用，这样既能保证低频段的频域分辨率，又不会牺牲高频段的时域分辨率。长块和短块之间的切换有一个过程，一般用一个带特殊长转短或短转长数据窗口的长块来完成长、短块之间的切换。

层Ⅲ采用霍夫曼编码进行无损压缩，进一步降低数码率，提高压缩比。据估计，霍夫曼编码以后，可以节省 20%的码率。

虽然层Ⅲ引入了许多复杂的概念，但是它的计算量并没有比层Ⅱ增加很多，增加的主要是编码器和解码器的复杂度，以及解码器所需要的存储容量。

4）MPEG-1 音频压缩编码的基本结构

MPEG-1 音频信号数据压缩过程可分为如下 4 步。编码和解码流程如图 3-26 和图 3-27 所示。

(1) 时间/频率映射(滤波器组)，用以将输入的信号转化为亚抽样的频谱分量分为子带。

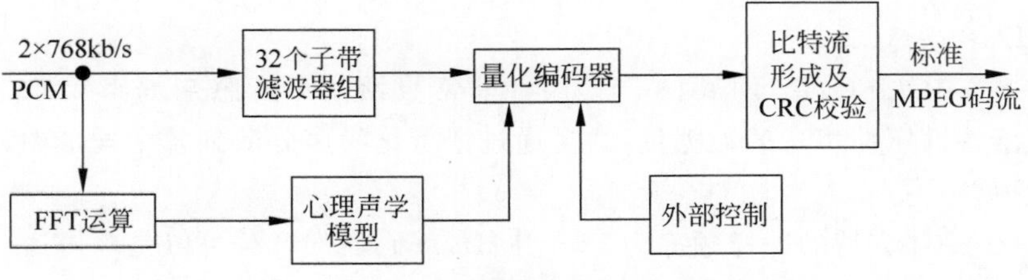

图 3-26　MPEG-1 的音频压缩编码流程

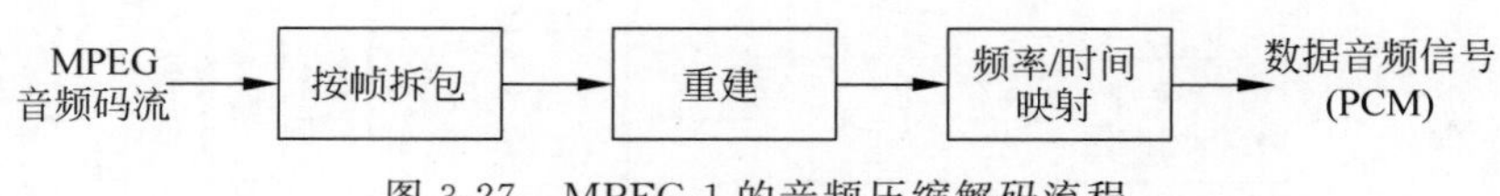

图 3-27 MPEG-1 的音频压缩解码流程

(2) 频域滤波器组或并行变换的输出，根据心理声学模型求出时变的掩蔽门限估值。

(3) 按量化噪声不超过掩蔽门限的原则将子带量化编码，从而听不到量化噪声。

(4) 按帧打包成码流(包括比特分配信息)。

2. MPEG-2 音频压缩编码标准

MPEG-2(ISO/IEC 13818)标准公布于 1995 年，是 MPEG-1 的一种兼容型扩展。MPEG-2 声音编码标准是 MPEG 为多声道声音开发的低码率编码方案，它是在 MPEG-1 标准的基础上发展而来的。

与 MPEG-1 相比，MPEG-2 声音主要增加了以下 3 个方面的内容。

(1) 支持 5.1 路环绕声。它能提供 5 个全带宽声道(左、右、中和两个环绕声道)，外加一个低频效果增强声道，统称为 5.1 声道。

(2) 支持多达 8 种语言或解说。

(3) 增加了低采样和低码率。在保持 MPEG-1 声音的单声道和立体声的原有采样率的情况下，MPEG-2 又增加了 3 种采样率，即把 MPEG-1 的采样率降低了一半(16kHz，22.05kHz，24kHz)，以便提高码率低于 64kb/s 时每个声道的声音质量。

MPEG-2 标准委员会定义了两种音频压缩编码算法：MPEG-2 后向兼容多声道音频编码(MPEG-2 Backward Compatible Multichannel Audio Coding)标准，简称为 MPEG-2 BC，与 MPEG-1 音频压缩编码算法是兼容的；MPEG-2 高级音频编码(MPEG-2 Advanced Audio Coding)标准，简称为 MPEG-2 AAC，与 MPEG-1 音频压缩编码算法是不兼容的，也称为 MPEG-2 非后向兼容(Non Backward Compatible，NBC)标准。

1) MPEG-2 BC

MPEG-2 BC(ISO/IEC 13818-3)主要是在 MPEG-1 音频和 CCIR775 建议的基础上发展起来的。标准规定的码流形式还可与 MPEG-1 音频的层Ⅰ和层Ⅱ做到前、后向兼容，并可依据 CCITT775 建议做到与双声道、单声道形式的向下兼容，还能够与杜比环绕声形式兼容。

正是与 MPEG-1 的前、后向兼容性成为 MPEG-2 BC 最大的弱点，使得 MPEG-2 BC 不得不以牺牲码率的代价换取较好的声音质量。

MPEG-2 BC 适用于数据比特率从 8kb/s 的单声道电话的音质到 160kb/s 的多声道高质量的全音域音频编码，也适用于 DVD，图像清晰度可达到 500 线，可提供两路立体声声道和高质量的 5.1 声道环绕立体声。

2) MPEG-2 AAC

MPEG-2 AAC(ISO/IEC 13818-7)是一种非常灵活的声音感知编码标准，主要使用听觉系统的掩蔽特性压缩声音的数据量，并且通过把量化噪声分散到各个子带中，用全局信号把噪声掩蔽掉。

MPEG-2 AAC 支持的采样频率为 8～96kHz，编码器的音源可以是单声道、立体声和多声道的声音，多声道扬声器的数目、位置及前方、侧面和后方的声道数都可以设定，因此能支持更灵活的多声道构成。

MPEG-2 AAC 可支持 48 个主声道、16 个低频增强(Low Frequency Enhancement,LFE)声道、16 个配音声道(或称为多语言声道(Multilingual Channel)和 16 个数据流)。

MPEG-2 AAC 的压缩比为 11∶1,在每个声道的码率为 64kb/s,5 个声道的总码率为 320kb/s 的情况下,很难区分解码还原后的声音与原始声音之间的差别。

与 MPEG-1 音频的层Ⅱ相比,MPEG-2 AAC 的压缩比可提高一倍,而且音质更好;在质量相同的条件下,MPEG-2 AAC 的码率大约是 MPEG-1 音频层Ⅲ的 70%。MPEG-2 AAC 编码器如图 3-28 所示。

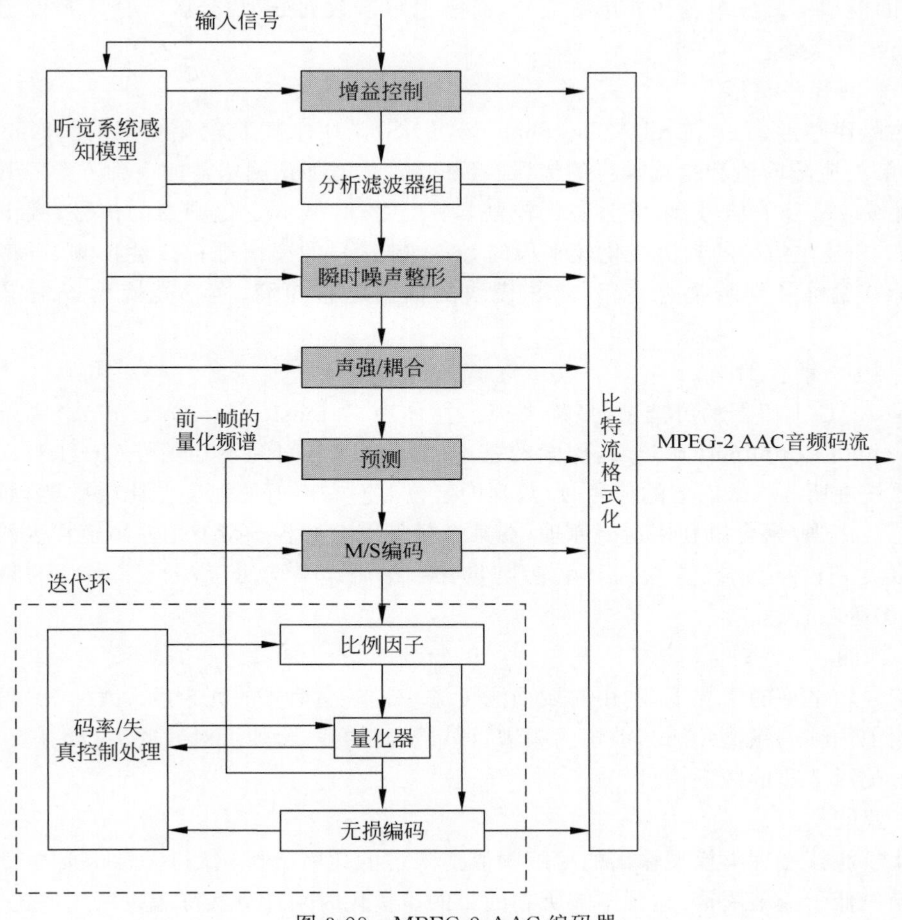

图 3-28 MPEG-2 AAC 编码器

(1) 增益控制

增益控制模块用在可分级采样率类中,它由多相正交滤波器(Polyphase Quadrature Filter,PQF)、增益检测器和增益调节器组成,把输入信号划分到 4 个等带宽的子带中。在解码器中也有增益控制模块,通过忽略多相正交滤波器的高子带信号获得低采样率输出信号

(2) 分析滤波器组

分析滤波器组把输入信号从时域变换到频域。该模块采用了 MDCT,是一种线性正交

交叠变换，使用时域混叠抵消（Time Domain Alias Cancellation，TDAC）技术，在理论上能完全消除混叠。

AAC 提供了两种窗函数：正弦窗和凯塞尔窗。正弦窗使滤波器组能较好地分离出相邻的频谱分量，适合具有密集谐波分量（频谱间隔小于 140Hz）的信号。频谱成分间隔较宽（大于 220Hz）时，凯塞尔窗 AAC 系统允许正弦窗和凯塞尔窗之间连续无缝切换。

（3）听觉系统感知模型

感知模型即心理声学模型，它是包括 AAC 在内的所有感知音频编码的核心。AAC 使用的心理声学模型原理上与 MP3 所使用的模型相同，但在具体计算和参数方面并不一样。AAC 用的模型不区分单音和非单音成分，而是把频谱数划分为“分区”，分区范围与临界频带带宽有线性关系。

（4）瞬时噪声整形

瞬时噪声整形（Temporal Noise Shaping，TNS）是用来控制量化噪声的瞬时形状的一种方法，解决掩蔽阈值和量化噪声的错误匹配问题，是增加预测增益的一种方法。其基本思想是：时域较平稳的信号，频域上变化较剧烈；反之，时域上变化剧烈的信号，频谱上则较平稳。TNS 是在信号的频谱变化较平稳时，对一帧信号的频谱进行线性预测，再将预测残差编码。在编码时判断是否要用 TNS 模块的依据是感知熵，当感知熵大于预定值时就用 TNS。

（5）声强/耦合编码

这是 AAC 编码器的可选项，又称为声强立体声（Intensity Stereo Coding）或声道耦合编码（Channel Coupling Coding），探索的基本问题是声道间的不相关性（Irrelevance）。人耳听觉系统在听 4kHz 以上的信号时，双耳的定位对左右声道的强度差比较敏感，而对相位差不敏感。声强/耦合就利用这一原理，在某个频带以上的各子带使用左声道代表两个声道的联合强度，右声道谱线置为 0，不再参与量化和编码。平均而言，大于 6kHz 的频段用声强/耦合编码较合适。

（6）预测

在信号较平稳的情况下，利用时域预测可进一步减小信号的冗余度。AAC 编码中的预测是利用前面帧的频谱预测当前帧的频谱，再求预测的残差，然后对残差进行编码。预测使用经过量化后重建的频谱信号。

（7）量化

量化模块按心理学模型输出的掩蔽阈值把限定的比特分配给输入谱线，要尽量使产生的量化噪声低于掩蔽阈值，达到不被听到的目的。量化时须计算实际编码所用的比特数，量化和编码是紧紧结合在一起的，AAC 在量化前将 1024 条谱线分成数十个比例因子频带，对每个子频带采用 3/4 次方非线性量化，起到幅度压扩作用，信号的信噪比和压缩信号的动态范围有利于霍夫曼编码。

（8）无损编码

无损编码实际上就是霍夫码编码，它对被量化的谱系数、比例因子和方向信息进行编码。

（9）码流打包组帧

AAC 的帧结构非常灵活，除支持单声道、双声道、5.1 声道外，可支持多达 48 个声道，具有 16 种语言兼容能力。

3. MPEG-4

MPEG-4 以"各种音/视频媒体对象的编码"为标题，MPEG-4 第一版于 1998 年 12 月成为一项通用的国际标准（ISO/IEC 14496IV）；第二版于 1999 年 12 月完成；第三、四版于 2001 年开始制定。

MPEG-4 标准的目标是提供未来的交互式多媒体应用，它具有高度的灵活性和可扩展性。与以前的音频编码标准相比，MPEG-4 增加了许多新的关于合成内容及场景描述等领域的工作，增加了可分级性、音调变化、可编辑性和延迟等新功能。MPEG-4 将以前发展良好但相互独立的高质量音频编码、计算机音乐及合成语音等第一次合并在一起，在诸多领域内给予高度的灵活性。

为了实现基于内容的编码，MPEG-4 音频编码也引入了音频对象（Audio Object，AO）的概念。AO 可以是混合声音中的任一种基本音，如交响乐中某一种乐器的演奏音或电影声音中人物的对白。通过对不同 AO 的混合和去除，用户就能得到所需要的某种基本音或混合音。

MPEG-4 支持自然声音（如语音、音乐）、合成声音以及自然和合成声音混合在一起的合成/自然混合编码（Synthetic/Natural Hybrid Coding，SNHC），以算法和工具形式对音频对象进行压缩和控制，如以分级码率进行回放、通过文字和乐器的描述合成语音和音乐等。

如图 3-29 所示，为获取到所有比特率下的高音质，MPEG-4 音频定义了如下 3 类编码模式。

（1）低比特率的参数编/解码器。采样频率在 8kHz 时数据比特率为 2～4kb/s；采样频率为 8/16kHz 时为 4～16kb/s。

（2）中间比特率的码激励线性预测（CELP）编/解码器。采样频率为 8/16kHz 时，数据比特率为 6～24kb/s。

（3）高比特率的编/解码器，包含 MPEG-2 AAC 和矢量量化编码在内的时/频编/解码器。采样频率大于 8kHz，数据比特率为 16～64kb/s，采用 AAC。

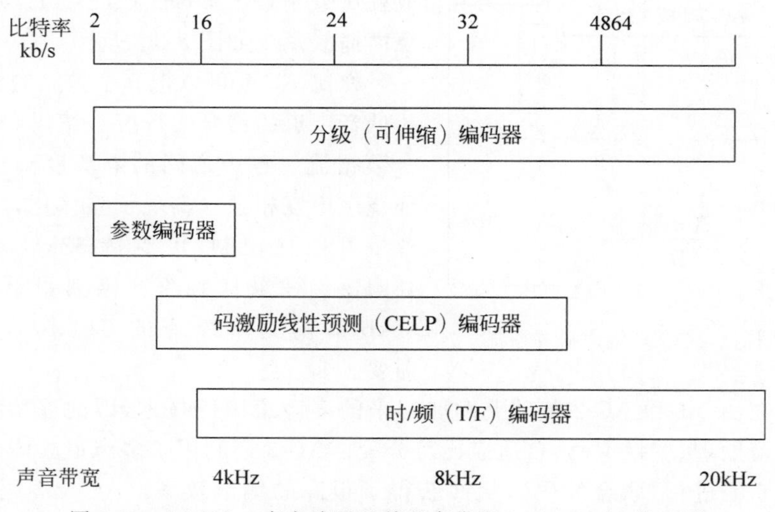

图 3-29 MPEG-4 声音编码及其码率带宽（2～64kb/s）关系图

4. MPEG-7

在信息社会中,可以利用的视听信息形式越来越多,如图像、视频、语音、3D模型及图形等。而手段不仅是记录—存储—重放,尤其是随着网络的出现,特别是互联网多媒体服务、各项服务项目种类和大容量数据库等基于内容服务需求的快速增长,引发了对视听信息内容的检索、交换及传递的迫切要求。

MPEG-7标准于1996年开始制定。MPEG-7称为"多媒体内容描述接口",主要描述多媒体素材内容的通用接口的标准化。MPEG-7本质上与MPEG-1、MPEG-2及MPEG-4不同,后三者是论述音视频具体的编码,而MPEG-7是促进数据元的互操作性、通用性和数据管理灵活性。因此,MPEG-7的目标是产生一个描述多媒体内容的标准,支持对多媒体信息在不同层面的解释和了解,从而将其依据用户需求进行传递和存取。

为了使人们在因特网上能够很快地搜索到所需要的内容,MPEG-7多媒体接口应能支持如下功能。

(1) MPEG-7可完成人耳听觉感知需要的内容,如频率轮廓线、音色、和声、频率特征(音调、音域)、振幅包络、时间结构等,即声音特性(音头持续时间及音尾)和文本内容。例如,通过唱一首歌曲的开始歌词或发出一篇文章开始一段的文字声音或声音近似值,即唱出歌曲的旋律或发出一种声音效果,就可以搜索到相应的全部原型声音或文本。

(2) 支持数据音频(如CD唱片、MPEG-1音频格式)、模型音频(如磁带介质、MPEG-4的SAOL)及MIDI(包括一般MIDI及Karaoke格式)。

3.3.2 杜比AC-3音频压缩算法

美国杜比(Dolby)实验室开发的杜比AC-3数字音频压缩编码技术与高清电视的研究紧密相关。杜比AC-3环绕声系统共有6个完全独立的声音声道:3个前方的左声道、右声道和中置声道以及两个后方的左、右环绕声道,这5个声道皆为全频带的(20Hz～20kHz);另有一个超低音声道,其频率范围只有20～120Hz,所以将此超低音声道称为"0.1声道",构成杜比数字(AC-3)的5.1声道。杜比AC-3环绕声播放系统如图3-30所示。

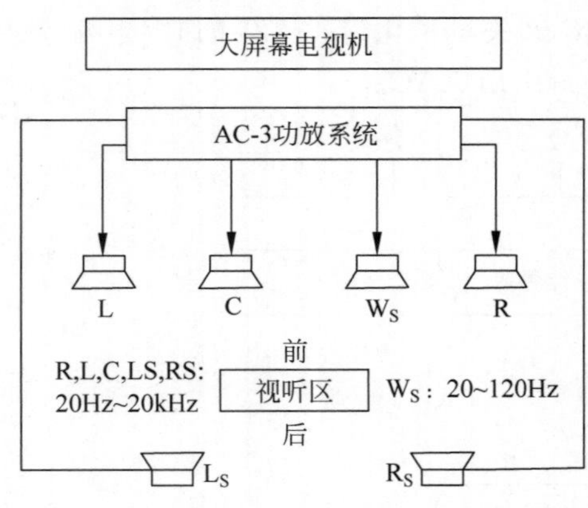

图3-30 杜比AC-3环绕声播放系统

杜比AC-3可以把5个独立的全频带和一个超低音声道的信号实行统一编码,成为单一的复合数据流。各声道间的隔离度高达90dB,两个环绕声道互相独立实现了立体化,超低音声道的音量可独立控制,可支持32kHz、44.1kHz和48kHz 3种采样频率。码率可低至单声道的32kb/s,高到多声道的640kb/s,以适应不同需要。

AC-3是在AC-1和AC-2基础上发展起来的多声道编码技术,因此保留了AC-2的许多特点,如加窗处理、变换编码、自适应比特分配。AC-3还利用了多声道立体声信号间的大量冗余性,对它们进行"联合编码",从而获得了很高的编码效率。AC-3编码器接收PCM声音数据,输出的是压缩后的码流。

杜比 AC-3 编码器原理如图 3-31 所示。

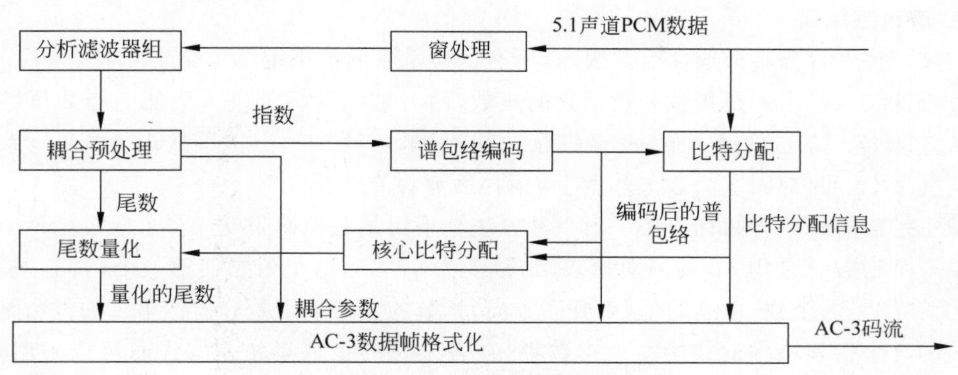

图 3-31 杜比 AC-3 编码器原理

1. 分析滤波器组

分析滤波器组的作用是把时域内的 PCM 采样值数据变换成频域内的一系列变换系数。在变换之前，要先将音频的采样值数据分成许多“块”。每块包含 512 个采样值，因为是重叠采样，所以每块有 256 个采样值是新的，另外 256 个采样值与上一块相同。每个音频的采样值会出现在两个块中，可以防止听得见的块效应。对音频采样值的分块是靠窗函数实现的。窗函数的形状决定了滤波器组中各滤波器的形状。

由时域变换到频域的块长度的选择是变换编码的基础，长的变换长度适合谱变化很慢的输入信号。长的变换长度提供比较高的频率分辨率，由此改进了这类信号的编码性能；短的变换长度提供比较高的时间分辨率，更适合时间上快速变化的信号。

人耳在时域和频域上存在掩蔽效应，因此，在进行变换编码时存在时间分辨率和频率分辨率之间的矛盾，不能同时兼顾，必须统筹考虑处理。对于稳态信号，其频率随时间变化缓慢，要求滤波器组有好的频率分辨率，即要求一个长的窗函数。反之，对于快速变化的信号，要求好的时间分辨率，即要求一个短的窗函数。

在编码器中，输入信号通过一个 8kHz 的高通滤波器取出高频成分，将它的能量和预先设定的阈值相比较，从而判断输入的信号是稳态还是瞬态。对于稳态信号，采样率为 48kHz 时的块长度选为 512，滤波器的频率分辨率为 187.5Hz，时间分辨率为 5.33ms；对于瞬态信号，块长度为 256，滤波器的频率分辨率为 375Hz，时间分辨率为 2.67ms。

通常的块长度为 512。对通常的加窗块做变换时，由于前后块重叠，变换后的变换系数可以去掉一半而变成每块包含 256 个变换系数。

比较短的块的构成是将 512 个采样值加窗的音频段分成两段，每段 256 个采样值。一个块的前半块和后半块分别进行变换，每半块产生 128 个单值的非“0”变换系数，对应从 0 到 $f_s/2$ 的频率分量，一块的变换系数总数是 256 个。这和单个 512 个采样值块所产生的系数数目相同，但分两次进行，从而改进了时间分辨率。两个半块得到的变换系数交织在一起，形成一个单一的有 256 个值的块。这个块的量化和传输与单一的长块相同。

AC-3 采用基于 MDCT 的自适应变换编码(Adaptive Transform Coding，ATC)算法，ATC 算法的一个重要考虑是基于人耳听觉掩蔽效应的临界频带理论，即在临界频带内一个声音对另一个声音信号的掩蔽效应最为明显。划分频带的滤波器组要有足够锐利的频率响应，以保证临界频带外的衰减足够大，使时域内和频域内的噪声限定在掩蔽阈值以下。

2. 谱包络编码

频域变换系数都转换成浮点数表示，所有变换系数的值都定标为小于1。

分析滤波器输出的是指数和被粗化的尾数，两者被编码后都进入码流。指数值的允许范围从0(对应于系数的最大值，没有前导"0")到24，产生的动态范围接近144dB。系数的指数凡大于24的，都固定为24，这时对应的尾数允许有前导"0"。

减小指数的码率有两种方法。第一种方法是采用差分编码发送AC-3指数。每个音频块的第一个指数总是用4b的绝对值表示，范围为0～15，这个值指明第一个(直流项)变换系数的前导"0"的个数，后续的(频率升高方向)指数的发送采用差分值。第二种方法是在一个帧内的6个音频块尽量共用一个指数集(在各个块的指数集相差不大时可以采用)。这样，只需在第一块传送该指数集，后面的块共享第一块的指数集，使指数集编码的码率降为原来的1/6。

AC-3将上述两种方法结合在一起，并且将差分指数在音频块中联合成组。联合方式有3种：4个差分指数联合成一组，称为D45模式；两个差分指数联合成一组，称为D25模式；单个差分指数为一组，称为D15模式。3种模式统称为AC-3的指数策略，在指数所需的码率和频率分辨率之间提供一种折中。D15模式提供最精细的频率分辨率，D45模式所需的数据量最少。在各个组内的指数数目仅取决于指数策略。

3. 比特分配

按照谱包络编码输出的信息确定尾数编码所需要的比特数，将可分配的比特按最佳的方式分配给各个尾数。分配给各个不同值的比特数由比特分配程序确定。在编码器和解码器中运行同样的核心比特分配程序，所以各自产生相同的比特分配。

4. 尾数量化

按照比特分配程序确定的比特数对尾数进行量化。分配给每个尾数的比特数可由一张对照表查到。对照表是按输入信号的功率谱密度(Power Spectral Density，PSD)和估计的噪声电平阈值建立的。PSD可在细颗粒均匀频率尺度上计算，估计的噪声电平阈值在粗颗粒(按频段)频率尺度上计算。

对某个声道的比特分配的结果具有谱的粒度，它对应于所用的指数策略。具体地说，在D15模式的指数集中的每个尾数都要分别计算比特分配；在D25模式的指数集中的每两个尾数都要分别计算比特分配；在D45模式的指数集中的每4个尾数都要分别计算比特分配。

5. 声道组合

在对多声道音频节目编码时，利用声道组合技术可以进一步降低码率。组合利用了人耳对调频定位的特性。人的听觉系统可以跟随低频声音的各个波形，并基于相位差来定位。对于高频声音，由于生理带宽的限制，听觉系统只能跟随高频信号的包络，而不是具体的波形。组合技术只用于高频信号。通过组合将包括在组合声道中的几个声道的变换系数加以平均。

各个被组合的声道有一个特有的组合坐标集合，可用来保留原始声道的高频包络。组合过程仅发生在规定的组合频率之上。解码器将组合声道转换成各个单独的声道，只要用那个声道的组合坐标和频率子带乘以组合声道变换系数的值。

6. 矩阵重组

AC-3 中的重组矩阵是一种声道融合技术。在立体声编码中，左(L)、右(R)声道具有相关性，利用"和"和"差"的方法产生中间声道和边声道，即不是对双声道中的左右声道进行打包，而是首先进行如下变换，然后对中间声道(M)和边声道(S)进行量化编码和打包。

$$M = \frac{R + L}{2}$$

$$S = \frac{L - R}{2}$$

显然，如果原始的立体信号的两个声道是相同的，则这种方法会使 M 信号与原始的 L 信号和 R 信号相同，而 S 信号为 0。这样可以用很少的比特对 S 信号进行编码，同时用较多的比特对 M 信号进行编码。

在解码端，将 M、S 声道恢复至 L、R 声道。这种方法对保留杜比环绕声的兼容性尤其重要。

7. 动态范围控制

音频节目有很宽的动态范围，一般在广播前要先将动态范围缩小。当动态范围较宽时，响的部分会显得太响，而静的部分会变得听不见。AC-3 的语法允许每个音频块传送一个动态控制字，解码器用来改变音频块的电平。控制字的内容指明在信号响度高于对话电平时降低增益，在信号响度低于对话电平时提高增益，信号接近对话电平时就不需要调节增益。

8. AC-3 的帧格式

AC-3 的音频码流是由一个同步帧的序列组成的。每个同步帧包含 6 个编码的音频块(AB)，各个编码音频块由 256 个采样值的码字构成，在各帧的开始有同步头(SI)，包含获取和保持同步的信息。在 SI 之后是比特头(BSI)，包含描述编码的音频业务的参数。编码音频块可后跟一个辅助数据字段(AUX)。在每一帧的末尾是一个误码检测字段，如循环冗余校验码(CRC)。同步帧格式如图 3-32 所示。

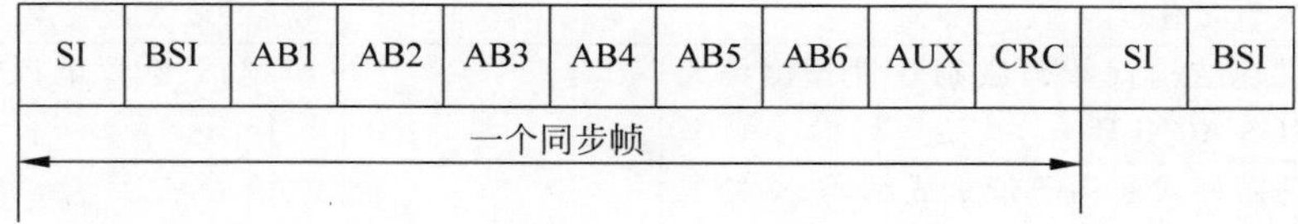

图 3-32　AC-3 同步帧格式

各个编码音频块是一个可解码的实体。在对某个音频块进行解码时，并不需要解码所需的信息都在这个块中。如果块解码所需的信息可以被许多块共享，那么可以仅在第一块中传送所需的信息，并在后面的音频块解码时重复使用这个信息。由于各个音频块并不包含全部所需信息，所以在音频帧中的块大小各不相同，但帧内 6 个块的总长度必须固定。某些块可以分配较多的比特，其他块就要相应减少比特，在第 6 块后面余下的任何信息可以作为辅助数据(AUX)。

杜比 AC-3 解码器的原理如图 3-33 所示。

在解码时，首先利用帧同步信息使解码器与编码数码流同步，接着利用循环冗余校验码(CRC)对数据帧中的误码进行纠错处理，使其成为完整、正确的数据，然后进行数据帧的解格式化。在编码中的格式化就是按设定的标准将各种数据捆成一包一包的。一个包就是一

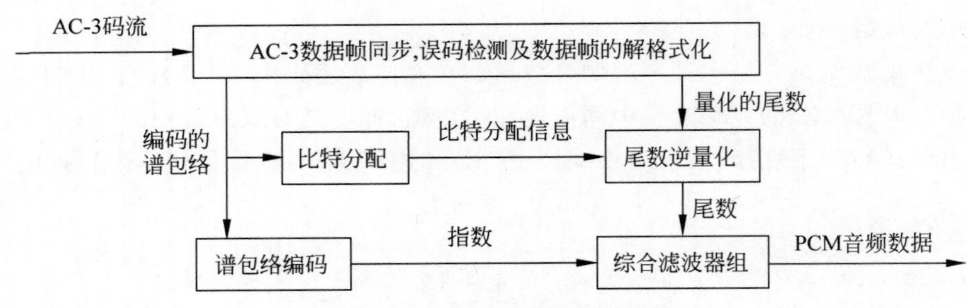

图 3-33 杜比 AC-3 解码器的原理

个数据帧,以包头的同步信息为标志。解码中的解格式化,就是以同步信息为准,将包打开,以便分门别类地处理各种数据,然后运行比特分配例行程序,从编码的谱包络中获得在编码中采用的比特分配信息。

利用此信息便可对量化的尾数进行逆量化处理,还原成原来的尾数,再对谱包进行解码,便获得编码前的各个指数。这些用二进制表示的各种指数和尾数代表了各样本块的256 个频域变换系数,最后利用综合滤波器进行离散余弦反变换,将这些变换系数还原成时间域中的 PCM 数字音频信号。

其他一些音频编码标准对比如表 3-2 所示。

表 3-2 各种音频压缩标准比较

标准	采用的主要编码技术	比特率	主要应用
G.711	A 律或 μ 律压扩的 PCM 编码	64kb/s	固定电话语音编码
G.721/3/6	自适应差分脉冲编码调制(ADPCM)	32,24,16kb/s	IP 电话
G.722	子带自适应差分脉冲编码(SB-ADC)	48kb/s	高质量语音信号
G.723.1	代数码激励线性预测(ACELP)、多脉冲最大似然量化机制(MP-MLP)	5.3kb/s	公用电话网、移动网和互联网的语音通信
G.728	低延时码激励线性预测(LD-CELP)、矢量量化	16kb/s	光盘存储、计算机磁盘存储、视频娱乐、视频监控
G.729	共轭结构代数码激励线性预测编码(CS-ACELP)	32kb/s	IP 电话、会议电视、数字音视频监控
MPEC-1 Audio1/2/3	掩蔽模式通用子带集成编码、多路复用(MUSICAM)、自适应频率感知熵编码(ASPEC)	384,256,64kb/s	DAB、ISDN 宽带网络传输
MPEC-2 Audio(BC)	MPEC-1 所有技术、线性 PCM、杜比 AC-3 编码、5.1/7.1 声道	8～640kb/s	数字电视、DVD
MPEC-2 AAC(NBC)	改进离散余弦变换(MDCT)		数字电视、DVD
MPEC-4 Audio	参数编码、码激励线性预测、矢量量化	2～64kb/s	通信、中/短波数字声音广播
MPEC-7 Audio	描述音频内容		建立音频档案、检索
杜比 AC-3	改进离散余弦变换(MDCT)、自适应变换编码(ATC)		DVD、DTV、DBS

3.4　数字音频文件的常见格式

1. WAV 波形音频文件

WAV 波形音频文件是微软公司和 IBM 公司共同开发的 PC 标准声音格式，文件扩展名为.wav，是一种通用的音频数据文件。

WAV 格式通常用来保存一些没有压缩的音频，也就是经过 PCM 编码后的音频，因此也称为波形文件，按照声音的波形进行存储，要占用较大的存储空间。CD 唱片包含的就是 WAVE 格式的波形数据，只是扩展名没写成.wav，而是.cda。WAV 文件也可以存放压缩音频，但其本身的文件结构使之更加适合存放原始音频数据并用来做进一步的处理。

WAV 文件组成如下。文件头：标明是 WAVE 文件、文件结构和数据的总字节数；数字化参数：如采样频率、声道数、编码算法等；实际的波形数据。

WAV 文件特点为易于生成和编辑，但是在保证一定音质的前提下压缩比不够，不适合在网络上播放。

2. MP3 文件

MP3 是人们比较熟知的一种数字音频格式，网络中大多数歌曲、音乐文件都采用这种格式，是一种流式音乐文件格式。它是 MPEG 制定的 MPEG-1 Audio Layer 3 压缩标准，是第一个使用有损音频压缩编码的。MP3 采用的是高压缩比（10∶1 或 12∶1），但是能够保持良好的音质，利用人耳的特性，削减音乐中人耳听不到的成分，同时尝试尽可能地维持原来的声音，几乎达到了 CD 音质标准。

3. WMA 文件

WMA 是 Windows Media Audio 的缩写，是微软定义的一种流式声音格式，扩展名为.wma，相对于 MP3 的主要优点是在较低的采样频率下音质要好些。

4. RA 文件

RA 是 Real Audio 的缩写，是由 Real Networks 公司推出的一种文件格式，最大的特点是可以实时传输音频信息，尤其是在网速较慢的情况下，仍然可以较流畅地传送数据。因此，Real Audio 主要适用于网络上的在线播放。现在的 Real Audio 文件格式主要有 RA（Real Audio）、RM（Real Media，Real Audio G2）、RMX（Real Audio Secured）等 3 种，这些文件的共同性在于根据网络带宽的不同而改变声音的质量，在保证大多数人听到流畅声音的前提下，令带宽较宽的听众获得较好的音质。

5. MID 文件

MID 是通过数字化乐器接口 MIDI 输入的声音文件的扩展名，这种文件只是像记乐谱一样记录下演奏的符号，所以它占用的存储空间是所有音频格式中最小的。

MID 文件结构如下。文件头：描述文件的类型和音轨数等；音轨：记录 MIDI 数据，主要是命令序列，每个命令包括命令号、通道号、音色号和音速等。

MID 文件特点主要有：WAV 文件记录声音数据，MID 文件记录一系列乐谱指令；数据量小，占用存储空间极小，适合在网络上传输；编辑修改灵活方便，可通过音序器自由修改 MIDI 文件的曲调、音色、速度等，甚至可以改换不同的乐器；MIDI 声音仅适于重现打击乐或一些电子乐器的声音。

6. AIFF 文件

音频交换文件格式(Audio Interchange File Format,缩写为 AIF 或 AIFF),是苹果公司开发的一种标准声音文件格式,被 Macintosh 平台及其应用程序所支持。它属于 Quick Time 技术中的一部分,而且是一种优秀的文件格式,投入使用后便很快得到微软公司的青睐,Netscape Navigator 浏览器中的 Live Audio、SGI 及其他专业音频软件包都支持它。

AIF/AIFF 支持 16 位,44.1kHz 立体声,现在几乎所有的音频编辑软件和播放软件都支持这种格式。

7. DVD Audio

DVD Audio 是新一代的数字音频格式,与 DVD Video 尺寸以及容量相同,为音乐格式的 DVD 光碟,采样频率为 48kHz,96kHz,192kHz 和 44.1kHz,88.2kHz,176.4kHz(可选择),量化位数可以为 16,20,24b,它们之间可自由地进行组合。低采样率的 96kHz 虽然是两声道重播专用,但它最多可收录到 6 声道。而以两声道 192kHz/24b 或 6 声道 96kHz/24b 收录声音,可容纳 74min 以上的录音,动态范围达 144dB,整体效果出类拔萃。

8. MD

MD(MiniDisc)由日本索尼公司开发。MD 之所以能在一张盘中存储 60~80min 采用 44.1kHz 采样的立体声音乐,就是因为使用了自适应声学转换编码算法(Adaptive Transform Acoustic Coding,ATRAC)压缩音源。这是一套基于心理声学原理的音响解码系统,它可以把 CD 唱片的音频压缩到原来数据量的大约 1/5,而声音质量没有明显的损失。ATRAC 利用人耳听觉的心理声学特性(频谱掩蔽特性和时间掩蔽特性)以及人耳对信号幅度、频率、时间的有限分辨能力,将人耳感觉不到的成分不编码、不传送,这样就可以相应减少某些数据量的存储,从而既保证音质,又达到缩小体积的目的。

9. AAC

AAC 是高级音频编码(Advanced Audio Coding)的缩写。AAC 是由 Fraunhofer IIS-A、杜比和 AT&T 共同开发的一种音频格式,它是 MPEG-2 规范的一部分。AAC 所采用的运算法则与 MP3 不同,通过结合其他的功能来提高编码效率。AAC 的音频算法在压缩能力上远远超过了以前的一些压缩算法(如 MP3 等)。它还同时支持多达 48 个音轨、15 个低频音轨,具有更多种采样率和比特率、多种语言的兼容能力和更高的解码效率。总之,AAC 可以在比 MP3 文件缩小 30%的前提下提供更好的音质。

10. OGG 格式

OGG 的全称是 OGG Vobis,它是一种新的音频压缩格式,类似于 MP3 等现有音乐格式。但有所不同的是,它是完全免费、开放和没有专利限制的。OGG Vobis 有一个很出众的特点,就是支持多声道。随着它的流行,以后用随身听来听 DTS 编码的多声道作品将不再是梦想。OGG Vobis 在压缩技术上比 MP3 好,使它很有可能成为一个流行的趋势,这也正是一些 MP3 播放器支持 OGG 格式的原因。另外,如果采用相同速率录制音频,MP3 和 OGG 不分上下,OGG 采用更先进的算法,还可能会好一些。

11. APE 格式

APE 是 Monkey's Audio 提供的一种无损压缩格式。Monkey's Audio 提供了 Winamp 的插件支持,这就意味着压缩后的文件不再是单纯的压缩格式,而是和 MP3 一样可以播放的音频文件格式。APE 的压缩比大约为 2∶1,但能够做到真正无损,因此获得了不少发烧友的青睐。令人满意的压缩比以及飞快的压缩速度，成为不少发烧友私下交流音乐的唯一选择。

12. SACD 格式

SACD 格式是由 Sony 公司正式发布的。它的采样率为 CD 格式的 64 倍，即 2.8224MHz。SACD 重放频率带宽达 100kHz，为 CD 格式的 5 倍，24b 的量化位数也远远超过 CD，声音的细节表现更丰富、清晰。

13. VQF 格式

VQF 是由 YAMAHA 和 NTT 共同开发的一种音频压缩技术，它的压缩比能够达到 18∶1。因此，相同情况下压缩后的 VQF 文件体积比 MP3 小 30%～50%，更便于网上传播。VQF 格式的音质极佳，接近 CD 音质(16b，44.1kHz 立体声)。但 VQF 未公开技术标准，至今未能流行起来。

14. WMA 格式

WMA 格式是以减少数据流量但保持音质的方法来达到更高的压缩比，其压缩比一般可以达到 18∶1。此外，WMA 还可以通过数字版权管理(Digital Rights Management，DRM)方案加入防止复制，或者加入播放时间和播放次数的限制，甚至是播放机器的限制，有力地防止盗版。

15. MP4 格式

MP4 在文件中采用了保护版权的编码技术，只有特定的用户才可以播放，有效地保证了音乐版权的合法性。另外，MP4 的压缩比达到了 15∶1，体积较 MP3 更小，音质却没有下降。不过因为只有特定的用户才能播放这种文件，因此其流传度与 MP3 相比差距甚远。

16. CDA 格式

大家都很熟悉 CD 这种音乐格式了，其扩展名为.cda，采样频率为 44.1kHz，16b 量化。CD 存储采用了音轨的形式，又叫“红皮书”格式，记录的是波形流，是一种近似无损的格式。

3.5　本章小结

本章主要介绍了数字音频信号压缩的可行性，按照压缩品质、编码方式对数字音频压缩方法进行分类，再介绍了波形编码、参数编码、混合编码等编码原理，又对 MPEG 数字音频压缩标准和杜比 AC-3 音频压缩算法进行了详细说明，最后简单介绍了数字音频文件的常见格式，如 WAV、MP3、WMA 和 RA 等。

第 4 章

使用Adobe Audition录制动画作品中的语言

本章首先介绍常见的录音方式，再介绍 Adobe Audition 软件的基本操作、录音方法和音频的基本编辑，最后介绍一个录音操作的综合实例。

【本章学习目标】

- 了解常见的录音方式和 Adobe Audition 软件的基本操作。
- 掌握使用 Adobe Audition 软件录音的基本编辑操作。

在动画作品中为对白、独白、解说和旁白等语言进行配制的一系列创作活动，就是通常所说的狭义上的配音。配音是一种特殊的表演，是一种通过声音塑造人物、刻画角色的艺术形式。动画配音是配音艺术的一种，它必须以已经完成的样片为基础，并将虚拟的剧情、人物身份和人物内心情感理解加入其中，进一步运用夸张的语言艺术从中解读，从而再现富有个性的角色声音，配音是一部动画影片成败的关键。如果语言声音运用得当，就可以把动画形象塑造得更为立体。配音涉及前期语言的录制以及对录制的声音进行必要的加工处理等操作。本章将对如何为动画作品录制语言进行介绍。

4.1 常见的录音方式

4.1.1 录制话筒的声音

使用计算机录制声音比较简单，如果用户对声音的音质要求不是很高，如录制手机铃声，则只需要使用有声卡的普通计算机和话筒就可以完成。如果用户对声音音质的要求较高，则需要购买一个价格昂贵的专业声卡、一个专业的电容麦克风和麦克风防喷罩、一个调音台、一对监听音箱或一个监听耳机，并保证这些设备正确连接，同时还需要在一个比较安静、回声较小的录音环境中完成。

个人工作室中的录音一般是以录人声为主，这样的工作室就需要挑选一两支能够尽可能适应各种声音的话筒来录音。而在大录音棚中，就需要各种各样的话筒来搭配。一般来说，按照话筒摆放，可以分为单话筒录音、双话筒立体声录音、多话筒录音等情况。单话筒录音顾名思义就是只用一支话筒。而立体声拾音则需要两支话筒来录音。我们一直在强调：一支话筒就是一个声道，如果想录立体声，唯一的办法就是使用两支话筒，就如同人的两只耳朵一样。

立体声录音的话筒摆位方法有多种，一般分为 AB 制、XY 制、MS 制、人头录音以及 OSS 等。所谓 AB 制，就是将两个型号完全一样的话筒并排放置，相距几十厘米到一米的距离，然后进行录音，如图 4-1 和图 4-2 所示。

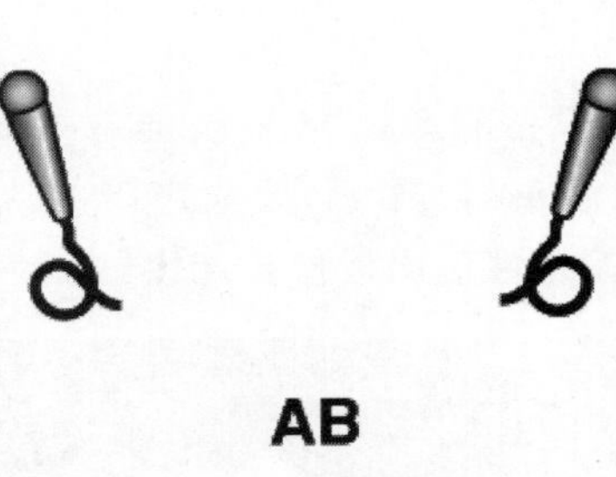

图 4-1　AB 制摆位

图 4-2　两支话筒并排录音

AB 制这种摆位方法的优点是临场感好，但是缺点也很明显，就是两话筒之间容易产生相位干扰。关于相位干扰，在后面会讲到。因此，这种方法已经很少使用了。

XY 制和 AB 制的不同之处就在于两支话筒是重叠的，如图 4-3 所示。

一般 XY 制话筒的角度都是 90°，如图 4-4 所示，这样的摆位不存在时间差和相位差，因此效果比 AB 制要好，是经常使用的一种方法。

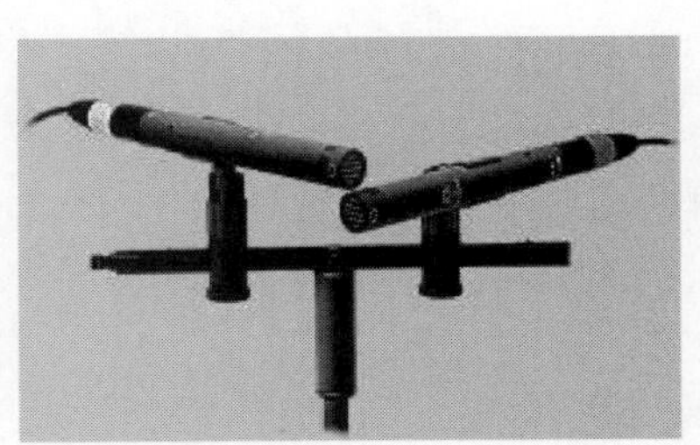

图 4-3　XY 制摆位

图 4-4　XY 制摆位录制木吉他

目前比较常用的另一种立体声拾音方式是 MS 制。它和 AB 制摆位基本一样，不同的是它使用两支型号、性能不同的话筒。其中一支话筒主轴正对声源，称为 M；另一支话筒的主轴则对准左右两侧，称为 S。上面的 M 话筒是单指向的，指向声源，而下面的 S 话筒则是使用了 8 指向，拾取左右两侧的声音。MS 制摆位几乎完全没有相位干扰，因此效果是最好的，如图 4-5 所示。

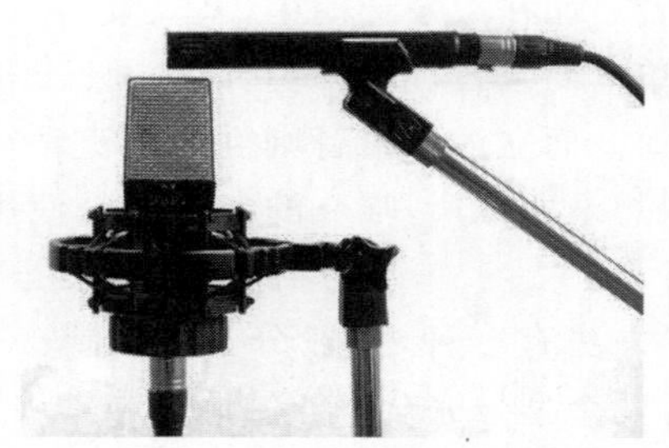

图 4-5　MS 制摆位(侧面)

从话筒出来的信号一般进入话筒放大器(俗称话放)或直接进入调音台(调音台自带话放),甚至有的直接插到声卡上(声卡本身自带话放)。

4.1.2　使用音频线录制外接设备的声音

如果要录制来自电视机、CD 机、DVD 机、电子琴等设备的音频,还需要准备一条声源输入线,又称为音频线,如图 4-6 所示。此音频线一端的插头(4.5mm)要与声卡的线性输入(Line-in)接口连接,如图 4-7 所示,另一端与外部设备的线性输出接口相连接。

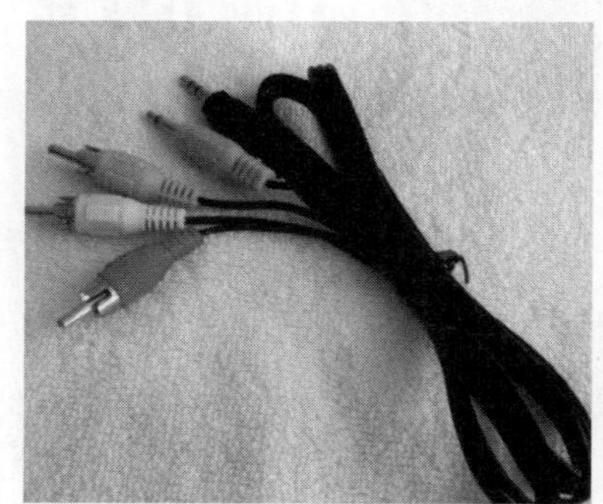

图 4-6　音频线

图 4-7　线性输入和输出接口

4.1.3　录制计算机系统中的声音

除了录制外部设备输入的声音外,还可以录制计算机系统中的声音,如 CD/DVD 光盘、当前播放歌曲的声音、电影中的声音等。这将在随后的内容中详细说明。

4.2　Adobe Audition CC 的基本操作

4.2.1　认识 Adobe Audition CC 的界面

把 Adobe Audition CC 安装到硬盘上,桌面上会出现快捷方式图标,双击即可启动。用户也可以单击“开始”菜单,选择 Adobe Audition CC 中文版命令,即可运行该软件。稍等片刻,看到 Adobe Audition CC 的启动界面,如图 4-8 所示,由标题栏、菜单栏、工具栏、各种面板、面板组和状态栏组成。

图 4-8 Adobe Audition CC 界面

4.2.2 新建文件

1. 新建空白音频文件

新建音频文件有助于确定音频波形文件的属性，如音频的采样率、单声道/立体声/5.1环绕声，用户可以根据需要进行相应的设置。空白音频文件可以用于录制新的音频或粘贴音频。

(1) 在波形编辑模式下，执行"文件"→"新建"→"音频文件"命令，打开"新建音频文件"对话框，如图 4-9 所示。

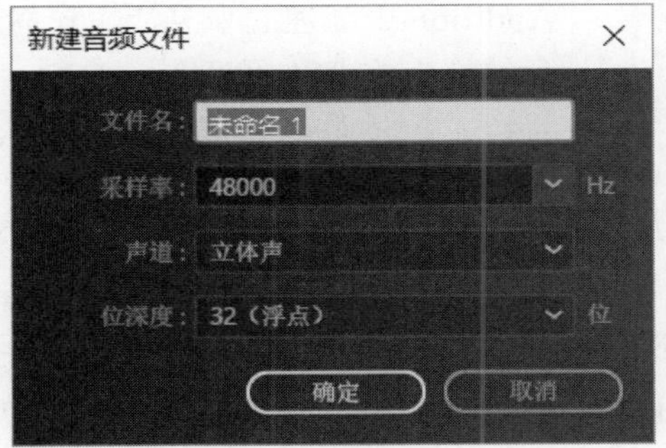

图 4-9 "新建音频文件"对话框

(2) 在"新建音频文件"对话框的文本框中输入一个文件名，然后设置如下选项。

- 采样率：决定文件的频率范围，采样率至少是原始信号最高频率的两倍。
- 声道：决定波形是单声道、立体声还是5.1声道。单声道只具有一条声道的波形信息，一般用于录制声音信息；双声道具有左右两个通道的波形信息，更适合用于录制音乐；5.1声道包括5个主声道(中心(C)、左前(L)、右前(R)、左后(Ls)和右后(Rs)声道)和一个低音效果声道，可以模拟真实的音响效果。
- 位深度：决定文件的振幅范围。级别分为8位、16位、32位，其中，32位级别在Audition中处理起来灵活性较好，但是与普通应用程序的兼容性较差，编辑完成后，须转换为较低的位深度。

(3) 设置完毕，单击"确定"按钮，空白的音频文件便出现在"文件"面板中，并在"编辑器"面板中显示空白波形。

2. 新建多轨项目文件

在多轨混音模式中编辑完毕进行保存时，会将源文件的信息和混合设置保存到项目文件(*.sesx)中，项目文件相对较小，本身不包含音频数据，仅包含了源文件的路径和相关的混合参数，如音量、声像、其中素材的插入位置、施加的包络编辑与效果设置等。

(1) 执行“文件”→“新建”→“新建多轨会话”命令，打开“新建多轨会话”对话框，如图 4-10 所示。

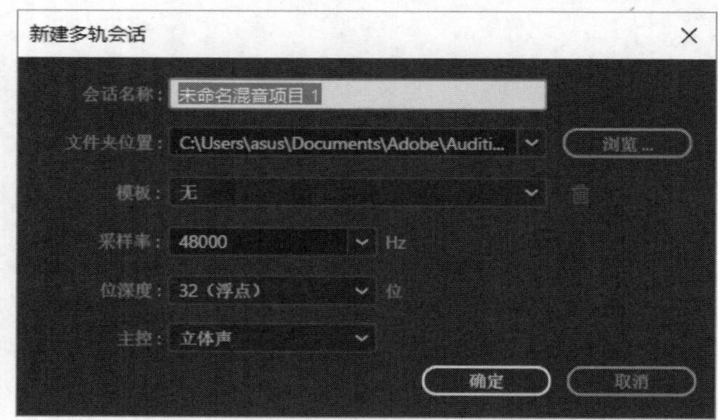

图 4-10 “新建多轨会话”对话框

(2) 在“会话名称”对话框文本框中输入一个文件名。设置文件存放位置，或单击“浏览”按钮，在弹出的对话框中选择存放位置，然后设置如下选项。

- 采样率：决定文件的频率范围，采样率至少是原始信号最高频率的两倍。
- 位深度：决定文件的振幅范围。级别分为 8 位、16 位、32 位，其中，32 位级别在 Audition 中处理起来灵活性较好，但是与普通应用程序的兼容性较差，编辑完成后，须转换为较低的位深度。
- 主控：决定轨道被混缩到单声道、立体声还是 5.1 声道。

4.2.3 打开已有的音频文件或多轨项目

通过打开命令将硬盘中现有的音频或项目文件打开，其中在波形编辑器中，不仅可以打开 MP3、WAV、AIFF 等格式的音频文件波形，还可打开视频格式文件中的音频部分，其中包括 AVI、DV、MPEG-1、MPEG-4、MOV 或 WMV 等格式。

而在多轨编辑器中可以打开的文件类型有：Audition Session、Adobe Premiere Pro Sequence XML、Final Cut Pro XML Interchange 和 OMF。

(1) 执行“文件”→“打开”命令，弹出“打开”对话框，在“查找范围”下拉列表中选择指定磁盘空间。

(2) 在“打开”对话框中，选择“光盘\素材\第四章\音乐.mp3”文件。如果没有看见所需的文件，应在“文件类型”下拉列表中选择“所有文件”，以显示 Audition 支持导入的所有文件。

(3) 选择完毕，单击“打开”按钮，打开的文件将出现在“文件”面板中。双击“文件”面板的空白区域，可以快速访问“打开”对话框，方便操作。

4.2.4 用“文件”面板导入文件

“文件”面板是显示打开的音频文件与视频文件的面板，Adobe Audition CC 支持多种类型的音频与视频文件的导入。在 Adobe Audition 波形编辑器中可以打开的音频文件格式有：AAC、AIFF、AU、AVR、BWF、CAF、FLAC、TK、IFF、M4A、MAT、MPC、MP3、OGA、PCM、PVF、RAW、SDS、WAV、WVE、XI 等。

波形编辑器可以打开以下格式的视频文件中的音频部分，多轨编辑器可以插入相同文件类型并提供视频面板预览，如 AVI、DV、MOV、MPEG-1、MPEG-4、3GPP 与 3GPP2 等格式。

1. 将文件导入"文件"面板中

导入文件是获取音频素材的最快捷的方法。使用"文件"面板可以将素材导入其中。

(1) 在"文件"面板中，单击"导入文件"按钮，或执行"文件"→"导入"→"文件"命令。

(2) 打开"导入文件"对话框，在其中选择要导入的文件"光盘\素材\第一章\导入音频. wav"，单击"打开"按钮，打开的文件将出现在"文件"面板中。

2. 在"文件"面板中使用文件

将文件导入"文件"面板中后，可以通过内置的按钮对文件进行分配，主要用于将其插入到多轨项目的编辑中。

(1) 在"文件"面板中，选中要进行插入的文件"导入音频. wav"。

(2) 在"文件"面板的顶部可进行如下操作：单击"插入到多轨混音中"按钮，然后选择"新建多轨混音"选项，或者打开一个已打开的项目，即可将文件插入当前时间指针的位置。

4.2.5　保存音频文件

在 Adobe Audition CC 中，可以保存录制与编辑的音频文件。在波形编辑器中，可以用多种常用格式保存音频文件。格式的选取取决于想要如何应用音频文件。值得注意的是，如果以不同的格式保存文件，每种格式独特的信息可能会丢失。

在波形编辑器中完成音频的录制与编辑之后，可以使用如下方式进行保存。

(1) 选择"文件"→"保存"命令，保存当前音频文件的改变。

(2) 选择"文件"→"另存为"命令或"文件"→"导出"→"文件"命令，将当前音频文件重命名保存到另一个位置。

(3) 选择"文件"→"将选区保存为"命令，将当前音频文件的选择区域保存为一个新文件。

(4) 选择"文件"→"全部保存"命令，将当前打开的所有音频文件保存。

- 在弹出的相应对话框中，选择保存位置，输入文件名。
- 根据所选格式的不同，设置下列选项。

采样类型：表明采样率与位深度。单击"更改"按钮，可以调整这些选项。

格式设置：表明数据压缩与存储模式。单击"更改"按钮，可以调整这些选项。

包含标记与其他元数据：选中此复选框，可以将音频标记与元数据面板中的信息保存在文件中。

- 设置完毕，单击"确定"按钮，就可以保存了。

4.2.6　关闭文件

在波形编辑器中完成音频的录制与编辑保存之后，可以通过选择"文件"→"关闭"命令，关闭当前音频文件；如果要关闭所有文件，可以在 Adobe Audition CC 主窗口左上角的菜单栏中选择"文件"→"全部关闭"命令。如果在试听过程中无意间进行了某些操作，在关闭时，可能会弹出一个对话框，询问是否保存对当前工作的更改，此时单击"否"按钮即可。

4.3 使用 Adobe Audition CC 录音

4.3.1 录音前的准备

在录制工作开始前要做好以下工作：保证所有硬件设备正常工作，包括耳机、麦克风、监听音箱、电源等，并保证连线准确无误；保证计算机操作系统正常工作，录音软件运行无误，并安装好所有可能用到的插件和工具；确保计算机有足够的硬盘空间，并为录音创建一个专门的工作目录；选一个隔音相对良好的房间录音，关闭门窗和可能带来噪声的电器设备，避免环境音经过话筒进到录音文件里面(虽然在后期处理时能够去噪，但是并不能完全去除噪声，而且会使声音失真，特别是分贝很高的刺耳声，只要录入就再不能消除和弱化)；熟悉录音内容，如作品的风格和要求，力求达到录音的最佳状态；调整心理状态，提高自信，语气平和。做好以上的准备工作，就可以开始录制工作了。

进行人声录制时，要注意调整电平，只有做好这一步，录出的声音质量才能更好。由于人声的电平高低是动态变化的，因此可以使用压缩器。压缩器是一种自动控制信号电平的工具，当信号超过设定的阈值时，压缩器自动拉下电平，拉下多少取决于压缩比。

在 Adobe Audition CC 中，也可以进行录音电平的调整。调整录音电平时，首先要使麦克风处于工作状态，并且使麦克风远离声音或将音箱的音量调到最小，这样可以防止"反馈"的发生。这里的反馈是指声音被麦克风拾取，又从音箱播放出来，再被麦克风拾取的无限循环过程。反馈会使音箱发出尖锐或低沉的声音，这种声音很难听，严重时会造成线路和设备的损坏。如果录音电平太大，则会使音质变得很差；如果录音电平太小，也会影响音质。调整录音电平的目的就是让录制的声音不发生削波，同时声音强度也要尽量大，也就是说让录制的声音"最大不失真"。

调整录音电平离不开"试音"。按照正式录音的状态发出声音，根据"电平表"选项卡的显示数及其变化，在"录音控制"对话框内进行相应的调整。一般来说，在录音时，要尽量将声音以最高电平经话筒录制到计算机中，声音的电平越高，清晰度也就越高，不过，声卡对声音电平的最高限度有要求，也就是说，如果声音电平过高，会出现爆音的现象，影响录音效果。但是，如果录制的声音电平太低，就会影响其清晰度。因此，首先对着麦克风录制较高音量部分，如果显示电平过小，如图 4-11 所示，则需要提高录音电平；如果显示电平过大，如图 4-12 所示，就需要降低录音电平，以达到较为理想的电平，如图 4-13 所示。

图 4-11 录音电平过小

图 4-12 录音电平过大

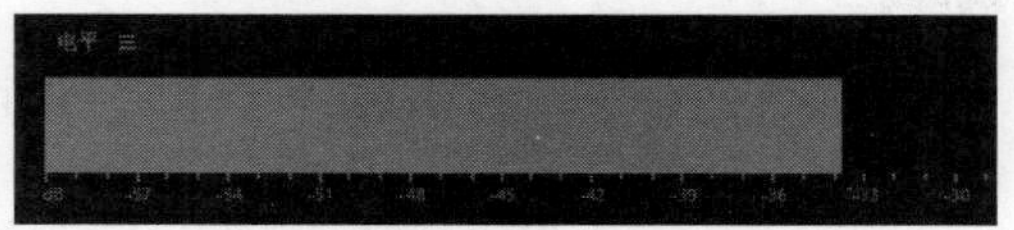

图 4-13　理想的录音电平

在 Adobe Audition CC 的波形编辑模式下，按 Alt+I 快捷键或执行“视图”→“测量”→“信号输入表”命令，如图 4-14 所示。此时，即可在主界面的下方显示录音电平。如果看不到彩色条，可能是由于电平表的量值太小，此时，可以在“电平”面板上右击，在弹出的快捷菜单中选择更大的量程，如图 4-15 所示，其最大值为 120dB。如果选择了最大量程，还是没有光柱出现，就说明声卡没有收到来自麦克风的任何信号，需要检查计算机硬件是否出现了问题。

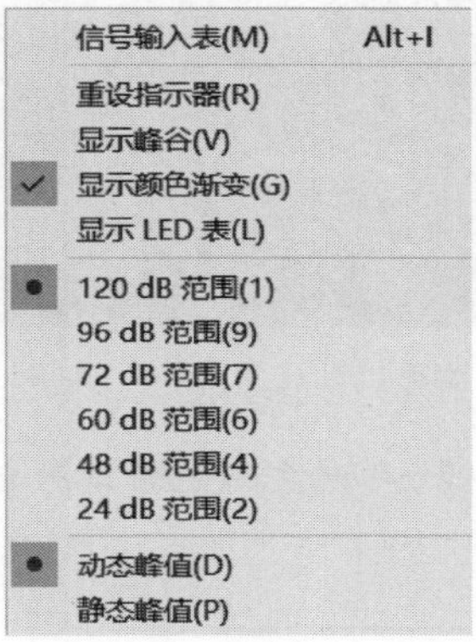

信号输入表(M)　Alt+I
重设指示器(R)
显示峰谷(V)
显示颜色渐变(G)
显示 LED 表(L)
120 dB 范围(1)
96 dB 范围(9)
72 dB 范围(7)
60 dB 范围(6)
48 dB 范围(4)
24 dB 范围(2)
动态峰值(D)
静态峰值(P)

图 4-14　选择命令

信号输入表(M)　Alt+I
重设指示器(R)
显示峰谷(V)
显示颜色渐变(G)
显示 LED 表(L)
120 dB 范围(1)
96 dB 范围(9)
72 dB 范围(7)
60 dB 范围(6)
48 dB 范围(4)
24 dB 范围(2)
动态峰值(D)
静态峰值(P)

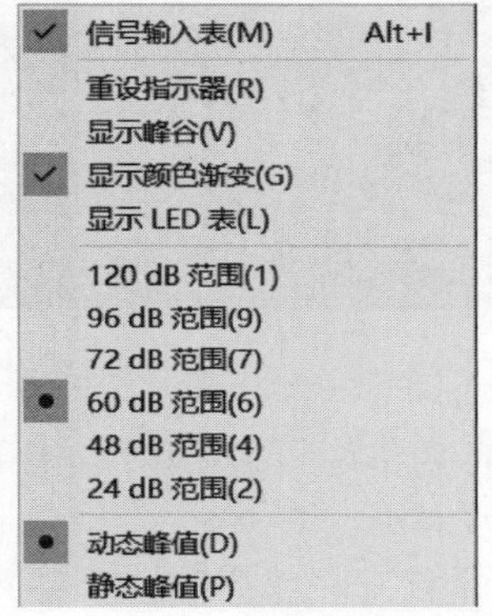

图 4-15　调整电平量程

试音过程中，麦克风和人之间应保持合适的距离，一般为 5～15cm。如果距离太远，拾取的有用信号会比较弱。通过不断调节，接近理想的工作状态后，就可以进入实质录音阶段。

4.3.2　单轨录音

1. 录制麦克风声音

下面以录制麦克风声音为例，介绍录制朗诵诗的步骤。

(1) 将麦克风与计算机声卡的 Microphone 接口相连接，将录音来源设置为 Microphone。

(2) 打开 Adobe Audition CC 软件，显示出波形编辑视图界面，选择“编辑”→“首选项”→“音频硬件”命令，打开“首选项”对话框，设置“默认输入”和“默认输出”选项。

(3) 双击任务栏上的小喇叭图标，打开“音量控制”对话框，在麦克风选项下方，单击“选择”复选框。

(4) 单击“波形”标签，单击“新建文件”按钮，为文件设置一个文件名“诗朗诵”。

【提示】 也可打开已有的文件重写或添加新的音频，将当前时间指针放到想要开始录制的位置。

(5) 单击“编辑器”面板底部控制器中的“录制”按钮，开始录制。

(6) 对准麦克风，录制声音。

(7) 观察录制声音的波形。单击“录制”按钮 或“停止”按钮 ，即可结束录制，如图 4-16 所示。

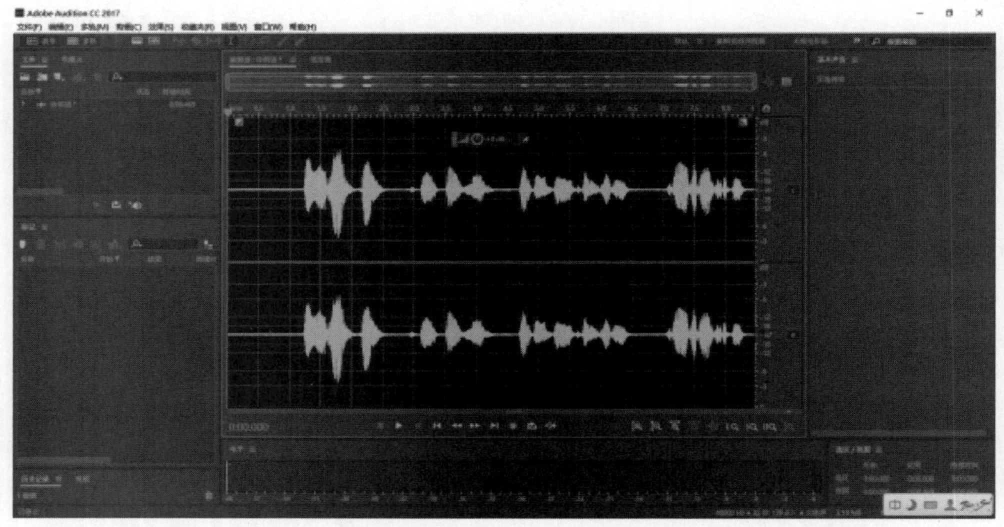

图 4-16 录制的声音波形

【提示】 在录制过程中，随时观察下面的录音电平，可以更好地帮助分析当前输入设备录制声音音量的大小。

(8) 选择“文件”→“保存”命令，将文件保存。

2. 录制系统声音

系统中的声音是指当前播放歌曲的声音、电影中的声音、CD 中的声音等。这样录制的声音没有噪声的干扰，品质比较高。在生活中，常用这种方法录制电影中的插曲或对白。

(1) 双击任务栏上的小喇叭图标，打开“音量控制”对话框，在 Stereo Mix 左边，单击“选择”复选框，同时禁用麦克风设备。

(2) 选择“编辑”→“首选项”→“音频硬件”命令，打开“首选项”对话框设置“默认输入”为立体声混音。

(3) 使用播放器播放电影“倒霉熊.avi”，单击“录制”按钮 。

(4) 录制完成后，单击“录制”按钮 或“停止”按钮 ，完成内录。

4.3.3 多轨录音

在多轨编辑器中，可以同时在多个轨道中录制音频，以进行配音。多轨录音时，可以听到其他轨道上的配乐和之前录制的声音，如果项目中含有视频，还可以同时监视播放的视频，这样通过混音编排得到一个完整的作品。还可以先将录制好的一部分音频保存在一些音轨中，再进行其他部分或剩余部分的录制。

默认状态下，Adobe Audition CC 为用户提供了 6 个音轨和一个主控音轨。

(1) 单击“多轨混音”按钮，设置合成项目名称为“多轨录音”，单击“确定”按钮，进入多轨编辑状态。

(2) 选择“编辑”→“首选项”→“音频硬件”命令,设置“默认输入”选项为“麦克风”。

(3) 选择“多轨混音”→“轨道”→“添加立体声轨道”命令,添加一个立体音轨“音轨 7”。

(4) 在“轨道 7”面板中选择输入设备为“默认立体声输入”。

(5) 单击“轨道 7”面板中的“录制准备”按钮,将该按钮激活。

(6) 要在多个轨道上同时录音,重复步骤(1)～步骤(5)。

(7) 在“编辑器”面板中,定位当前时间指针在希望开始录制的位置,或选取新素材的范围。

(8) 单击“录制”按钮,开始录音。

(9) 录音完毕后,单击“录制”按钮或“停止”按钮,结束录制。

4.3.4 穿插录音

穿插录音可以在已有的波形文件中插入一个新的录制片段。如果对已经录制完成的声音中的局部不满意,可以将这部分选中,然后进行录音,这就是所谓的穿插录音。在穿插录音的过程中,软件仅对选定的区域进行录音,区域以外的部分不受影响。

(1) 启动 Adobe Audition CC,单击“多轨混音”按钮,设置项目名称为“穿插混音”。单击“确定”按钮,进入多轨混音编辑状态。

(2) 选择“文件”→“导入”→“文件”命令,将“穿插录音. wav”文件导入。

(3) 单击“插入到多轨混音中”按钮,将音频插入轨道 1 中。

(4) 单击编辑器下面的“放大(时间)”按钮,将波形放大。使用时间选区工具选择音频中录制错误且需要更改的波形,如图 4-17 所示。

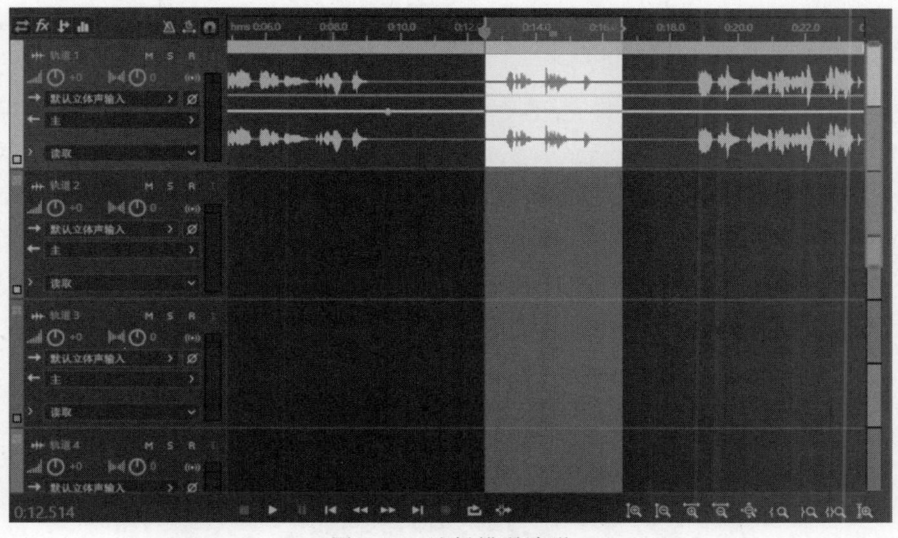

图 4-17 选择错误波形

(5) 设置轨道 1 上的输入设备为“麦克风”选项。

(6) 单击轨道 1 上的“录制”按钮,开始录制。

(7) 选择区域将呈现出与其他区域不同的颜色,并产生一个带序列号的音频文件,如图 4-18 所示。

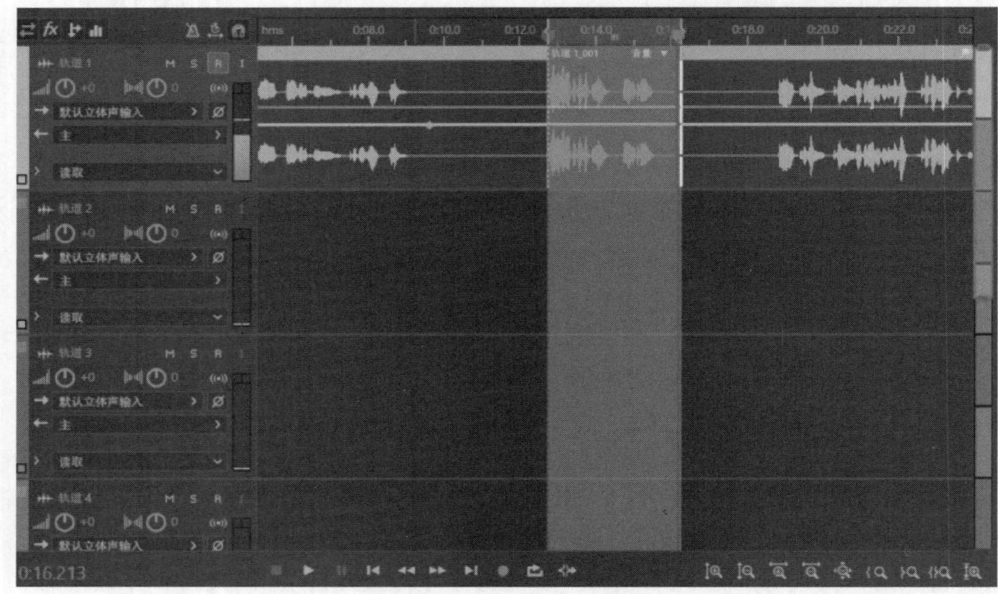

图 4-18 补录的波形

(8) 对选择的区域录制结束后，会自动停止录音。选择“文件”→“保存”命令，将项目文件保存并将录制的音频保存。

(9) 选择“文件”→“导出”→“多轨混音”→“整个会话”命令，将文件导出为“在音频中穿插录音.wav”。

4.3.5 录制第一段声音

通过上面的学习，相信大家已经了解和掌握了录音的操作和技巧。使用 Adobe Audition CC 的录制功能可以边播放音乐边录音。在多轨录音方式中，播放和录制可以同时进行。接下来我们将通过所学习的技术，录制自己的第一段声音。基本思路就是先将背景音乐导入一个音轨中，然后增加一个音轨，用于录音。具体操作步骤如下。

(1) 单击“多轨混音”按钮，设置混音项目名称为“录制第一段声音”，如图 4-19 所示，单击“确定”按钮，进入多轨编辑状态。

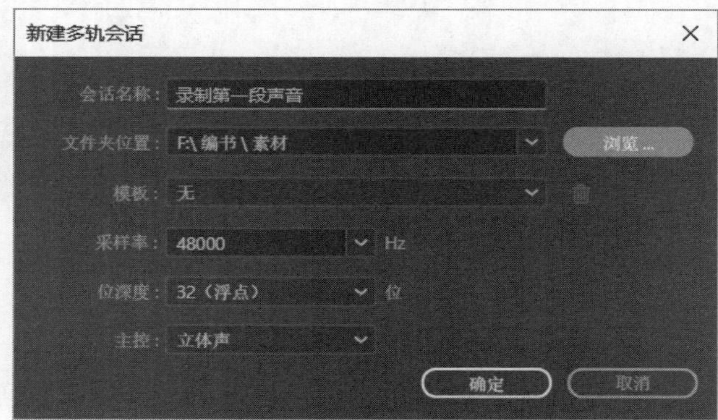

图 4-19 新建混音项目

(2) 选择“文件”→“导入”→“文件”命令,将“背景音乐.mp3”文件导入。

(3) 选择文件,单击“插入到多轨混音中”按钮,将音频插入轨道 1 中,如图 4-20 所示。

图 4-20　将文件插入多轨混音中

(4) 单击轨道 2 上的“录制”按钮,设置轨道 2 的输入设备为“麦克风”。

(5) 单击“录制”按钮,并观察下面的电平,根据电平的显示调整声音大小。

(6) 录制完成后,单击“录制”按钮,完成录音操作,如图 4-21 所示。

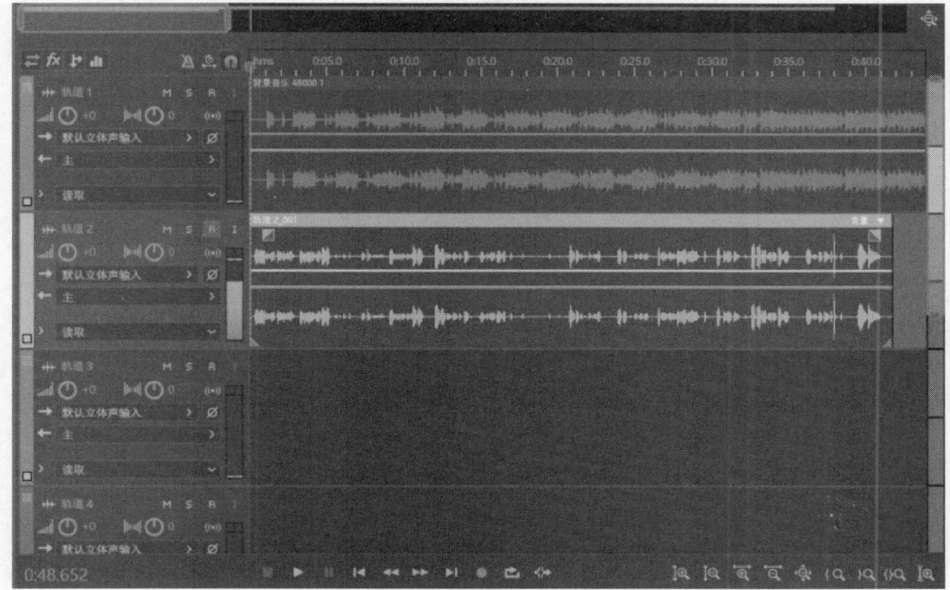

图 4-21　录制第一段声音

(7) 选择轨道 2 上的波形,选择“效果”→“混响”→“完全混响”命令,在弹出的对话框中选择“小型俱乐部”预设。按空格键试听效果,并根据效果调整混响参数,如图 4-22 所示。

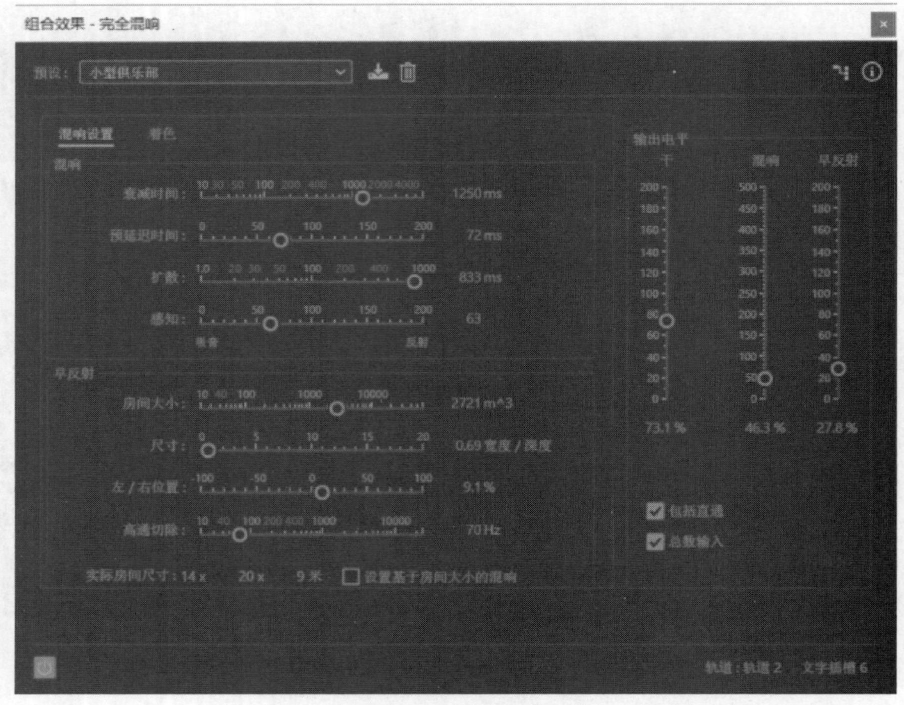

图 4-22　混响效果

(8) 选择“文件”→“存储”命令,将项目文件保存。选择“文件”→“导出”→“多轨混音”→“整个会话”,将文件名设置为“录制第一段声音缩混”,如图 4-23 所示。

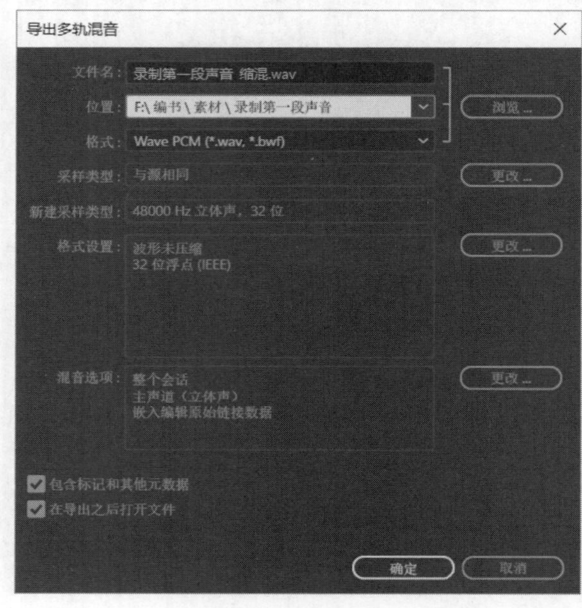

图 4-23　导出多轨混缩

4.4 音频编辑

4.4.1 波形编辑概述

当导入或录制了音频素材之后，可以在波形编辑视图下对素材进行单独编辑，以满足后续工作的需求。在波形编辑视图中打开音频后，可以看到可视化的音频波形。如果打开的是立体声文件，则其左声道波形出现在上方，右声道波形出现在下方。如果打开的是单声道文件，其波形充满整个“编辑器”面板。

在波形编辑器中，“编辑器”面板为音频提供了可视化的显示方式。默认状态下为波形显示，可以根据需要选择频谱显示方式，查看音频的频率（从低到高）。要查看频谱显示，可以使用菜单命令“视图”→“显示频谱”或单击工具栏上的“显示频谱”按钮 。

(1) 波形显示：以一系列正值和负值形式显示波形。X 轴代表时间（水平标尺），Y 轴代表振幅（垂直标尺），即音频信号的强弱。轻的音频比响的音频的峰和谷都要低，如图 4-24 所示。

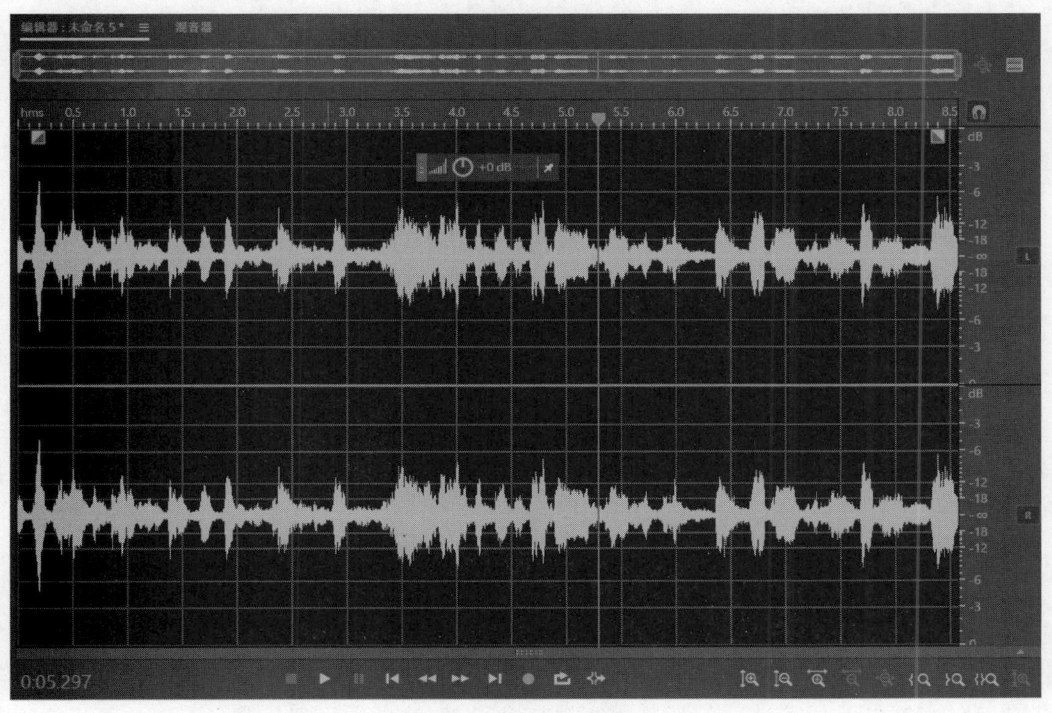

图 4-24 波形显示

(2) 频谱显示：使用自身的频率显示波形。X 轴代表时间（水平标尺），Y 轴代表频率（垂直标尺）。这种视图可以辅助分析各个频率的分布。较亮的颜色表示较高的频率，如图 4-25 所示。频谱显示适用于清除不需要的声音，如咳嗽等噪声。

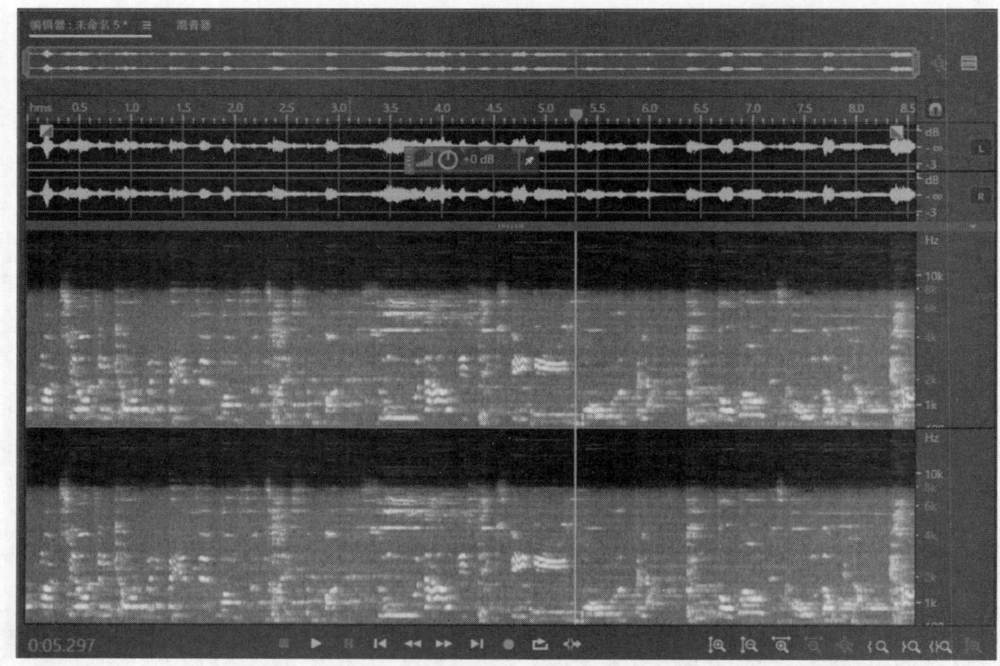

图 4-25　频谱显示

4.4.2　选择音频

无论对音频进行什么操作,第一步就是选取要进行编辑的音频。如果要对音频添加各种效果,也必须先选择再进行处理。

1. 选择时间范围

从时间范围看,可以选择一整段音频。在工具栏中选择时间选择工具,在“编辑器”面板中进行如下操作。

(1) 单击并拖动,可以选择一个区域,选择区域会高亮显示,如图 4-26 所示。

(2) 要扩展或缩减选择区域,应按住 Shift 键,单击要设置新边界的位置,还可以通过拖动更改选区。

2. 选择光谱范围

在频谱显示下,可以使用框选工具( )、套索工具( )或笔刷工具( )选择特定频率范围的音频数据。框选工具可以选择一个矩形区域;套索工具可以自由绘制选区,进行选择;笔刷工具可以自由绘制选区,在工具栏中设置笔刷的尺寸和不透明度,可以影响绘制选区范围和强度,白色选区的不透明度越高,所施加效果的强度越高。三者均可以提供较为复杂的编辑基础能力。

(1) 在频谱显示下,在工具栏中选择相应的工具。

(2) 在“编辑器”面板中进行拖动,选中所需要的音频数据。

(3) 要调整选择部分,可进行如下操作。

- 移动选择部分:将光标放在选区上,进行拖动,将其放置到所需的位置上。
- 调整选择部分:将光标放在选区的边角处,进行拖动,调节选区到合适的尺寸。

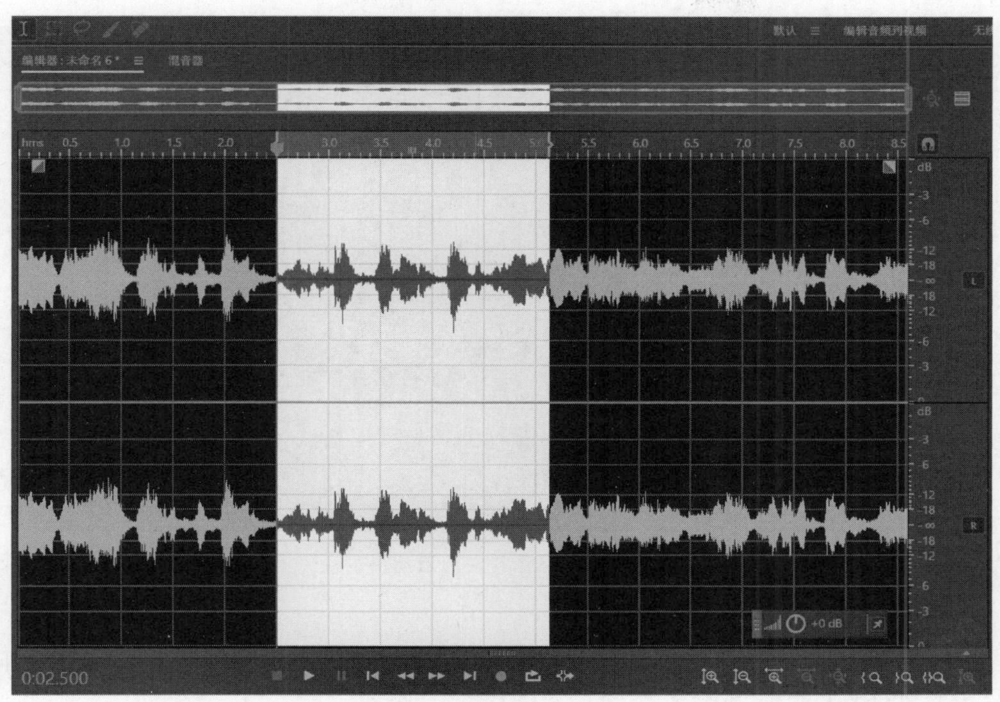

图 4-26　选择时间范围

- 扩大套索或笔刷选择部分,按住 Shift 键并拖动;要缩小选择部分,按住 Alt 键并拖动。要决定应用效果的强度到笔刷选择部分,调整工具栏中的不透明度设置。

3. 选择并自动修复噪声

使用污点修复工具( )可以快速修复细小的独立噪声,如咔嗒声或嘭嘭声。当使用这个工具选择音频,会自动应用“收藏夹”→“自动修复”命令。

(1) 频谱显示下,在工具栏中,选择污点修复工具。

(2) 调整笔刷尺寸大小设置,以改变像素直径。

(3) 在“编辑器”面板中,单击并按住或拖动划过噪声部分,可以消除噪声。

【注意】 自动修复噪声只能优化小的音频,因此限制为 4s 或更少的选择部分。如果想要优化更多的音频,需要使用降噪效果器,这部分内容会在后面说明。

4. 选择所有波形

除了使用时间选择工具选择所有音频波形外,还可以通过命令快速选择所有音频波形。

(1) 在音频波形上双击,可以选择波形的可视区域。

(2) 使用菜单命令“编辑”→“选择”→“全选”(快捷键 Ctrl+A)或在音频波形上进行三连击,可以选择所有波形。

5. 选择声道

默认状态下,选择与编辑操作会同时施加到立体声或环绕声的所有声道上,也可以选择编辑其中的一个声道。

在编辑器的右边,单击振幅标尺内的“声道”按钮,如单击立体声的左声道按钮,只选择了左声道音频波形,以高亮部分显示,如图 4-27 所示。

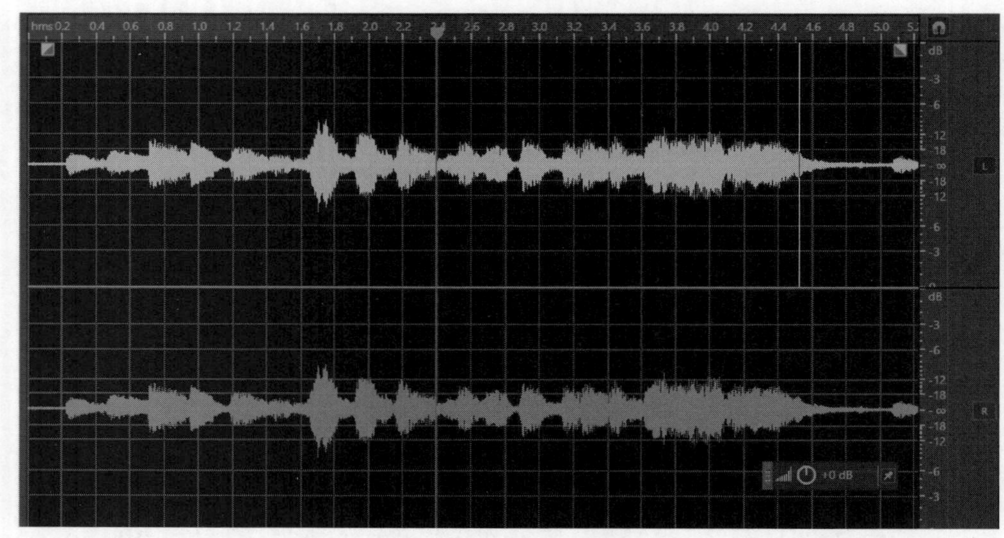

图 4-27 选择左声道波形

6. 调整选择部分到零交叉点

什么是零交叉点？放大一段波形，直到其成为一条单独的曲线，最高点和最低点之间的波形与 X 轴的交点就是“零交叉点”。

一些编辑工作（如在波形之间删除或插入音频）要求选区要设置得准确，这时最好将选区的起点与终点设置在零交叉位置。这样可以减少编辑过程中产生的咔嗒声或爆裂声。

要使选区最接近零交叉点，使用菜单命令“编辑”→“零交叉点”，在其子菜单中选择如下命令。

(1) 选区向内调节：向内调节选区的边界到相邻的零点上。

(2) 选区向外调节：向外调节选区的边界到相邻的零点上。

(3) 从左侧向左调节：将选区的左边界向左调节到相邻的零点上。

(4) 从左侧向右调节：将选区的左边界向右调节到相邻的零点上。

(5) 从右侧向左调节：将选区的右边界向左调节到相邻的零点上。

(6) 从右侧向右调节：将选区的右边界向右调节到相邻的零点上。

4.4.3 编辑音频

编辑音频的基本操作包括音频数据的复制、剪切、粘贴与删除等。

1. 复制与剪切音频波形

在波形编辑视图下，选择要进行复制或剪切的音频数据，如果要复制或剪切整个文件的波形，则无须进行选择。

(1) 选择“编辑”→“复制”命令或按快捷键 Ctrl+C，复制音频数据到当前的剪贴板中。

(2) 选择“编辑”→“复制为新文件”命令，复制并粘贴音频数据到一个新建文件中。

(3) 选择“编辑”→“剪切”命令，即在当前波形中删除所选音频数据并将其复制到剪贴板。

2. 粘贴波形

粘贴命令可以把剪贴板中的音频数据放在当前的波形之中。

(1) 将当前时间指针放在想要插入音频的位置或选择一段欲进行替换的音频部分，然后使用“编辑”→“粘贴”命令或按快捷键 Ctrl+V，可以将剪贴板中的音频数据粘贴到当前时间指针位置或当前所选音频区域中。

(2) 选择“编辑”→“粘贴为新文件”命令，可以将剪贴板中的数据粘贴到一个新文件中，并保持原有素材的属性。

3. 混合式粘贴

混合式粘贴可以将剪贴板中的音频数据与当前波形相对应的部分进行混合。

(1) 先复制或剪切一段音频素材。

(2) 在“编辑器”面板中，将当前时间指针位置设置到要进行混合式粘贴的位置，或选择一段欲进行替换的音频部分。

(3) 选择“编辑”→“混合式粘贴”命令，打开“混合式粘贴”对话框，如图 4-28 所示。

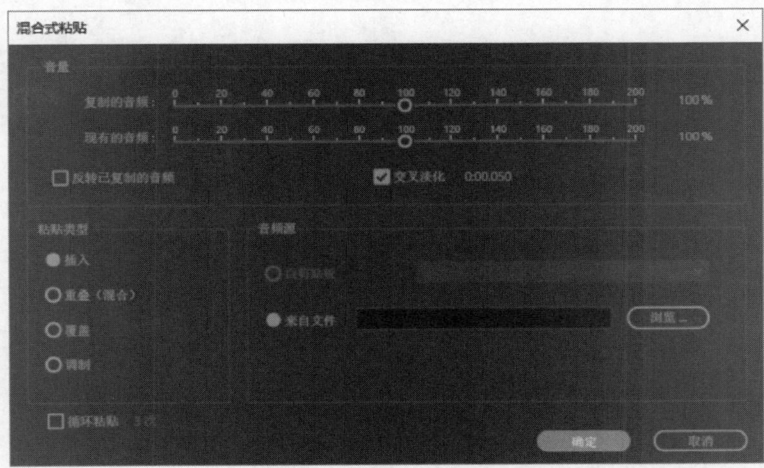

图 4-28　“混合式粘贴”对话框

(4) 在“混合式粘贴”对话框中设置音量和混合方式。设置完毕，单击“确定”按钮，则按照设置进行混合式粘贴。

- 复制的音频与现有的音频：调节复制的音频与现有音频的百分比音量。
- 反转已复制的音频：反转复制的音频相位，如果现有的音频包含类似的内容，夸大或减小相位抵消。
- 调制：调制复制的与现有的音频总量，产生更可听的变化。
- 交叉淡化：在音频的起点与终点位置施加淡入淡出效果，输入数字，以设置音频淡化多少毫秒。

4. 删除或裁剪音频

Adobe Audition 提供了两种方法删除音频：“删除”命令，可以将选中的音频部分删除；“裁剪”命令，可以将选区之外的部分删除，保留选择的波形区域。

(1) 选中要删除的部分，如图 4-29 所示，然后使用“编辑”→“删除”命令，可以删除所选波形，其余部分音频自动首尾相连，效果如图 4-30 所示。

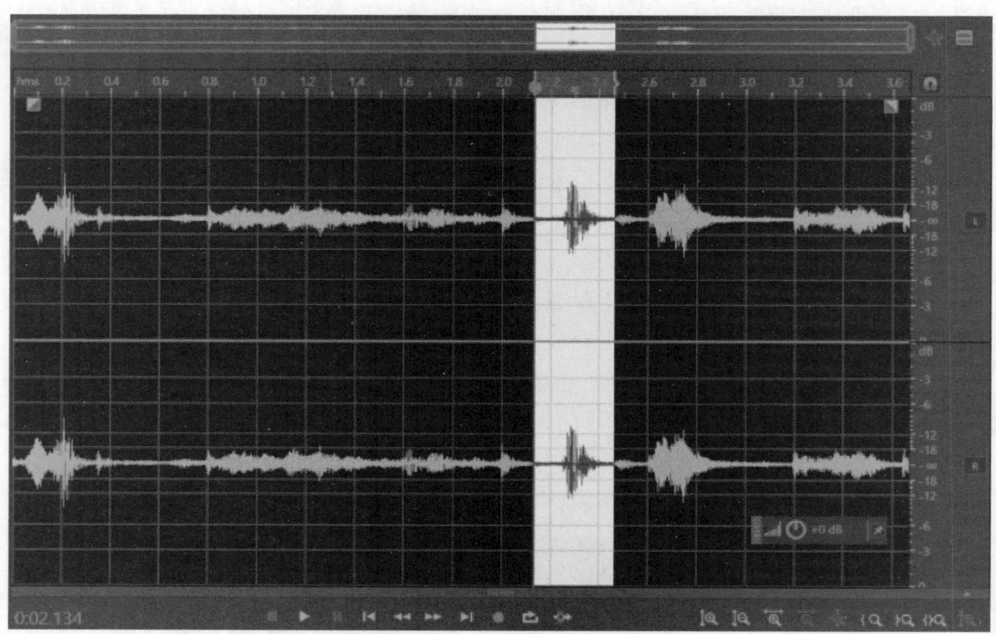

图 4-29 选择要删除的音频

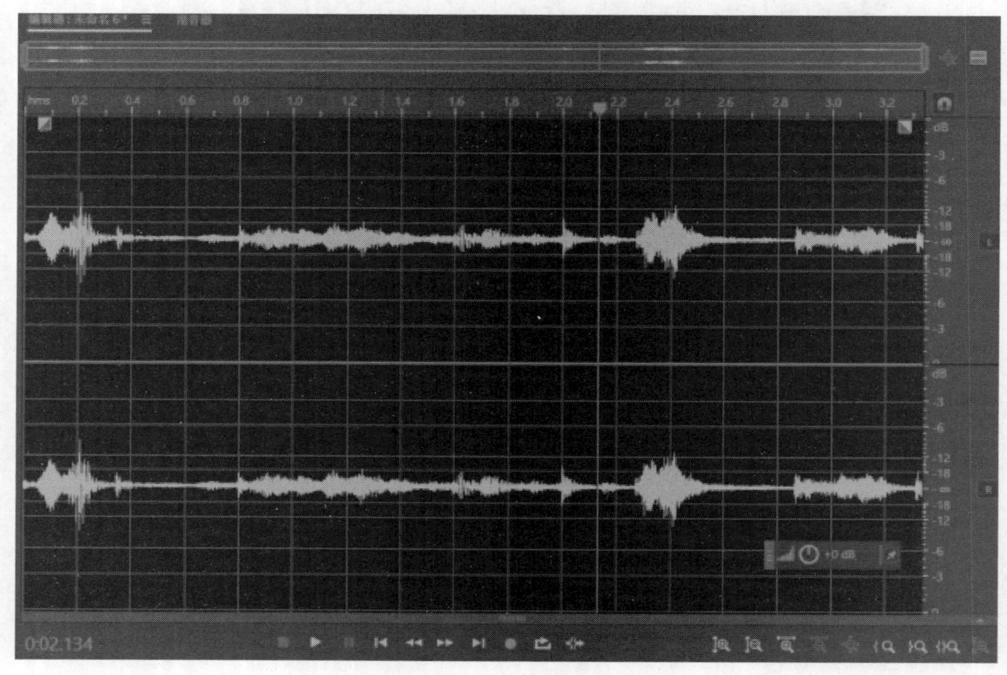

图 4-30 删除选择部分

（2）选中要保留的部分，然后使用"编辑"→"裁剪"命令，可以删除选区之外的部分，效果如图 4-31 所示。

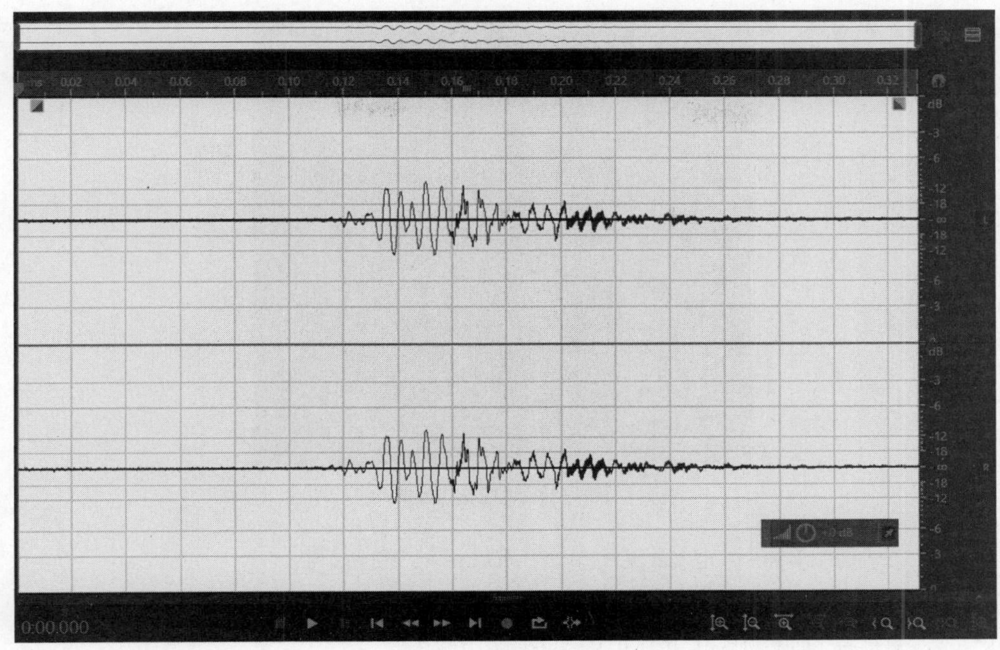

图 4-31　保留选择部分

5. 使用标记

标记就是一个记号，不是音频数据，它是在音频波形中定义的特殊位置。使用标记可以对创建选区、编辑和播放音频起到辅助作用。

标记可以分为位置型标记和范围型标记。位置型标记是指波形中特定的时间位置，如图 4-32 所示。范围型标记是指为某个波形范围做的记号，它包括两处记号，即范围的开始和结束，如图 4-33 所示。

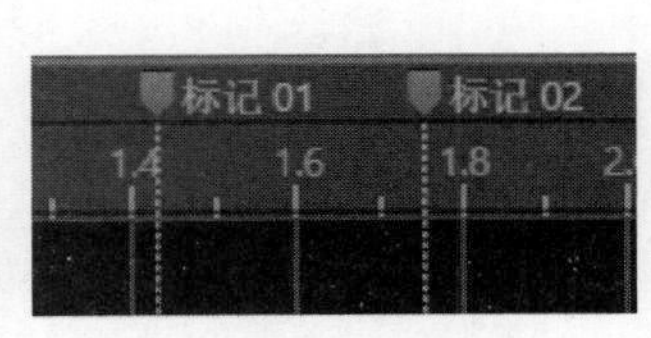

图 4-32　位置型标记

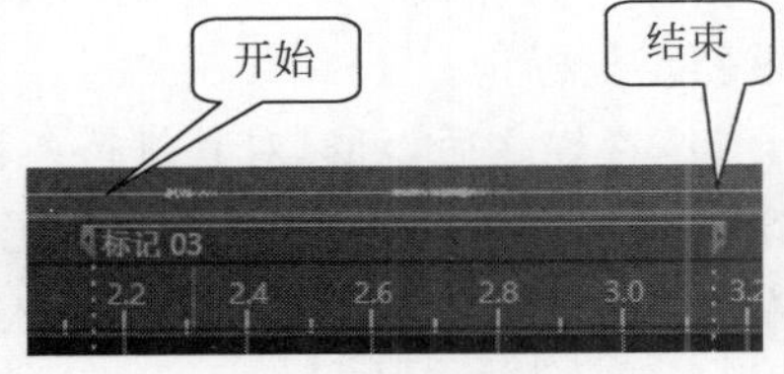

图 4-33　范围型标记

在“编辑器”面板顶部的时间线中，可以选择并拖动有白色手柄的标记，或右击标记，以访问附加的命令。

使用“标记”面板可以定义与选择标记。使用菜单命令“窗口”→“标记”，可以打开“标记”面板，在其中可以对标记进行重命名或添加注释等管理工作，如图 4-34 所示。

1）添加标记

- 播放音频。
- 将当前时间指针放在想要添加标记的位置。
- 选择想要定义一个范围标记的音频数据。

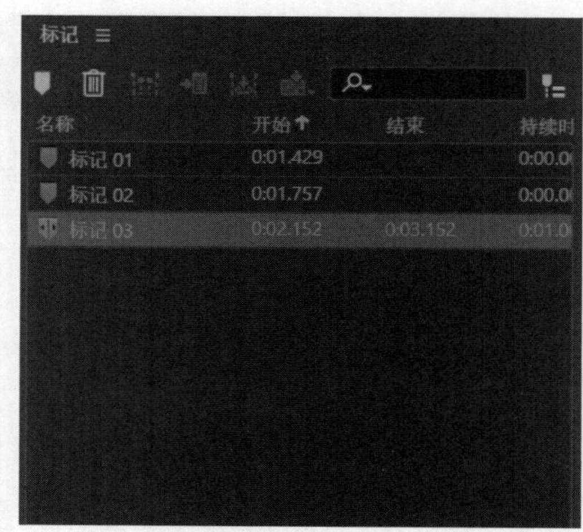

图 4-34 “标记”面板

- 按住 M 键，或在“标记”面板中单击“添加标记”按钮。

2）选择标记

- 在“编辑器”面板中，双击标记的手柄。
- 在“标记”面板中，双击标记。
- 在“标记”面板的标记列表中，先选择第一个标记，按住 Shift 键的同时单击最后一个标记，可以将这之间相邻的标记全部选中。
- 在“标记”面板的标记列表中，按住 Ctrl 键，选择标记，可以将所需的标记逐一全部选中。

3）重命名标记

- 在“标记”面板中，选择标记。
- 单击标记名称，输入一个新的名称。

4）重新定位标记

标“记设”置好之后，可以对其进行各种操作。

- 在波形“编辑器”面板中，拖动标记手柄到新的位置。
- 在“标记”面板中选择标记，并输入位置型标记的开始数值或范围型标记的开始、结束与持续时间数值。

5）合并标记

在“标记”面板中，选择合并的标记，然后单击“合并”按钮，新合并的标记将继承第一个标记的名称，合并位置型标记为范围型标记。

6）转换位置型标记为范围型标记

右击标记手柄，然后在弹出的快捷菜单中选择“转换为范围”命令，标记手柄将分成两个手柄。

7）转换范围型标记为位置型标记

右击标记手柄，然后在弹出的快捷菜单中选择“转换为节点”命令，范围标记手柄的两个部分将合并为单个的手柄，范围的开始时间变为标记的时间。

8）删除标记

- 在“标记”面板中，选择一个或多个标记，然后单击“删除”按钮。
- 在“编辑器”面板中，右击标记手柄，然后在弹出的快捷菜单中选择“删除标记”命令。

9）保存标记之间的音频到新文件

在“编辑器”面板中，使用菜单命令“窗口”→“标记”，打开“标记”面板。选择一个或多个标记范围。在“标记”面板中单击“导出音频”按钮，在弹出的快捷菜单中设置下列选项。

- 文件名：在文件名内使用标记名称。
- 前缀：指定新文件名的前缀。
- 后缀开始：起始编号，指定用于增加到文件名前缀后的开始编号。
- 位置：指定新文件的保存位置。
- 格式：指定文件格式。
- 采样类型：设置新文件的采样率与位深度。
- 包含标记与其他元数据：包括音频标记与元数据面板处理文件的信息。

4.4.4　实例分析

1. 截取音频

生活中，如果喜欢某一首歌曲的某一部分，或者喜欢某部电影的经典对白，使用Adobe Audition CC可以轻松地在一大段音频中选择自己喜欢的部分，并将这段音频制作成一个单独的音频文件，应用在不同的作品中。

(1) 选择“文件”→“打开”命令，打开文件“第四章\女驸马.mp4”，如图4-35所示。

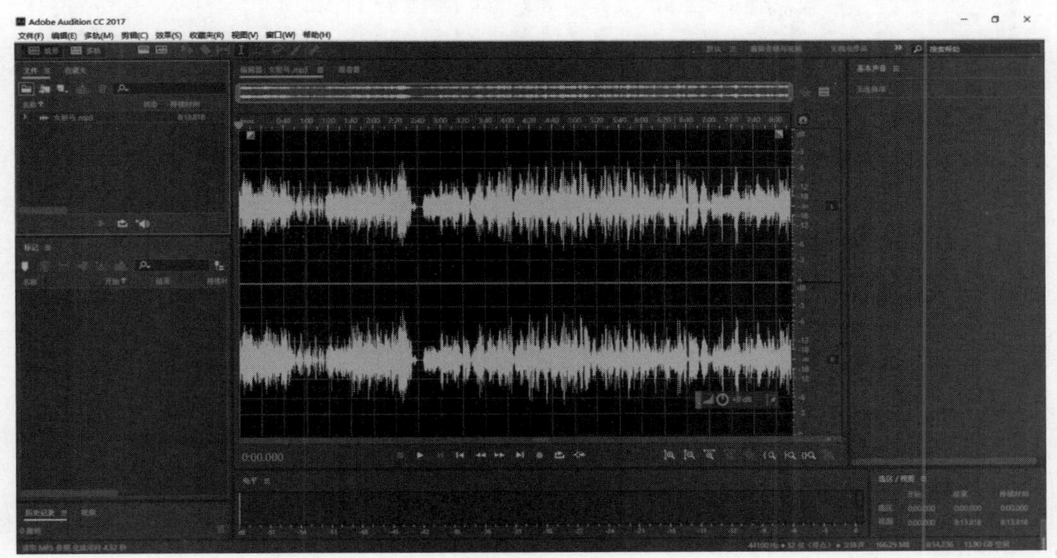

图4-35　打开“女驸马.mp4”文件

(2) 播放音频，选择自己喜欢的音频部分，如图4-36所示。

(3) 右击，在弹出的快捷菜单中选择“复制到新建”命令。

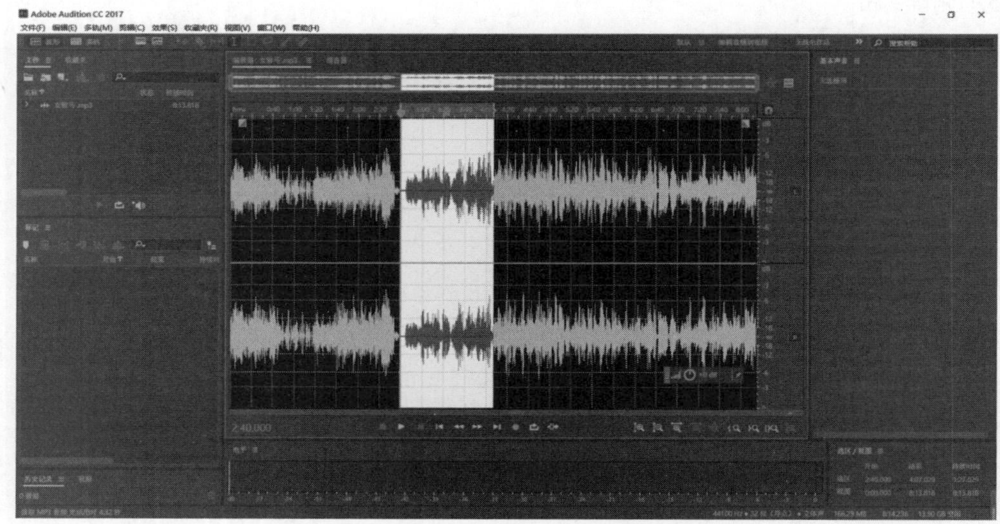

图 4-36　选择部分音频

（4）选择的音频部分被复制到一个新文件中。此时“文件”面板中有两个文件，其中“未命名”为复制的新文件，如图 4-37 所示。

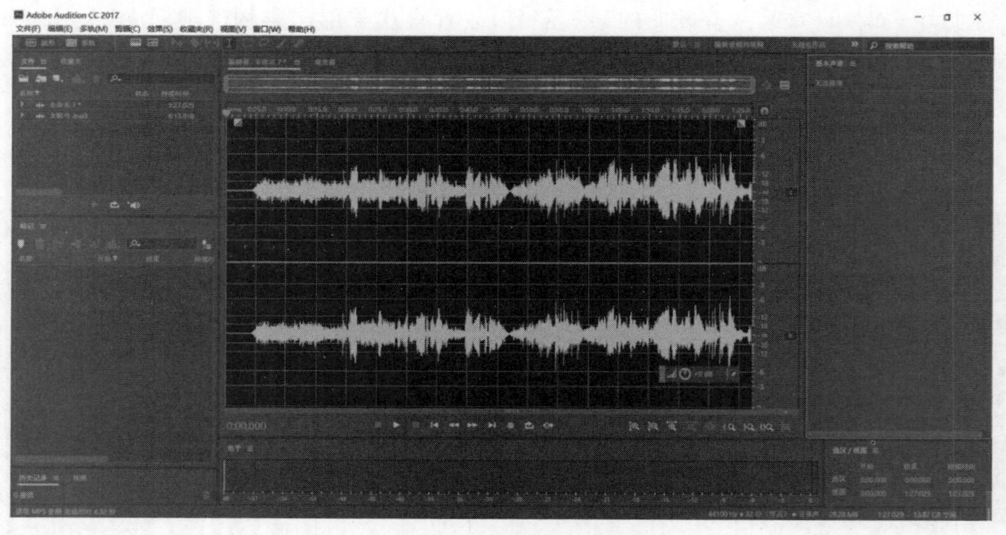

图 4-37　复制的新文件

（5）选择“文件”→“保存”命令，将文件保存为“女驸马. wav”，如图 4-38 所示。

2. 合并两段音频

本案例是将两段毫无关系的音频通过复制和粘贴编排在一起，实现有趣的听觉效果，操作步骤如下。

（1）启动 Adobe Audition CC，选择“文件”→“打开”命令，打开文件“第四章\格斗. wav”和“第四章\枪声. mp4”。

（2）观察并播放选择的两段音频。

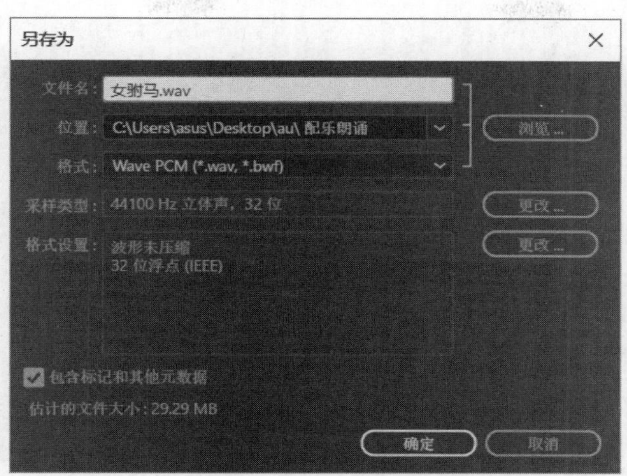

图 4-38　保存截取的音频

（3）双击“枪声.mp4”文件，使用时间选区工具选择需要复制的波形，如图 4-39 所示。

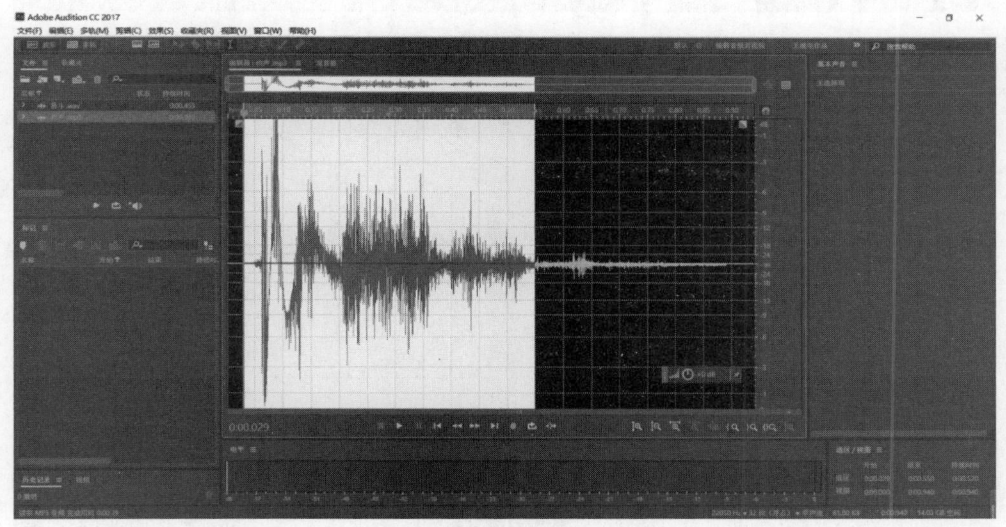

图 4-39　选择需要复制的波形

（4）右击，在快捷菜单中选择“复制”命令。

（5）双击“格斗.wav”文件，选择要粘贴波形的位置，如图 4-40 所示。

（6）按 Ctrl＋V 快捷键，粘贴音频。然后调节粘贴音频的音量旋钮，使其和其他波形的音量相似，如图 4-41 所示。

（7）选择“文件”→“另存为”命令，将文件保存为“枪战.wav”，按空格键播放音频，试听效果。

3. 制作个性手机铃声

使用 Adobe Audition 波形编辑器中的复制与粘贴方法，将一段简短的完全没有特色的音频，通过简单的复制、粘贴操作，制作出有趣的个性效果，然后将这段音频传到手机中作为手机铃声。

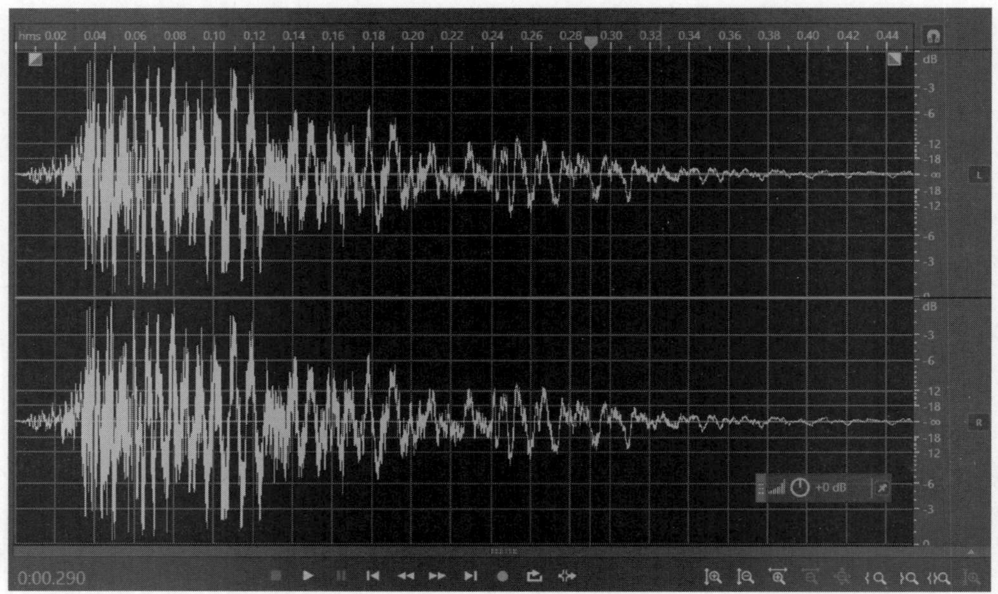

图 4-40 选择要粘贴波形的位置

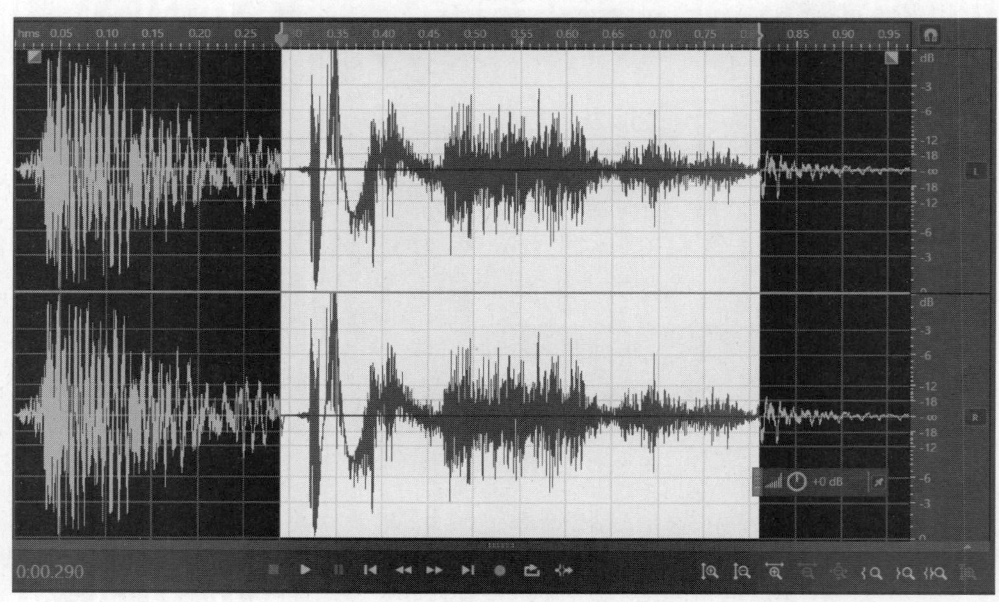

图 4-41 粘贴波形并调整音量

操作步骤如下。

(1) 启动 Adobe Audition CC,打开文件“第四章\声音.mp3”。

(2) 播放音频,选择音频波形最后的部分,如图 4-42 所示。

(3) 单击“缩放时间”面板上的“放大(时间)”按钮,将波形放大。

(4) 选择“编辑”→“过零”→“向外调节选区”命令,将选区对齐零交叉点,如图 4-43 所示。

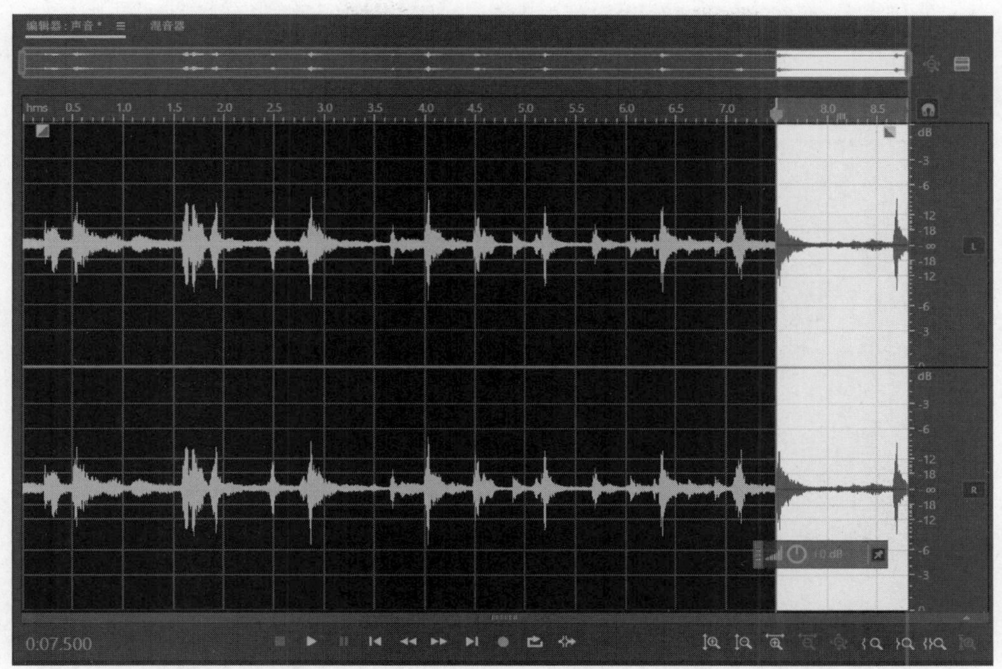

图 4-42　选择音频最后的相接部分

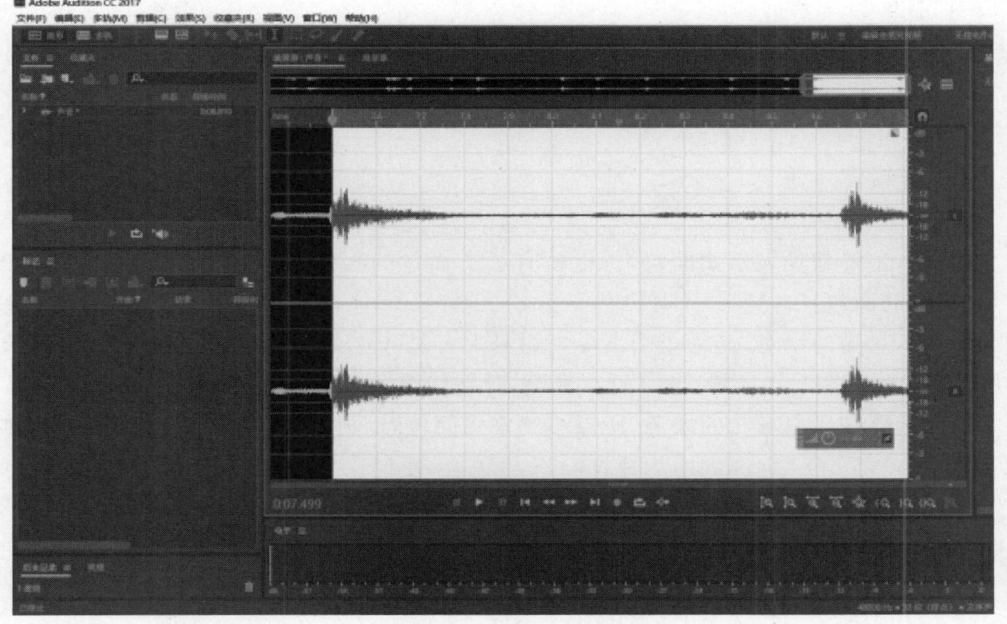

图 4-43　向外选区调节

(5) 选择"编辑"→"复制"命令,将选择音频部分复制。

(6) 缩小波形,单击波形尾部。

(7) 选择"编辑"→"粘贴"命令,将音频粘贴到原音频尾部。

(8) 使用同样的方法，再次粘贴复制的音频，如图 4-44 所示，得到搞怪的音频效果。

(9) 选择“文件”→“另存为”命令，将文件保存为“搞怪音乐.mp4”，然后将音频通过数据线传输到手机上，即可将这段音频设置为手机铃声。

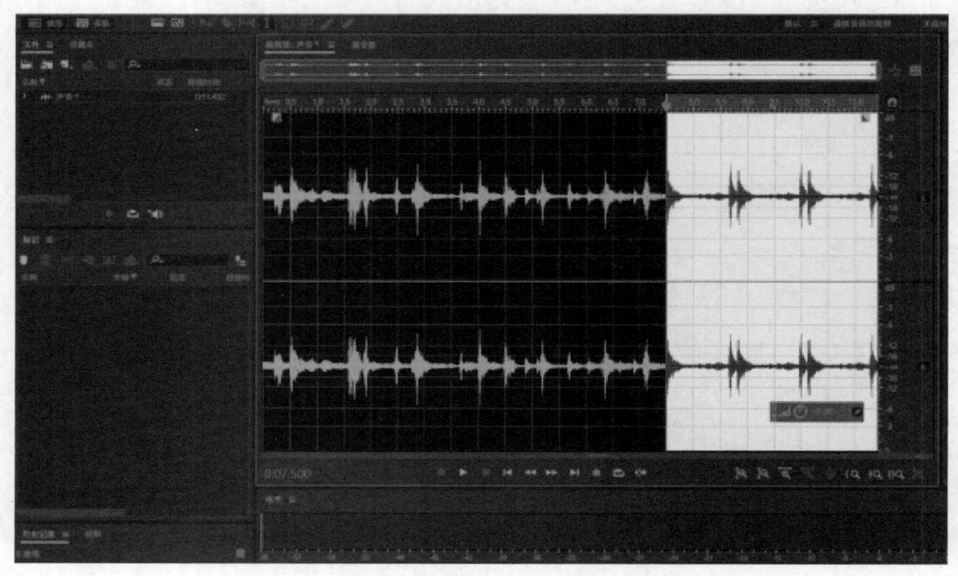

图 4-44 粘贴后的波形

4.5 综合实例——为动画片《小蜜蜂的面包店》录音

1. 录音场景

1) 场景一

第一场，主要是臭大姐卖面包，所以就有了卖面包的吆喝声：“卖面包喽！香喷喷的面包！刚出炉的面包！”

第二场，灰猫的出场，是为了引出臭大姐身上有臭味这个原因，却也要给后面留个悬念，所以此处的台词设计为：“咦，怎么这么臭啊，什么味道？算了，不去前面了，还是回去吧。”

第三场，要交代出臭味的来源，所以小鸡来买面包时，则说：“怎么这么臭啊？什么味道啊？不要了，不要了。”而臭大姐为掩饰自己的尴尬，便说：“啊，没有啊，可能是路过的臭虫吧。”当然因为臭味，小鸡还是没有买臭大姐的面包，并且有些生气地走掉：“不要了，不要了，哼！”

2) 场景二

第一场，交代小蜜蜂出现在面包店的原因：“你每次只采这么一丁点，自己都养不活，你离开家族吧。”

第二场，是短片转折的关键。这一场解释了臭大姐的面包并不臭，反而很好吃，并且还解决了臭大姐卖不出面包的问题。

小蜜蜂飞过来，感觉肚子饿了，于是停下来，准备买个面包填下肚子再赶路，于是就有了小蜜蜂与臭大姐的对话。

小蜜蜂："老板，来个面包。"

臭大姐："您好，欢迎您光临我的面包店，我要给您尝尝我做得最好的面包。"（递过面包）

小蜜蜂："谢谢，您说得太客气了。我只是路过想买点吃的。"（拿起面包吃起来）

臭大姐（很感激地看着小蜜蜂）："可是，你不觉得有臭味吗？"

小蜜蜂："嗯，很不错，香甜可口。给，这是你的钱。"

臭大姐："既然您是我的第一个顾客，这个面包就送给您吃了。您……就不觉得有臭味么？"

小蜜蜂："没有啊，真的很好吃的，什么臭味？"

臭大姐："为什么他们不买？我来给你做一个。"

第三场，小蜜蜂把臭大姐做出的面包分给森林里的小动物，大家都觉得香喷喷的，于是纷纷称赞："哇，好香啊。"而小蜜蜂则代替臭大姐来卖面包："卖面包喽，香喷喷的面包。"这也是和短片开始臭大姐卖面包时做对比，首尾呼应。

第四场，小蜜蜂解释了小动物们不买臭大姐面包的原因："臭大姐，我终于知道了，其实你的面包并不臭，只是你的身上有臭味。不过，你的面包是很好吃的。"臭大姐解决了卖面包的问题，很高兴，所以打算跟小蜜蜂合作："太好了，既然这样，我们以后就一起合作吧！"

小动物们的台词贯穿短片的始终，是根据故事情节的发展来设计的。剧本设计完成，设计出台词，并根据分镜头设计台词的时间长短。

接下来，根据短片的画面，就可以开始录制台词了。

2. 使用 Adobe Audition 录音

（1）打开软件，新建一个会话，并选择采样率。

（2）按以下步骤进行录音。

- 在第二音轨点亮 R 键，单击下面的"录音"按钮就可以开始录音了。录制完成后，单击左下方"停止"按钮。单击"两轴完全缩小"，也就是图中标注的"显示全部轨道"，然后单击"播放"按钮可听到刚才录下的声音。
- 录音的时候开头要留 3～5s 的空白。这对后期的噪声采样工作有很大影响，噪声采样的好坏，直接关系到降噪的好坏，关系到处理过的声音是否忠实于原音，同时也有助于稳定情绪。
- 讲话的时候离话筒不要太近。距离太近，嘴唇发爆破音时的爆破声会被录进去，非常难以处理。建议最好用软布包住话筒。
- 讲话的时候语速要前后一致，不要因为赶时间或紧张就突然加快语速。加快语速往往会导致前面说话口齿不清，后面又会因为呼吸的缘故录进去好多喘气声和叹气声。
- 要在尽量静音的场所录音。

3. 降低噪声

选择"效果"→"降噪/恢复"→"自适应降噪"命令，如图 4-45 所示。这时降噪器会自动消除录制声音中的环境噪声，也可以打开"预览"自己拖动直线进行调整，直到满意为止。过多的降噪会对声音有一定的损失。

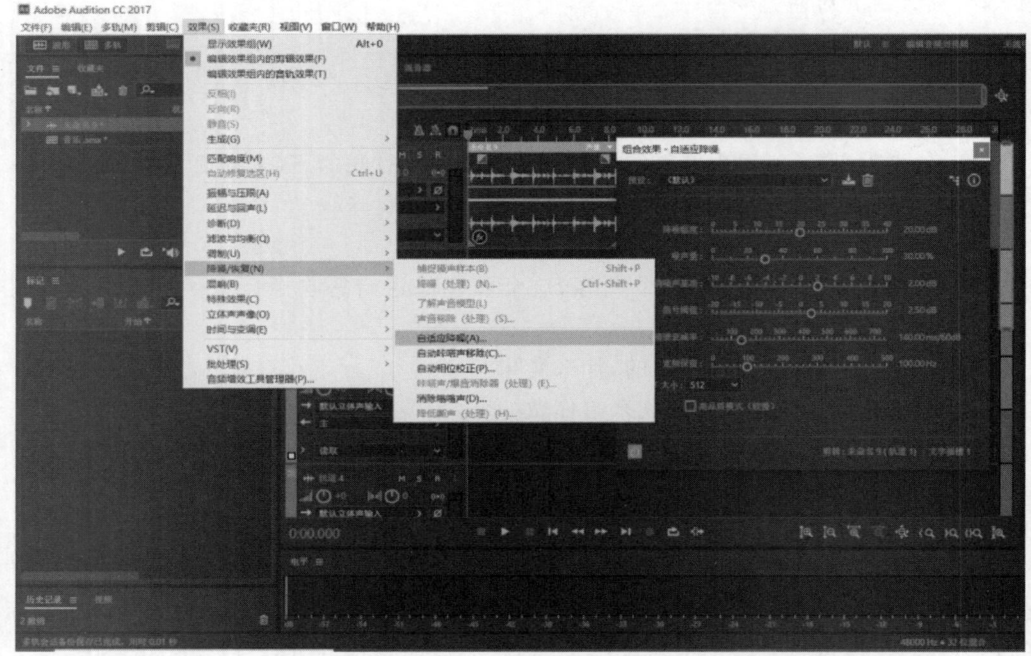

图 4-45 降噪菜单

4. 润色修饰

切换到多轨模式，单击“效果”按钮 fx ，选择效果格架，如图 4-46 所示，逐渐加载所需要的效果器就可以了。例如，加入模拟混响，可以为人声润色，使声音听起来更加圆滑。

录音调整完毕，就可以导出了。

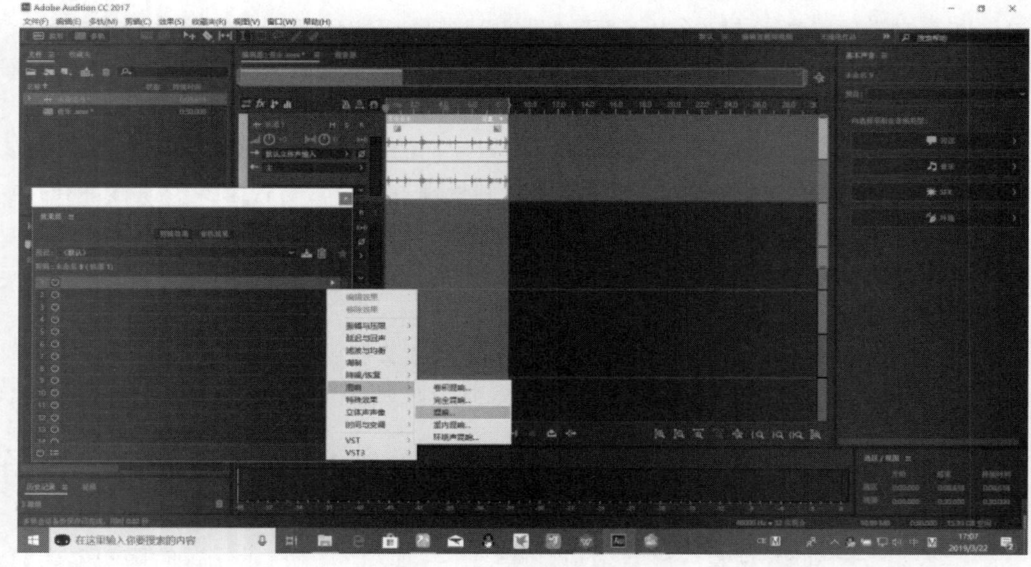

图 4-46 效果组菜单

4.6　本章小结

本章主要介绍了使用 Adobe Audition 软件录制动画作品中的语言。首先介绍了常见的录音方式，包括录制话筒的声音、使用音频线录制外接设备的声音和录制计算机系统中的声音的方法；然后介绍了 Adobe Audition 软件的基本操作，包括界面的认识、文件的新建、打开、导入、保存和关闭；接下来介绍了使用 Adobe Audition 软件录音的方法，包括单轨录音、多轨录音和穿插录音；最后介绍了软件编辑音频的基本操作，包括音频的选择和编辑，以及实例分析。

第5章

音频效果处理

本章首先介绍效果器的基本概念和应用方法，然后介绍各类效果器，如振幅与压限类、延迟与回声类、降噪/修复类、混响类、立体声声像和时间与变调、滤波与均衡类、特殊类效果器，再介绍音频的反转、前后反向和静默处理等，最后介绍常用的插件以及综合实例的分析与制作。

【本章学习目标】

- 了解效果器的概念。
- 熟悉各类别效果器的应用和方法。

音频效果(音效)可以分为人造音、环境音和动作音 3 种。人造音就是现实中不存在，需要音效师自己创造的声音；环境音就是每一场景在人物周围的声音，如汽车通过的声音、学校的钟声、周遭环境中的杂音等，这些都是环境音；由画面人物动作所产生的声音，如脚步声、衣服摩擦声、关门开门声等，都是动作音。

最好的音效应该是现场录制的，使用高品质的现场录音设备就可以录制。但是，有时一些音效通过现场录制的方式无法获取，这时就需要模拟音效。对于人造音，可能要自己从各种不同的音源混音，或由音效师用不同的材料制作出所需的效果。例如，使用碎石制造出一些脚步声；使用芹菜制作怪兽咬嚼和破坏东西的声音。

至于环境音或动作音，有时是直接到街上或野外录音，有时是使用市面上出售的音效素材集。音效素材集是音效制作的素材来源。素材集综合了大部分的自然发生和地球上不存在的电子声或其他特殊声效。除了一部分原创音效以外，大部分音效可以通过对素材进行剪辑、合成、效果处理这 3 步来实现。目前，世界上最专业、最全面、最广泛应用于电影、广告、游戏、动画的音效素材集有 Sound Ideas General 6000、Soundfx Library、Hollywood Edge、Bigfish Soundscan。另外，网上也有大量的音效素材可以下载使用。

本章将主要介绍如何使用 Adobe Audition 软件为动画作品添加各种音频效果，包括波形振幅、降低噪声、添加延迟效果、时间拉伸/变速、变调技术、消除人声等。

5.1　效果器概述

5.1.1　效果组控制

波形编辑器和多轨编辑器中的效果组有着相似的功能，在其中都可以添加并设置效果。

1. 波形编辑器中的效果组面板

在波形编辑器中，效果组提供了"处理"菜单，可以修改选择部分或整个文件，单击"应用"按钮永久使用效果器，如图 5-1 所示。

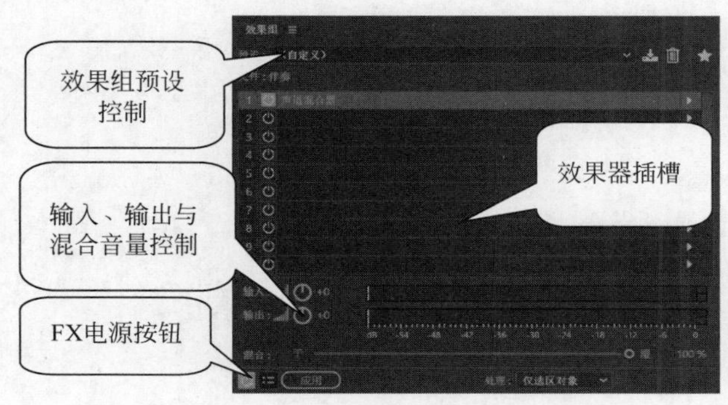

图 5-1　波形编辑器中的"效果组"面板

2. 多轨编辑器中的"效果组"面板

在多轨编辑器中，效果组提供了"FX 预衰减/后衰减"和"预渲染音轨"按钮，可以用于优化与处理效果，如图 5-2 所示。每个素材与轨道都有自己的效果器组，与项目一起保存。

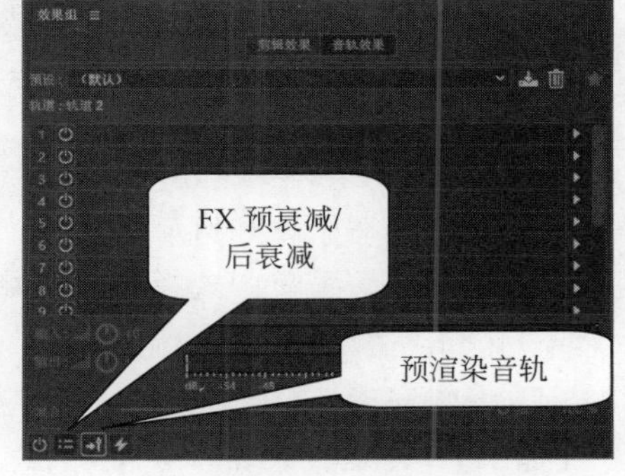

图 5-2　多轨编辑器中的"效果组"面板

3. "效果组"面板的基本操作方法

(1) 从效果器插槽的弹出式菜单中选择一个效果，可以插入此效果。

(2) 单击效果的开关按钮( )，可以暂时开启或关闭此效果。欲暂时开启或关闭所有效果，单击"效果组"面板左下角的主开关按钮。

(3) 在效果器插槽间进行拖动，可以重新排列效果器的顺序。

(4) 在"效果组"面板中设置输入、输出与混合音量。通过调节输入、输出音量，可以优化声音，使它们的刻度峰值不出现削波；拖动混合滑块，可以改变音频的处理程度，100%(湿)等于全部为处理过的音频，0(干)等于原有的未处理的音频。

(5) 在效果器插槽的弹出式菜单中选择"移除效果"，可以删除当前效果；在"效果组"面板菜单中选择"移除所有效果"，可以删除所有效果器。

5.1.2　在波形编辑器中应用效果器

在波形编辑器中，可以使用效果器成组施加效果，也可以单个施加效果。

1. 在波形编辑器中应用成组效果器

在波形编辑器中，“效果组”面板可以支持成组的效果器，但不支持处理效果器，如降噪，处理效果器只能单独使用，如图 5-3 所示。

(1) 使用时间选择工具/套索工具/选区工具，选择欲施加效果的区域。

(2) 选择“窗口”→“效果组”命令，打开“效果组”面板。

(3) 在编号列表中，设置添加多个效果，最多 16 个。

(4) 开始回放预览，并根据需要编辑效果。

(5) 编辑完毕，单击“应用”按钮，应用该效果。

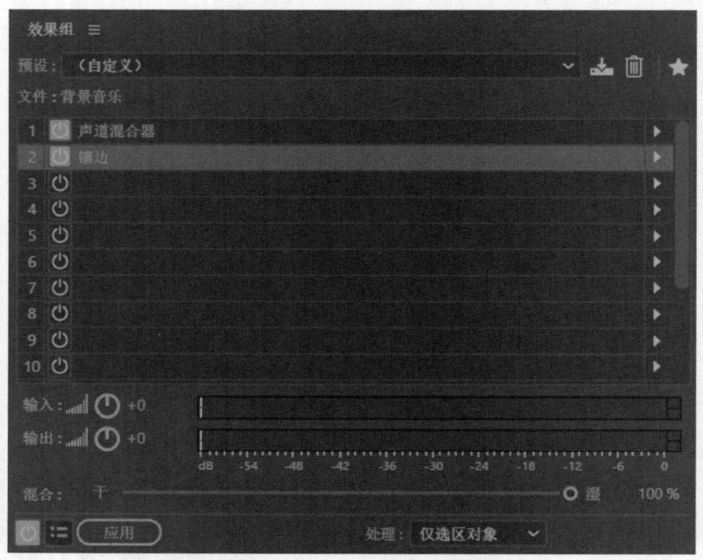

图 5-3 应用多个效果器

2. 在波形编辑器中应用单个效果器

(1) 在编辑器中选择所需音频。

(2) 在“效果”菜单中选择一种效果。

(3) 单击“播放”按钮进行预览，并根据需要编辑效果。

(4) 编辑完毕，单击“应用”按钮，应用该效果。

【提示】 处理效果器命令中有“进程”文字，这些增强处理效果器只能在波形编辑器中离线使用，不同于实时效果器，处理效果器只能单独使用，因此它们不能在“效果组”面板中被访问。

5.1.3 在多轨编辑器中应用效果器

在多轨编辑器中，每个音频轨道或公共轨道可以最多应用 16 个效果，可以在编辑器、混音器或“效果组”面板中插入、重新排序与删除效果器。但在“效果组”面板中，可以更为灵活地控制效果。

在多轨编辑器中，有多种方法使用效果器。应用的效果不会影响轨道中的音频源文件，可以随时对其进行调整。

(1) 选择一个素材，单击“效果组”面板顶部的“剪辑效果”选项卡，如图 5-4 所示。

图 5-4　“效果组”面板中的选项卡

(2) 选择一条轨道，单击效果器顶部的“音轨效果”选项卡。

(3) 在编辑器中单击左上角的 fx 按钮，显示效果器控制部分，如图 5-5 所示。在混音器中单击 fx 左侧的小三角按钮，显示效果器部分，如图 5-6 所示。

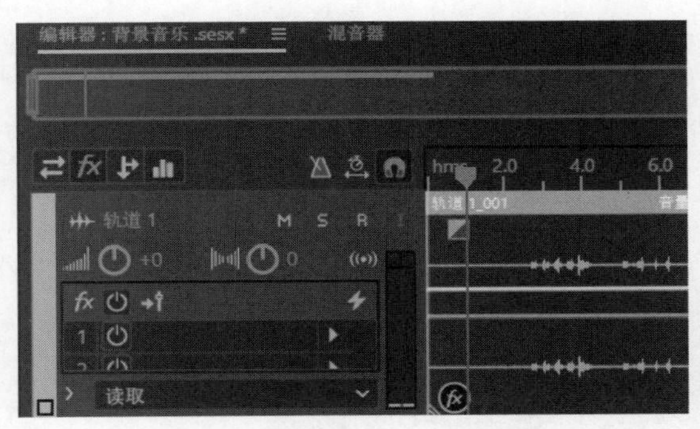

图 5-5　显示效果器控制部分

图 5-6　显示效果器部分

(4) 在“效果组”面板中的插槽列表中选择所需的效果。

(5) 按空格键播放项目，预览效果，并根据需要编辑、重新排序或删除效果器。

5.2　振幅与压限类效果器

简单地说，振幅就是声波离开平衡位置的最大距离。振幅决定了声音的音量大小，通过调整振幅可以完成对声音音量的调整。而录制音频时，常常会出现破音的情况，使用压限功能可以对破音进行修复。压限效果器可以对波形中超过规定数值的波形进行压缩，从而控制所有音频。

振幅与压限类效果器包括：增幅、声道混合、消除齿音、动态处理、强制限幅、多段压限器、标准化（进程）、单频段压缩器、语音音量级别、电子管建模压缩器、音量包络（进程），其中标准化（进程）和音量包络（进程）只能在波形编辑器中使用。

1. 增幅

增幅效果器可以通过设置左、右声道的增益量调整音频的音量大小。选择"效果"→"振幅与压限"→"增幅"命令，打开"效果-增幅"对话框，如图 5-7 所示，分别设置左侧和右侧的增益值，完成对左声道和右声道的音量大小设置。

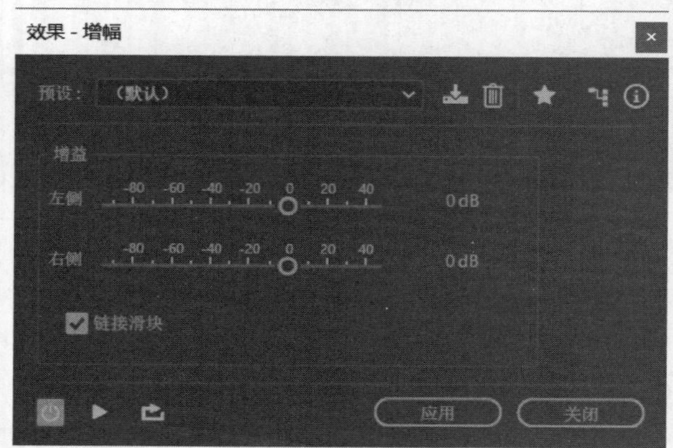

图 5-7 "效果-增幅"对话框

2. 声道混合

声道混合效果器可以改变立体声或环绕渠道的平衡，改变声音位置或解决立体声平衡问题。选择"效果"→"振幅与压限"→"声道混合器"命令，打开"效果-声道混合器"对话框，进行参数设置，完成左、右声道混合效果，如图 5-8 所示。

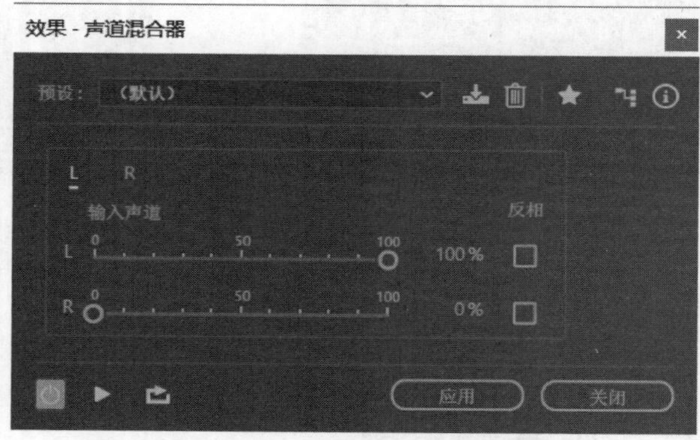

图 5-8 "效果-声道混合器"对话框

3. 消除齿音

消除齿音效果器主要针对"嘶嘶"声进行降噪处理。使用消除齿音效果器可以在尽量不破坏原音频的基础上去除"嘶嘶"声。选择"效果"→"振幅与压限"→"消除齿音"命令，打开"效果-消除齿音"对话框，如图 5-9 所示。

- 模式：有宽带和多频段两种模式。
- 阈值：设定噪声压缩的幅度。
- 中置频率：指定噪声最强的频率。
- 带宽：确定噪声频宽的范围，以便进行消除操作。

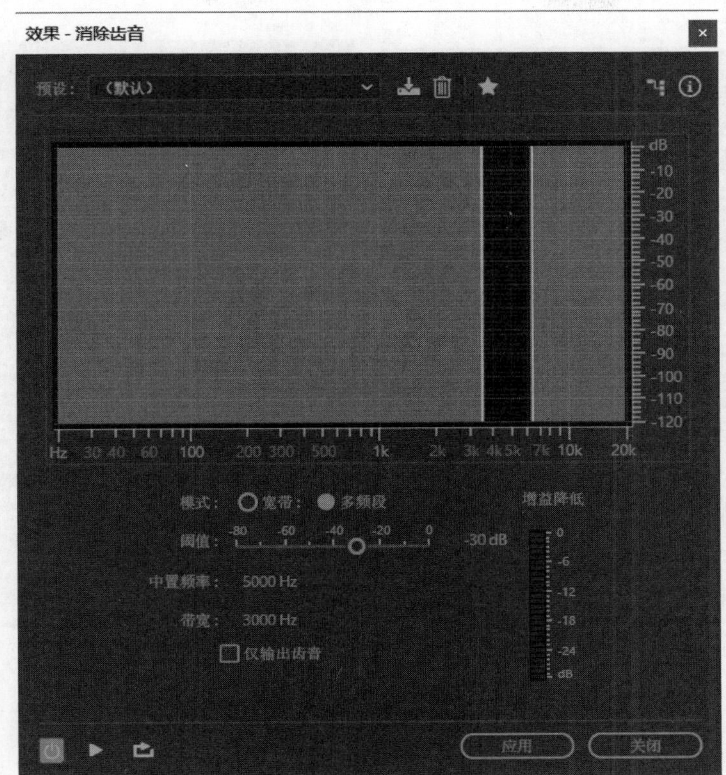

图 5-9　“效果-消除齿音”对话框

4. 动态处理

动态处理效果器通过减少放大器中的弱电平信号和强电平信号之间的差异来动态处理。在单轨波形处理中，动态处理主要是对过大的音量进行压缩，保证音量不会无限放大；对过小的音量进行提升，保持整体音量的起伏不会过大。

选择“效果”→“振幅与压限”→“动态处理”命令，打开“效果-动态处理”对话框，如图 5-10 所示，设置各项参数。在进行动态处理的过程中，需要反复认真地听，并且根据听到的声音效果对参数进行调整，以便获得更好的音频效果。

5. 强制限幅

强制限幅效果器是压缩比例非常大的效果器，其作用是将总线波形电平控制在某一指定的声压级之下，避免削波的出现。它能较好地控制起始时间和峰值，从而得到较完美的波形。

选择“效果”→“振幅与压限”→“强制限幅”命令，打开“效果-强制限幅”对话框，设置各项参数，如图 5-11 所示。

6. 多频段压缩器

在经过动态处理之后，对整个声音进行同样的参数设置，在默认情况下，难免会将不需要处理的地方进行处理，造成明显的声场后移等边界效应，多频段压缩器效果器很好地解决了这个问题。多频段压缩器中的多频段是指压缩/限制操作可以在不同频段上执行。

选择“效果”→“振幅与压限”→“多频段压缩器”命令，打开“效果-多频段压缩器”对话

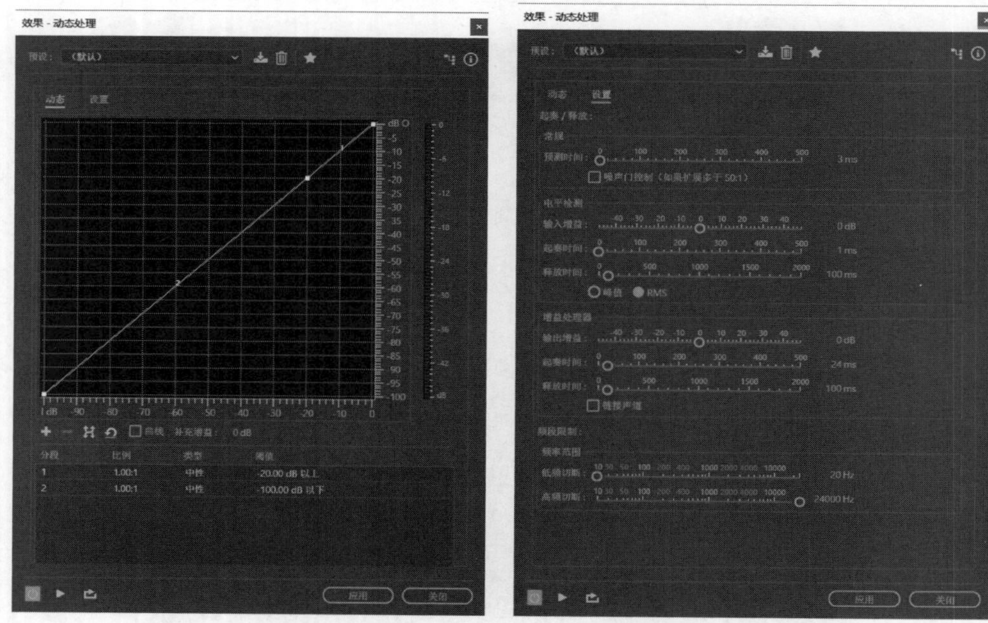

图 5-10 “效果-动态处理”对话框

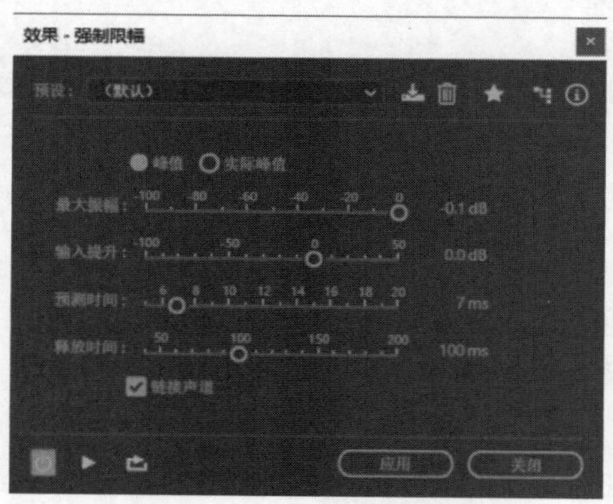

图 5-11 “效果-强制限幅”对话框

框，设置各项参数，如图 5-12 所示。

- 交叉频率：设置交叉频率是为了确定每个频段的宽度。
- 阈值滑块：设置输入电平，压缩从此开始，值的范围为－60～0dB。用户可以根据音频内容和音乐风格设置不同的值。要压缩低音频，输入值应控制在－5dB 以下；要压缩高音频，输入值应控制在－15dB 以下。
- 增益：该参数值决定处理后的音频增益或衰减情况，从顶部延伸到底部，值的范围为－18～＋18dB。正数代表增益，负数代表衰减。

7. 标准化(进程)

标准化(进程)效果器可以快捷地将音频文件进行最大电平处理，将当前波形或选定波形振幅的最大值调整到最大电平 0dB 的规定值内。使用这个功能可以将音频信号水平调

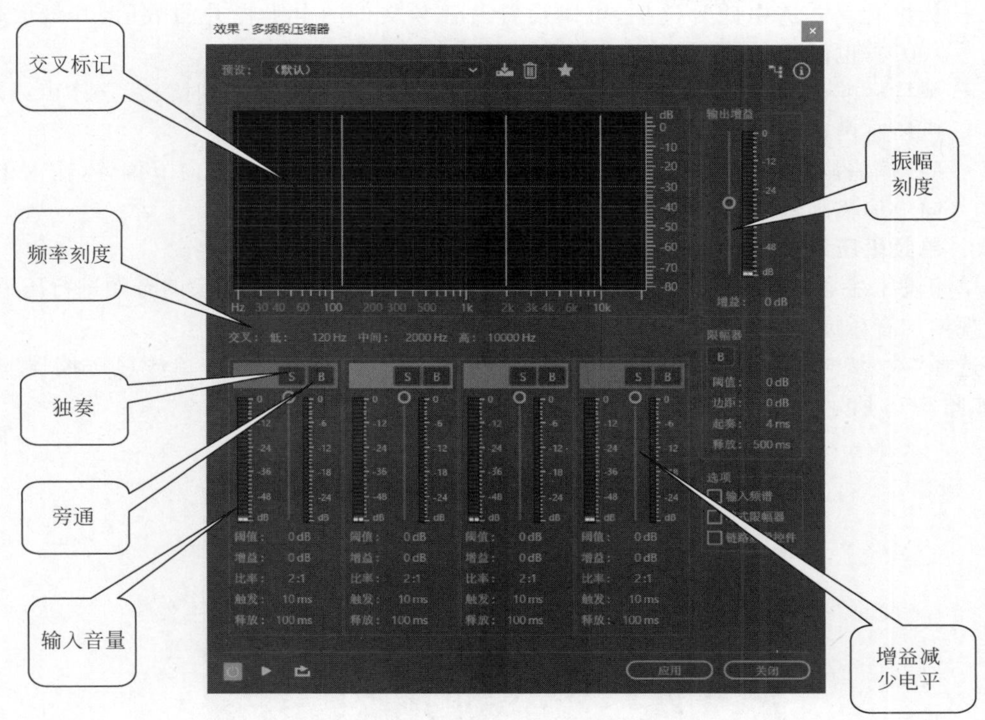

图 5-12　“效果-多频段压缩器”对话框

到最大而不发生削波，通常用来补偿录制音频电量过低的问题。

标准化(进程)效果器的原理就是自动侦测整个音频素材的最大音量电平，然后用最大化数值减去侦测到的最大电平数，利用得出的差值对所有音频素材进行提升或衰减。选择“效果”→“振幅与压限”→“标准化(进程)”命令，打开“标准化”对话框，如图 5-13 所示，设置“标准化”为 50%，单击“应用”按钮，便可得到处理后的波形，如图 5-14 所示。

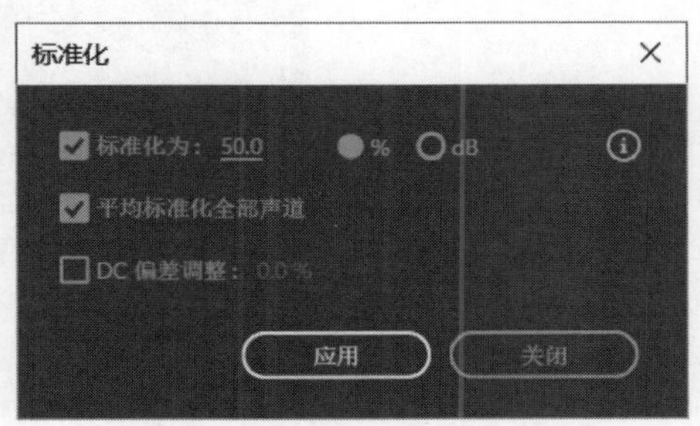

图 5-13　“标准化”对话框

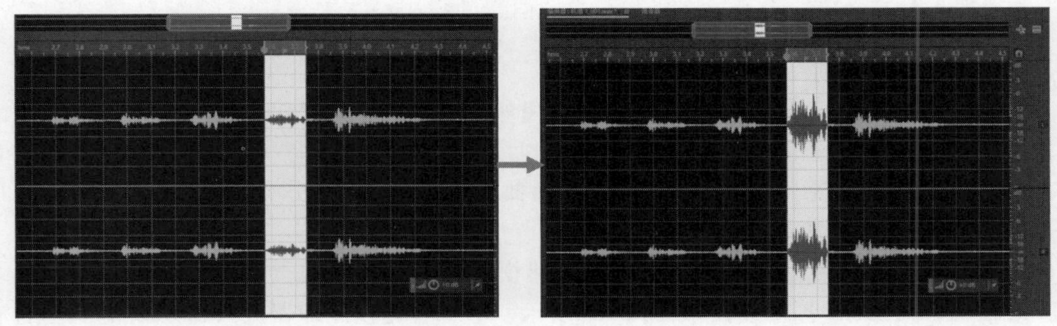

图 5-14　标准化前后的波形

- 标准化为：选中此复选框，可以设置对音频文件的电平提升的数值，其最大值为100%，也就是0dB。
- 平均标准化全部声道：选中此复选框，在标准化的过程中，同时侦察立体声或环绕声所有声道的波形，使它们的变化量相同。
- DC偏差调整：可以调整在波形显示区的波形位置。如果波形向下偏移，输入正数；向上偏移则输入负数。

8. 单频段压缩器

单频段压缩器效果器可以降低规定范围内的音频，可针对一个频段的音频进行压缩，从而实现增加音乐或人声的效果。

选择“效果”→“振幅与压限”→“单频段压缩器”命令，打开“效果-单频段压缩器”对话框，如图5-15所示，设置各项参数。

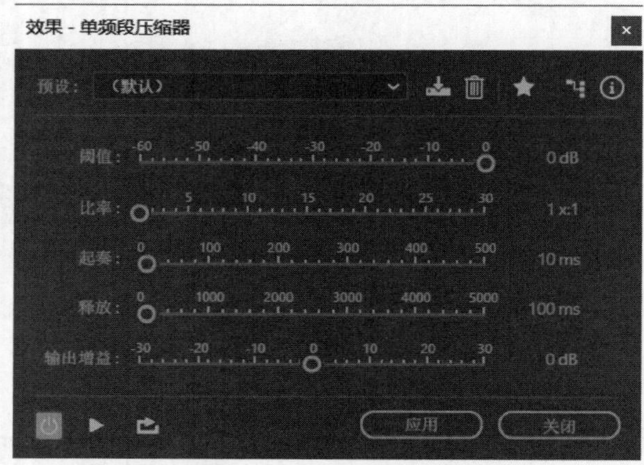

图5-15 “效果-单频段压缩器”对话框

- 阈值：设置压缩开始的输入音量。要压缩低音频，输入值应控制在−5dB以下；要压缩高音频，输入值应控制在−15dB以下。
- 比率：设置一个1∶1～30∶1的压缩比，较高的压缩比会降低音频的质量。
- 起奏：确定音频超过阈值多长时间开始压缩，默认为10ms。
- 释放：确定音频低于阈值多长时间停止压缩，默认为100ms。
- 输出增益：提升或衰减压缩后的整体输出音量。可能值的范围为−30～30dB，其中0是单位增益。

9. 语音音量级别

选择“效果”→“振幅与压限”→“语音音量级别”命令，打开“效果-语音音量级别”对话框，如图5-16所示。语音音量级别效果器可以实现对音频的压缩，在优化音频效果的同时去除音频中的噪声。使用方法非常简单，边播放音频，边调整参数，使音频达到满意效果。

10. 电子管建模压缩器

选择“效果”→“振幅与压限”→“电子管建模压缩器”命令，打开“效果-电子管建模压缩器”对话框，可以设置各项参数，如图5-17所示。电子管建模压缩器效果器可以使信号的输入动态范围变小，即使微弱的信号变大，较大的信号变小，其结果就是使大信号与小信号之间的差别变小。

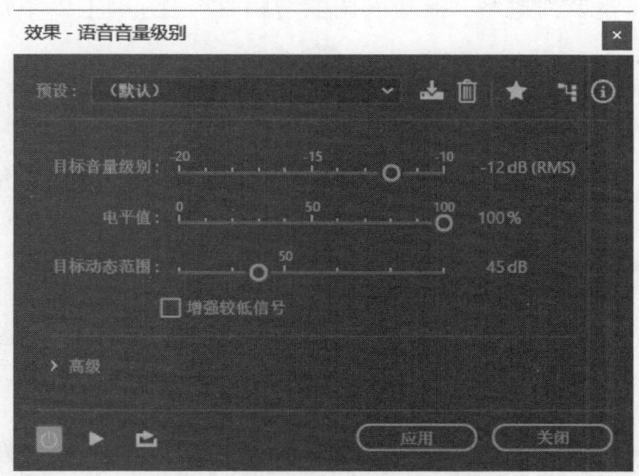

图 5-16　“效果-语音音量级别”对话框

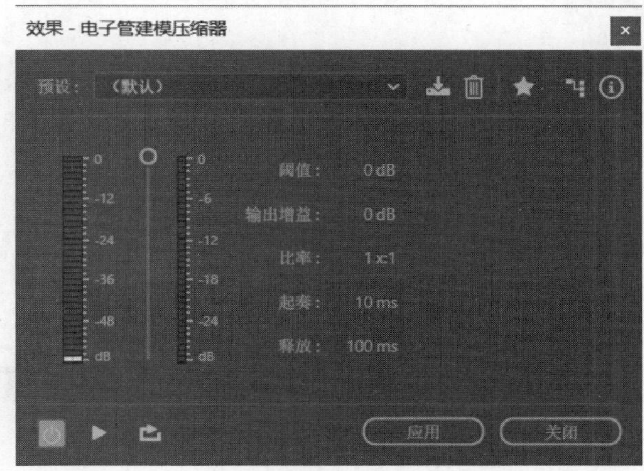

图 5-17　“效果-电子管建模压缩器”对话框

11. 音量包络(进程)

音量包络包括淡化包络和增益包络两种处理。选择“效果”→“振幅与压限”→“淡化包络(进程)”或“增益包络(进程)”命令，打开“效果-淡化包络”或“效果-增益包络”对话框，设置各项参数，如图 5-18 所示。音量包络(进程)主要是显示声音文件事先设置好的参数在时间线上的变化。例如，一个音频波形的音量包络指的是这段音频波形在播放过程中声音随时间的变化而产生的音量变化，也就是在播放的这一段时间内，音量变化所抽象出来的一个线条。

图 5-18　音量包络效果器

- 在编辑器中调整下列包络：拖动以调整增幅百分比，单击以添加额外的提升和衰减的关键帧。
- 曲线：在关键帧之间应有平滑的弧线过渡，而不是直线过渡。

12. 实例——改变音频的振幅

振幅是描述音频波形大小的参数，振幅的增益和衰减直接决定音量的大小。通过调整波形的振幅，可以得到调整音频音量高低的效果。本实例是使用增幅效果器，通过设置左、右声道的增益值，调整音频的音量大小。

(1) 启动 Adobe Audition CC，选择“文件”→“打开”命令，打开“第五章\朗读. mp3”文件。

(2) 双击音频波形，选择所有音频，如图 5-19 所示。

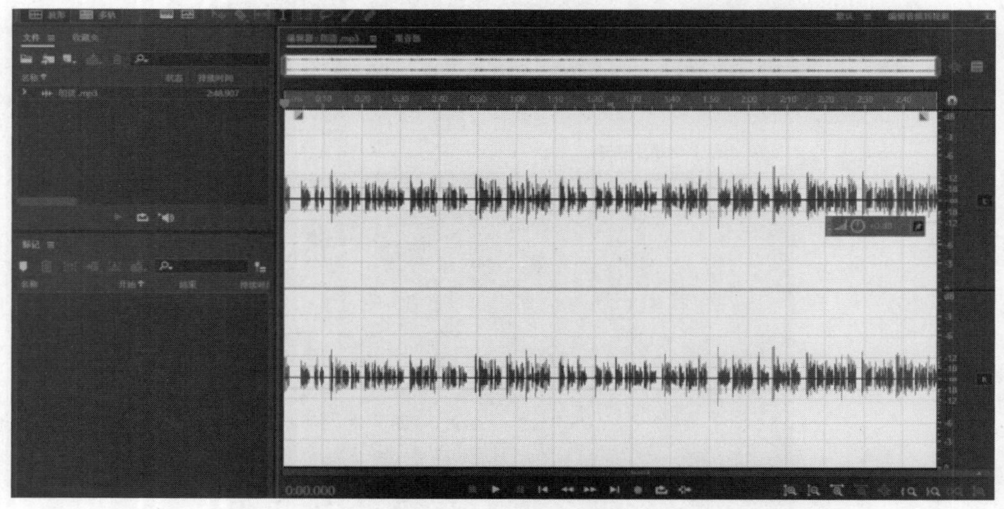

图 5-19　选择所有音频(朗读)

(3) 选择“效果”→“振幅与压限”→“增幅”命令，打开增幅效果器，在打开的“效果-增幅”对话框中，设置增益参数值，选择“链接滑块”复选框，从而同时调整左、右声道的振幅。

(4) 在“预设”下拉列表中选择“+6dB 提升”选项，如图 5-20 所示。

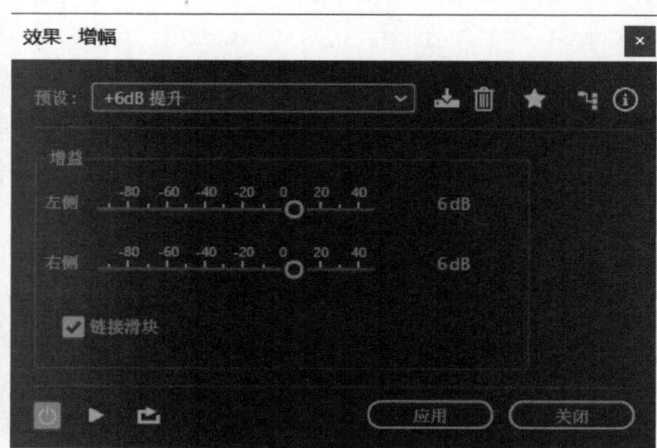

图 5-20　“+6dB 提升”效果选项

(5) 单击“播放”按钮,试听效果。如果不满意,可以继续进行设置增益数值,直到满意为止。

(6) 单击“应用”按钮,应用增益效果器,此时看到振幅发生了变化,如图 5-21 所示。

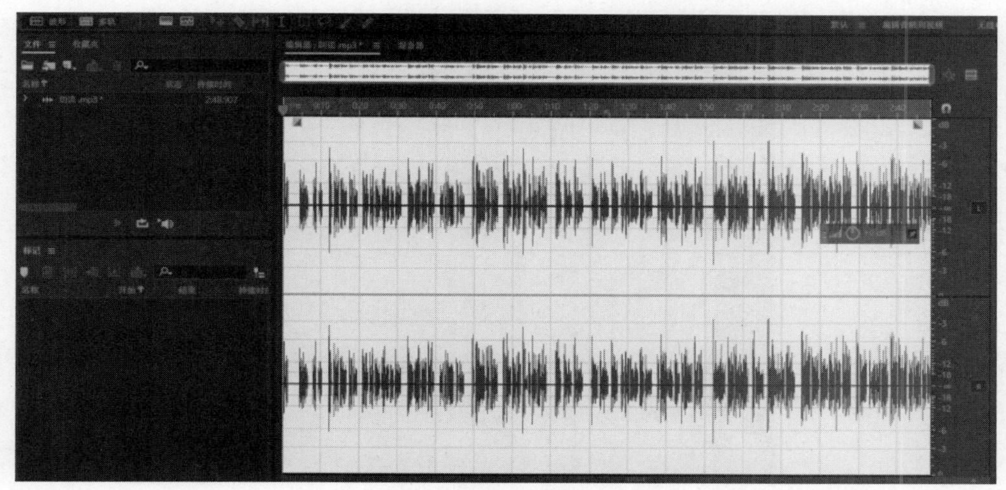

图 5-21　波形振幅增大

(7) 选择“文件”→“另存为”命令,将文件保存为“大声朗读.mp3”文件。

5.3　延迟与回声类效果器

延迟是原始信号的复制,以毫秒间隔再次出现,如果延迟时间设置为 0,表示无延迟效果。回声与原始音频的间隔比较长。因此,可以清楚地分辨出原始信号与回声信号。在音频中加入延迟与回声可以增加环境气氛和现场感。

延迟与回声类效果器包括模拟延迟、延迟和回声效果器。

1. 模拟延迟

模拟延迟效果器可以模拟老式的硬件延迟效果器温暖的音色。要创建不连续、离散的回声,可以指定延迟时间为 35ms 或更长,要创造更微妙的效果,须指定更短的时间。

选择“效果”→“延迟与回声”→“模拟延迟”命令,打开“效果-模拟延迟”对话框,如图 5-22 所示。

- 模式:提供了 3 种模拟延迟的模式,指定硬件仿真的类型,确定均衡和失真特效,分别是磁带、磁带/音频管(反映老式延迟效果器的声音特性)、模拟(反映后期的电子延时线)。
- 干输出:可以控制干声(未处理的音频)输出的百分比。
- 湿输出:可以控制湿声(处理过的音频)输出的百分比。
- 延迟:可以设置延迟的时间,单位为毫秒。
- 反馈:可以控制延迟声量,数值越大表示延迟越多,过大的回馈会使音频浑浊不清。
- 劣音:对延迟的声音进行控制,数值越大表示延迟声音越小;反之表示延迟声音越大。

- 扩展：可以控制延迟的扩展范围。数值越大，延迟扩展范围越大；数值越小，延迟扩展范围越小。

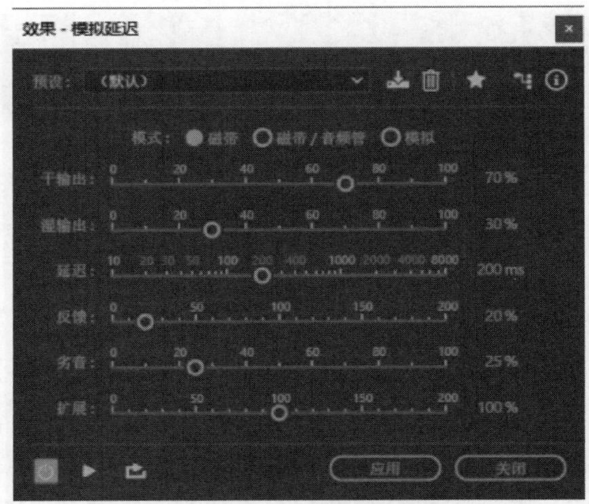

图 5-22 “效果-模拟延迟”对话框

2. 延迟

延迟效果器可以用于创建单个回声，以及其他一些效果。延迟 35ms 或更长，可以创建离散的回声。延迟为 15～34ms，可以创建一个简单的合唱或镶边效果。进一步降低延迟到 1～14ms 时，可以在空间定位一个单声道声音，使声音似乎感觉是来自左侧或右侧，即使实际的左右音量是相同的。

选择“效果”→“延迟与回声”→“延迟”命令，打开“效果-延迟”对话框，如图 5-23 所示。

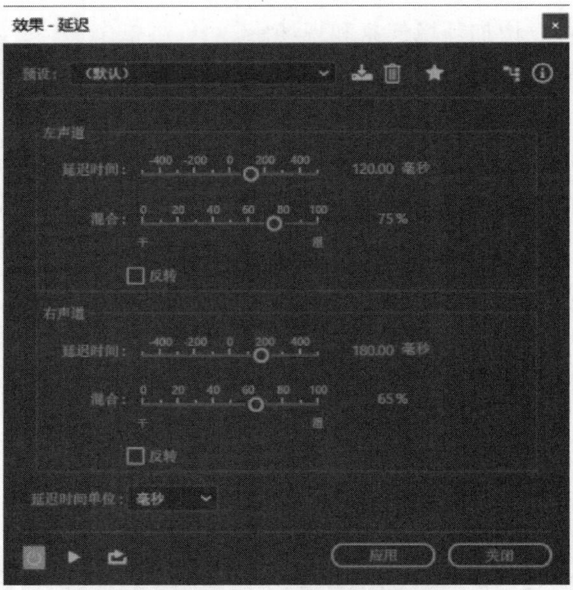

图 5-23 “效果-延迟”对话框

- 延迟时间：决定延迟声产生的时间。值为正数时，为延迟声效果；值为负数时，处理后的声音将比原始信号提前出现，从而与另一个声道形成延迟效果。
- 混合：控制原始干声与处理后的湿声比值。该参数值越大，原始干声越少，延迟声越多。
- 反转：将当前进行处理的音频波形反转，从而得到一些特殊效果。
- 延迟时间单位：在其下拉列表中可以选择“毫秒”“节拍”或“样本”选项。默认状态下，是以“毫秒”为单位的。

3. 回声

回声效果器是可以用来营造回声的效果器，整合了多个普通延迟效果，以不同的延迟时间量形成特殊的回声效果。选择“效果”→“延迟与回声”→“回声”命令，打开“效果-回声”对话框，如图 5-24 所示。

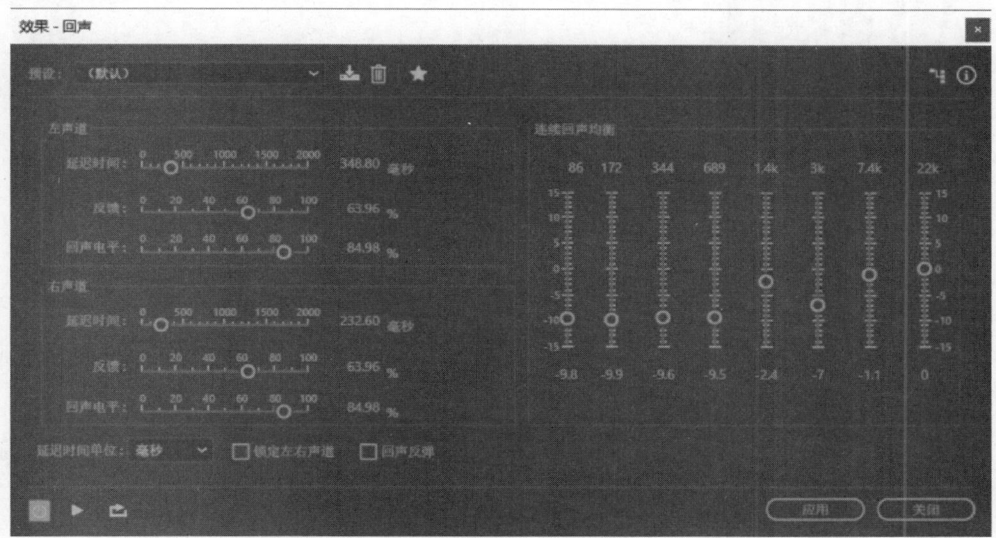

图 5-24 “效果-回声”对话框

- 延迟时间：决定延迟声产生的时间。
- 反馈：决定延迟声量，数值越大，延迟越多，回声感越强。
- 回声电平：决定处理后的回声量，数值越大，回声越多，回声感越强。与反馈量比较，回声量产生的影响要小一些。
- 锁定左右声道：连接延时时间与回声音量滑块，保持每个声道相同的设置。
- 回声反弹：使左右声道之间来回反弹回声。如果想创建一个来回反弹的回声，选择一个声道，设置初始回声音量为 100%，另一个为 0。否则，每个声道的设置将反弹到另一个，在每个声道上创建两个回声。
- 连续回声均衡：控制各频段的延迟量大小，回声均衡调节器有 8 段均衡，用于调整回声的音调，最主要的是该调整不会对原始声音产生影响。

4. 实例——制作山谷回声效果

使用延迟效果器可以实现对原始声音的重复播放，可以对人声起到很好的润色和丰富作用。本实例将使用延迟效果器制作人声的山谷回声效果，从而增加声音的立体感。

（1）启动 Adobe Audition CC，选择“文件”→“打开”命令，打开“第五章\童声.wav”文件。

（2）双击音频波形，选择所有音频，如图 5-25 所示。

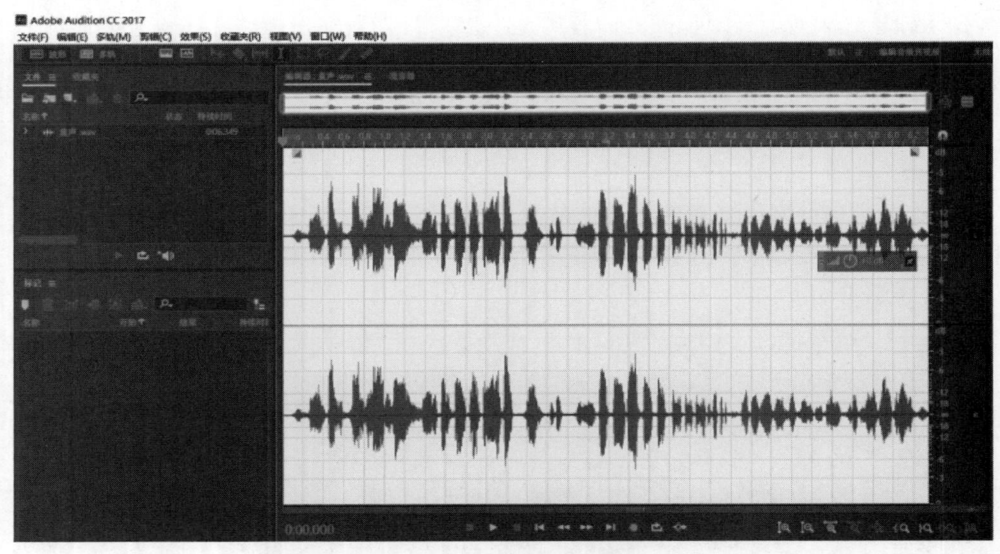

图 5-25　选择所有音频（童声）

（3）选择“效果”→“延迟与回声”→“延迟”命令，打开延迟效果器，如图 5-26 所示，分别设置左声道、右声道的“延迟时间”和“混合”参数。

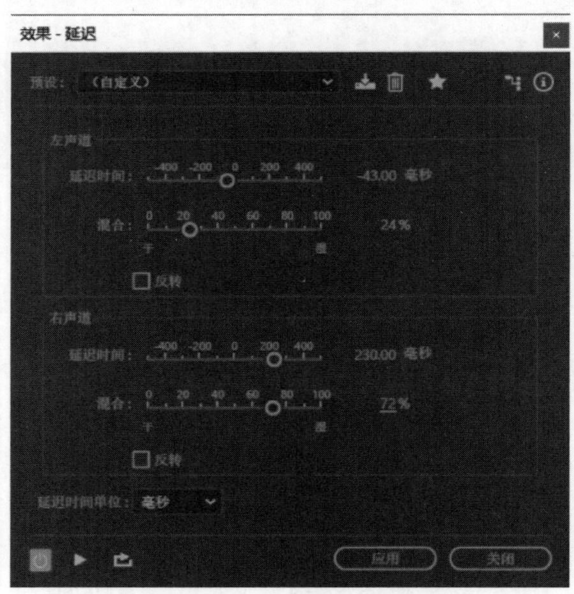

图 5-26　延迟效果器参数设置

（4）单击“播放”按钮，试听效果，可以听到一个回声的效果。

（5）单击“应用”按钮，对音频应用了延迟效果，如图 5-27 所示。

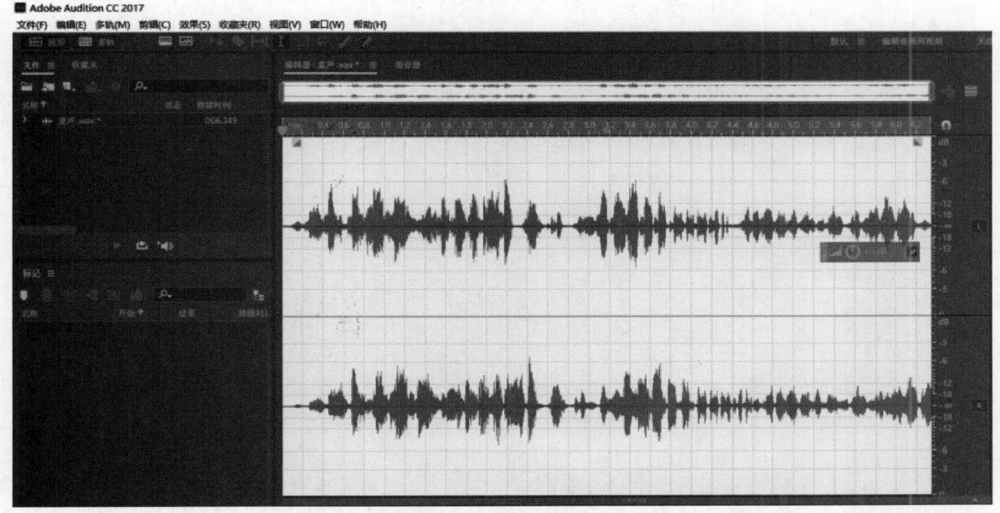

图 5-27 应用延迟效果

(6) 选择“文件”→“另存为”命令，将文件保存为“童声回声效果.mp3”文件。

5.4 降噪/修复类效果器

录制环境由于电流信号干扰等因素产生不同的噪声，这些噪声会大大影响声音的质量，更会影响其使用。Adobe Audition CC 提供了降噪/修复类效果器，用于修复音频中的噪声。

降噪/修复类效果器主要包括捕捉噪声样本、降噪(进程)、自适应降噪、自动咔嗒声移除、自动相位校正、消除嗡嗡声、降低嘶声(进程)效果器。

1. 捕捉噪声样本

要对一段音频进行降噪处理，首先要进行噪声样本的捕捉。通过软件对噪声样本进行分析，从而为后面的降噪操作做准备。

(1) 使用时间选区工具选择一段只包含噪声的音频波形，如图 5-28 所示。

(2) 然后选择“效果”→“降噪/修复”→“捕捉噪声样本”命令，将捕获噪声特性。

2. 降噪(进程)

选择“效果”→“降噪/修复”→“降噪(进程)”命令，打开降噪(进程)效果器，如图 5-29 所示。使用该效果器可以明显降低音频中的噪声。这些噪声包括磁带嘶嘶声、麦克风的背景噪声、电源线的嗡嗡声等。

降噪(进程)效果器是一种采样降噪的方法。其工作原理是：首先通过采集噪声音频获得噪声样本，再通过分析噪声样本得到噪声特征，最后利用分析结果去降低夹杂在音频中的噪声。

(1) 捕捉噪声样本：从选定的范围内提取仅说明背景噪声的噪声样本。

- ：存储当前噪声样本。
- ：加载保存在硬盘中的噪声样本。

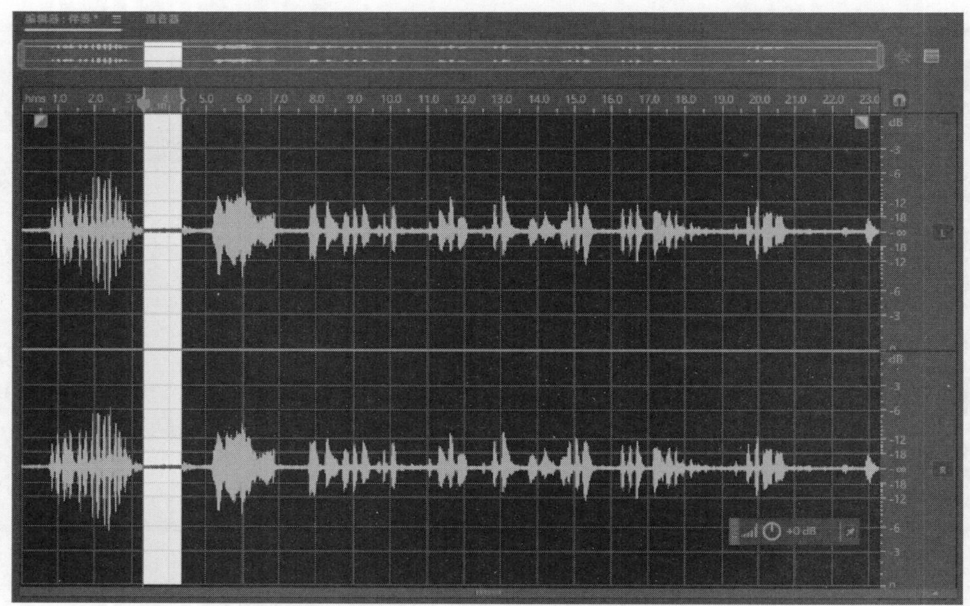

图 5-28　选择一段只包含噪声的音频波形

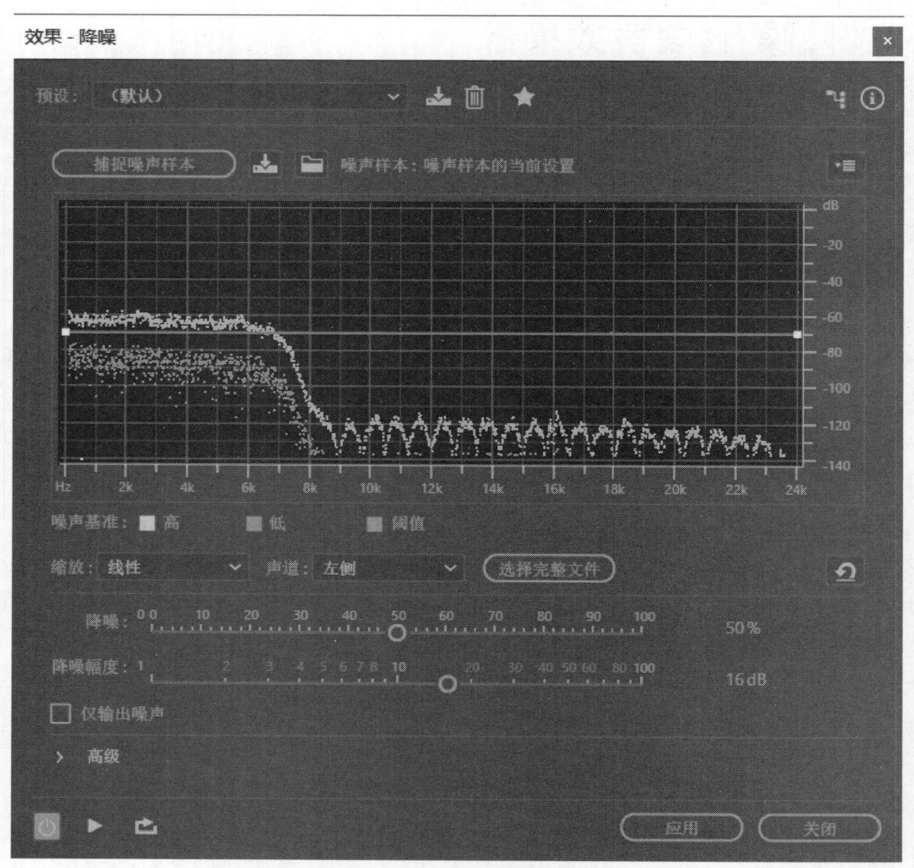

图 5-29　降噪(进程)效果器

- 图形：X 轴表示频率，Y 轴表示降噪量。控制曲线用于设置在不同频率范围的降噪量。
- ：重置按钮，使控制曲线变为平直线，代表高、中、低频均匀降噪。

(2) 噪声基准："高"显示在每个频率检测的噪声的最高振幅；"低"显示最低振幅；"阈值"显示降噪发生的振幅。

(3) 缩放：确定沿 X 轴的频率的显示方式。为了更好地控制低频，选择"对数"选项；要详细地控制高频，使用均匀间隔频率，选择"线性"选项。

(4) 声道：图中显示所选的声道。

(5) 选择完整文件：可以将捕获的噪声样本应用于整个文件。

(6) 降噪：控制输出信号中降噪的百分比。

(7) 降噪幅度：确定检测到噪声的振幅是多少，通常设置为 6～30dB。

(8) 仅输出噪声：选中该复选框，只输出噪声。

(9) "高级"选项卡。

- 频谱衰减率：决定声音低于噪声电平时的频率衰减程度，通常设置为 40%～70%。
- 平滑：决定降噪中各频段之间的连接程度，通常将数值设置为 1。
- 精度因素：控制振幅变化，通常设置为 5～10。
- 过滤宽度：确定噪声和理想音频之间的振幅范围。
- FFT 大小：确定有多少单个频带被分析。一般情况下，控制在 4096～8192。
- 噪声样本快照：确定多少噪声快照包括在捕获的样本中，一般将数值设置为 4000。

3. 自适应降噪

选择"效果"→"降噪/修复"→"自适应降噪"命令，打开自适应降噪效果器，如图 5-30 所示。使用自适应降噪效果器，可以根据定义的降噪级别，实时降低或移除如背景声音中的隆隆声、风声等各种噪声。因为这种效果器可以实时操作，所以可以与其他效果器相结合在"效果器"面板中，应用于多轨编辑器中。

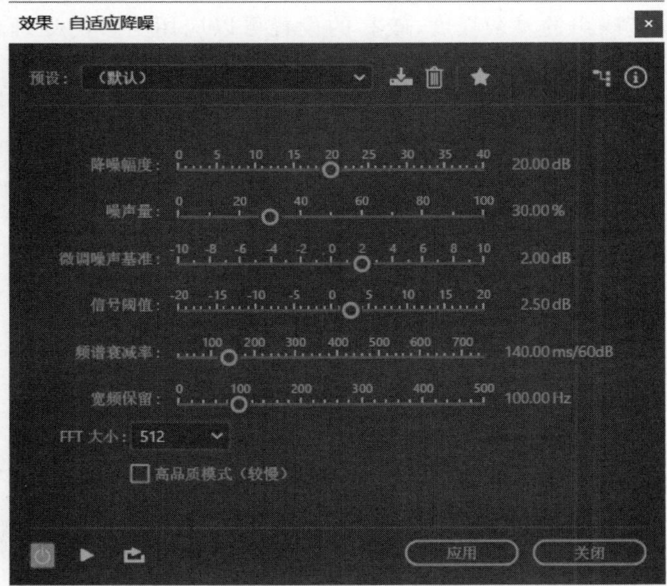

图 5-30　自适应降噪效果器

- 降噪幅度：用来设置噪声音量的范围。
- 噪声量：用来设置噪声音量的百分比。
- 微调噪声基准：可以精细调整降噪前后的音量大小。
- 信号阈值：用来定义噪声与周围正常声音信号的差异幅度。
- 频谱衰减率：决定了当声音低于噪声电平时的频率衰减程度。
- 宽频保留：用来设置保存频率的宽度。
- FFT 大小：决定了处理的速度和质量。
- 高品质模式(较慢)：能够以高质量处理，但是时间较长。

4. 自动咔嗒声移除

使用自动咔嗒声移除效果器可以纠正大面积点的音频或单个咔嗒声与爆裂声。选择"效果"→"降噪/修复"→"自动咔嗒声移除"命令，打开自动咔嗒声移除效果器，如图 5-31 所示。

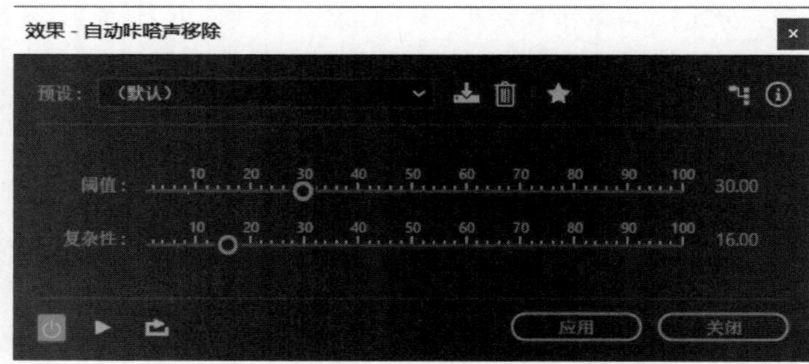

图 5-31　自动咔嗒声移除效果器

- 阈值：决定处理咔嗒声信号的范围。较低的数值可以检测到更多的咔嗒声与爆裂声，但可能包括希望保留的音频。
- 复杂性：决定噪声的复杂程度，较高的设置可以应用更多的处理，但会降低声音的品质。

5. 自动相位校正

使用自动相位校正效果器可以解决磁头错位、立体声麦克风放置不正确，以及许多与其他相位有关的问题。选择"效果"→"降噪/修复"→"自动相位校正"命令，打开自动相位校正效果器，如图 5-32 所示。

- 全局时间变换：选中该复选框，可激活"左声道变换"和"右声道变换"参数。可以通过直接拖动滑块或在右侧的参数框中输入数值进行调整。
- 自动对齐声道：选中该复选框，可以使立体声的左、右声道进行居中位移。
- 时间分辨率(毫秒)：指定在每个处理的时间间隔的毫秒数。
- 响应性：确定整体处理速度。
- 声道：指定应用相位纠正的声道，可以选择"仅左声道""仅右声道"和"两者"选项。
- 分析大小：指定音频的每个分析单位的采样数目。

6. 消除嗡嗡声

使用消除嗡嗡声效果器可以消除音频中的嗡嗡声，最常见的应用是消除由照明和电子

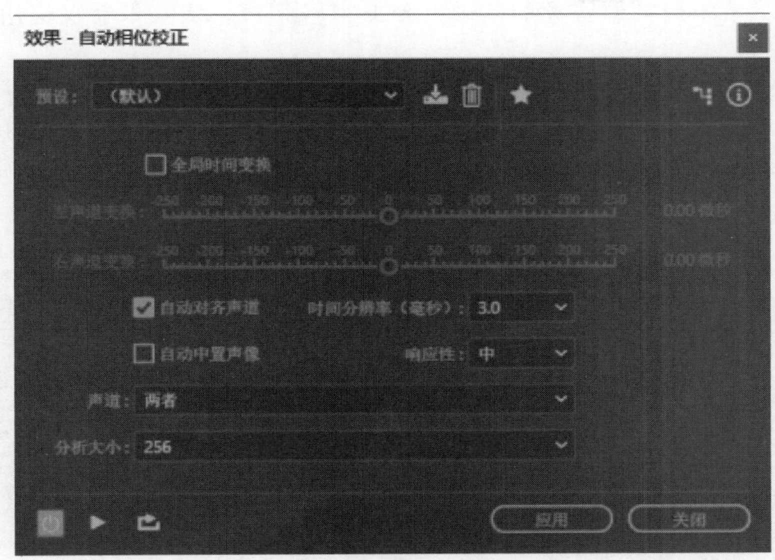

图 5-32　自动相位校正效果器

电源线造成的嗡嗡声。选择“效果”→“降噪/修复”→“消除嗡嗡声”命令，打开消除嗡嗡声效果器，如图 5-33 所示。

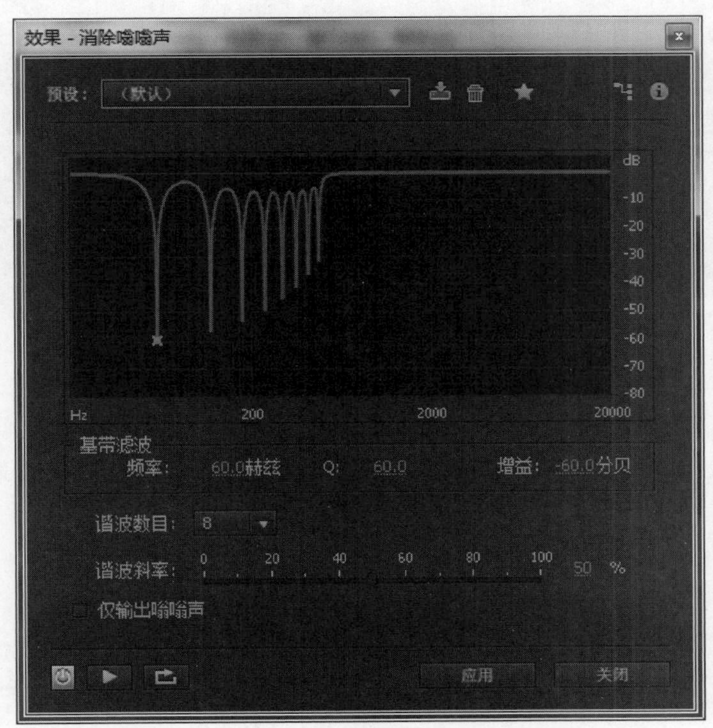

图 5-33　消除嗡嗡声效果器

7．降低嘶声（进程）

“嘶嘶”声常见于磁带、老式唱片或一些质量不高的录音中。使用降低嘶声（进程）效果器，可以在尽量不破坏原音频的基础上降低“嘶嘶”声。该效果器仅应用于波形编辑器中。

打开一段带有嘶声的音频，选择需要降低嘶声的波形，选择“效果”→“降噪/修复”→“降低嘶声(进程)”命令，打开降低嘶声效果器，如图 5-34 所示。单击“捕捉噪声基准”按钮，通过拖动“噪声基准”和“降低幅度”滑块获得较好的降噪效果。数值越大，降噪效果越好，对音频的影响也越大，可以尝试多次试听，以获得较好的降噪效果。

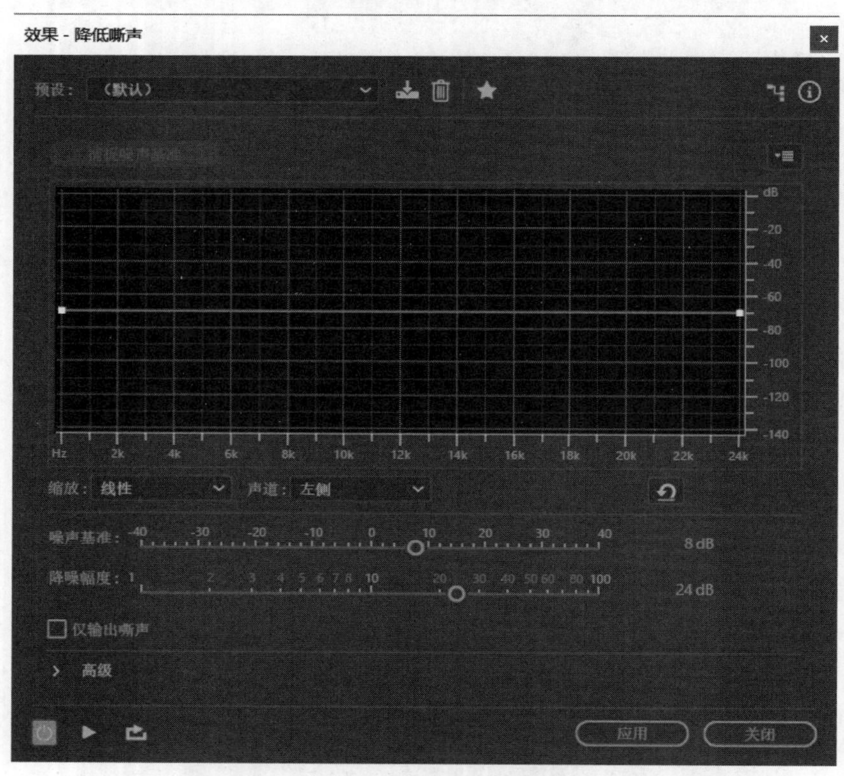

图 5-34 降低嘶声(进程)效果器

8. 实例——降噪处理

录制音频时，由于受周围环境的影响而产生噪声，为了降低或减少这部分噪声，可以通过降噪/修复类效果器对音频进行降噪处理。本实例将使用降噪(进程)效果器对音频进行降噪处理。

(1) 启动 Adobe Audition CC，选择“文件”→“打开”命令，打开“朗诵.wav”文件。

(2) 使用时间选区工具，参照图 5-35，单击并拖动选择音频中的噪声部分。

(3) 选择“效果”→“降噪/恢复”→“捕捉噪声样本”命令，采集噪声样本。

(4) 选择所有波形，然后选择“效果”→“降噪/恢复”→“降噪(进程)”命令，打开“降噪”对话框，如图 5-36 所示。设置完毕，单击“应用”按钮，关闭对话框进行降噪处理。

(5) 按照同样的方法，多次降噪，并查看降噪后的波形，如图 5-37 所示。

(6) 选择“文件”→“另存为”命令，将文件保存为“降噪处理后朗诵.wav”。

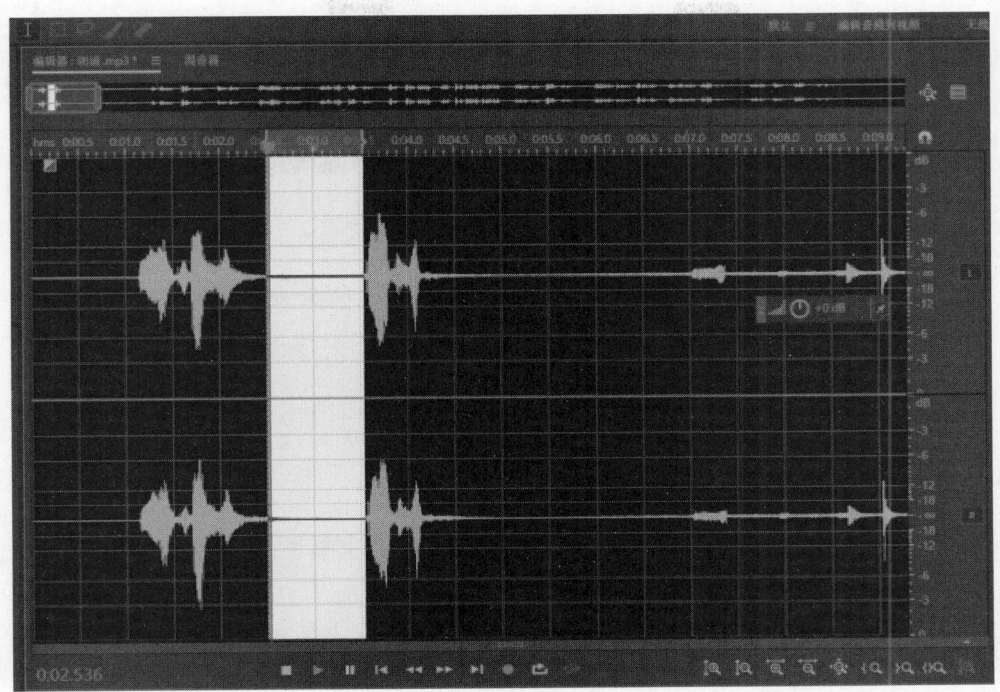

图 5-35　选择噪声波形

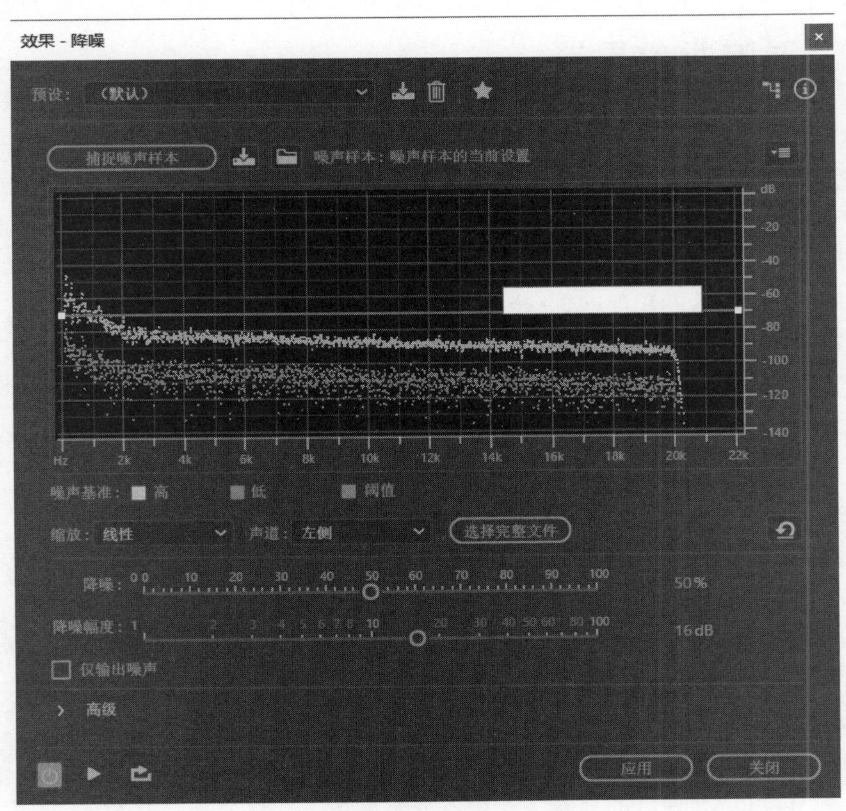

图 5-36　“效果-降噪”对话框

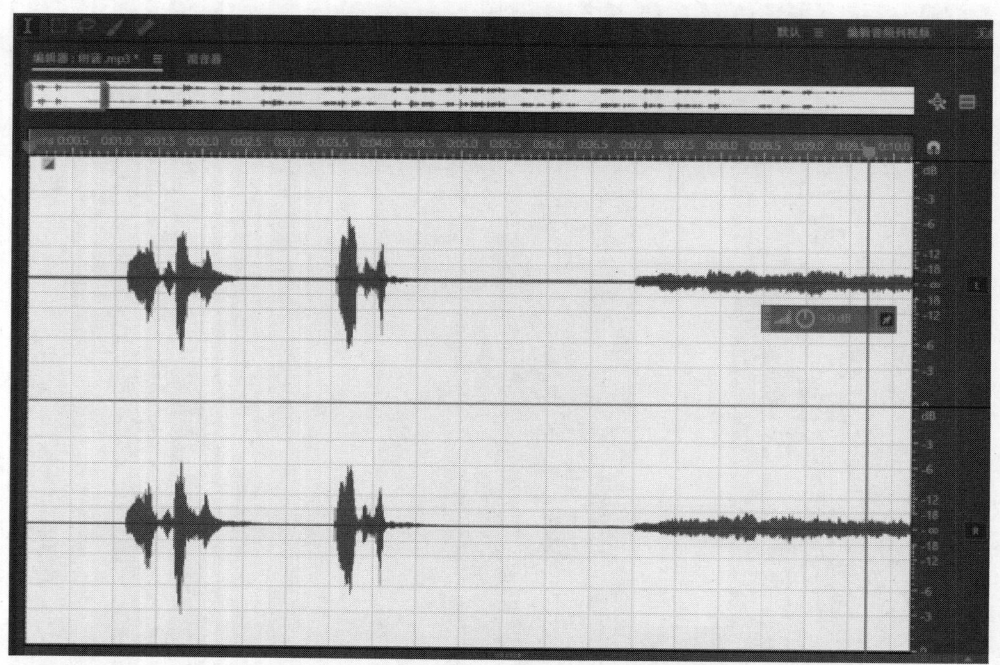

图 5-37 多次降噪后的波形

5.5 混响类效果器

混响效果在音频处理过程中是非常重要的效果。什么是混响？在一个房间里，墙壁、天花板和地板都能反射声音。所有这些反射的声音几乎同时到达耳朵，不会感觉到它们是单独的回声，而感受的是声波的范围，一个空间印象。这种反射的声音称为混响。使用 Adobe Audition 提供的混响类效果器可以模拟各种房间环境。

混响类效果器包括卷积混响、完全混响、混响、室内混响、环绕声混响效果器。

1. 卷积混响

使用卷积混响效果器，就好比在一个封闭的空间内演奏，能给人以立体感和空间感。基于卷积的混响使用脉冲文件来模拟声学空间，结果非常逼真。选择"效果"→"混响"→"卷积混响"命令，打开卷积混响效果器，如图 5-38 所示。

- 脉冲：指定模拟声学的空间。
- 混合：控制原始声音与混响声音的比率。
- 房间大小：通过设置参数设置房间的大小。
- 阻尼 LF：减少混响中的低频，使声音更清晰。
- 阻尼 HF：减少混响中的高频，去除粗糙、刺耳的声音。
- 预延迟：设置卷积混响的延迟时间，单位为毫秒。
- 宽度：可以改变混响效果的立体声宽度。数值越高，混响后的声音越宽广。
- 增益：可以对处理后的声音进行增益或衰减。

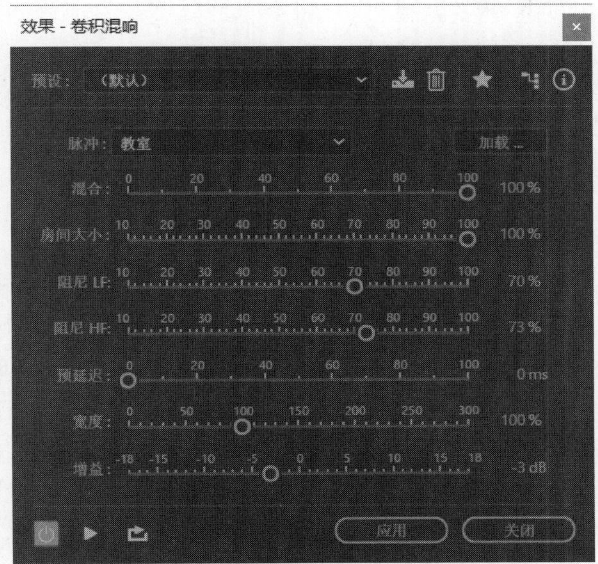

图 5-38　卷积混响效果器

2. 完全混响

完全混响效果器是以卷积为基础，避免铃声、金属声与其他人为声音痕迹的效果器。对比普通的混响效果器，这个效果器可调参数更多、更全面，功能也更强大，因此被广泛应用于唱片、影视音乐等处理中。

选择“效果”→“混响”→“完全混响”命令，打开完全混响效果器。这个效果器提供了两个选项卡，分别是“混响设置”和“着色”选项卡，如图 5-39 和图 5-40 所示。用户可以选择不同的方式实现混响效果。

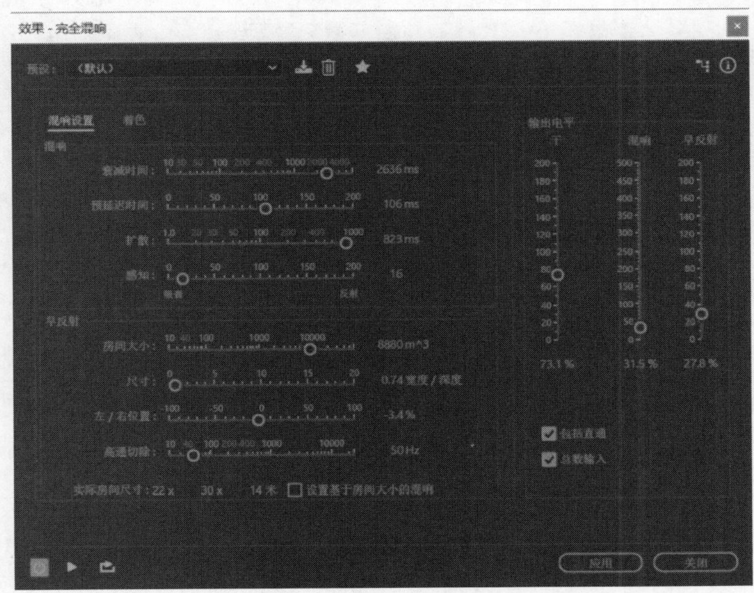

图 5-39　“混响设置”选项卡

- 衰减时间：指定混响从产生到 60dB 所需要的时间。数值越大，所对应的混响空间越大，声音越悠远。
- 预延迟时间：指定入射声到达人耳的时间间隔。
- 扩散：决定混响的扩散情况。越高的扩散值听起来越自然，回声效果越不明显，但过高的扩散值可能会带来一些奇怪的声音。
- 感知：决定空间声场声音的反射情况。数值越小，代表空间声场吸收声音的能力越强；数值越大，代表声场反射声音的能力越强。
- 房间大小：设置模拟房间的体积，单位为立方米。房间越大，混响时间越长。但当房间体积超过 5000m^3 后，实际上房间的概念已经不存在了，转换为旷野、平原等声场概念。
- 尺寸：指定房间宽度与深度之间的比率。数值改变，房间大小也相应改变。
- 左/右位置：控制声源在空间所处的位置，数值越大的正值表示混响声越靠右。
- 高通切除：可以将指定值频率以下的部分切除，主要是为了切掉一些非发声频率范围的低谐波噪声。

不同的频率对应不同的音乐颜色，在“效果-完全混响”对话框中单击“着色”按钮，即可展开“着色”选项卡，可以进行参数设置，如图 5-40 所示。

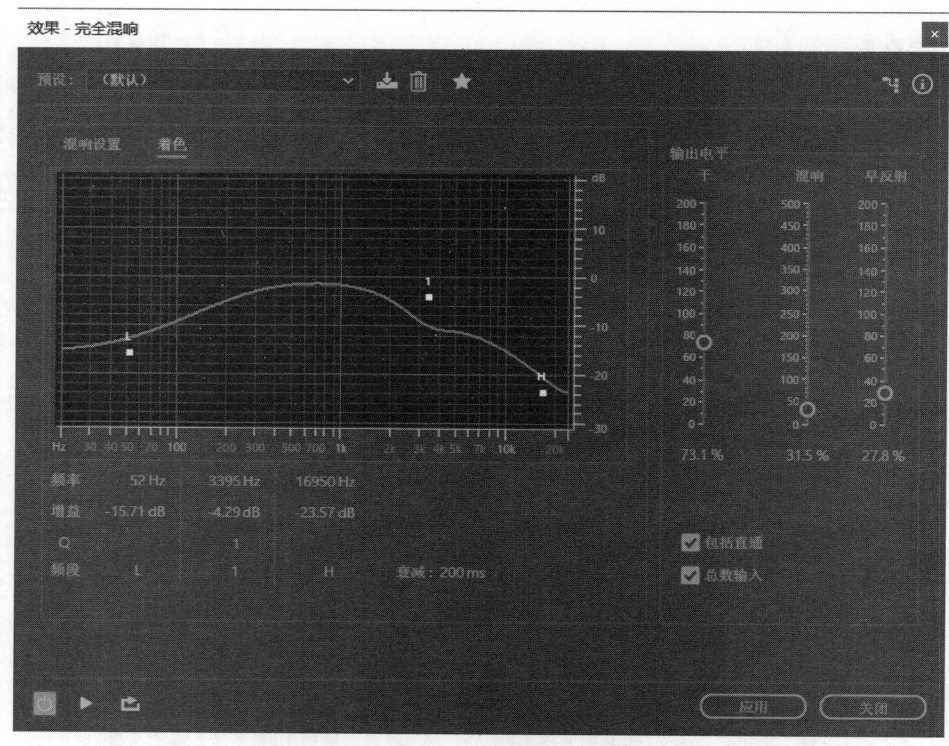

图 5-40 “着色”选项卡

3. 混响

混响效果器是基于卷积处理的模拟声学空间，可以再现声学空间或环境气氛，如大衣柜、浴室、音乐厅或大剧院等。选择“效果”→“混响”→“混响”命令，打开混响效果器，该效果器比较简单，主要由“特性”和“输出电平”两个选项区域组成，如图 5-41 所示。

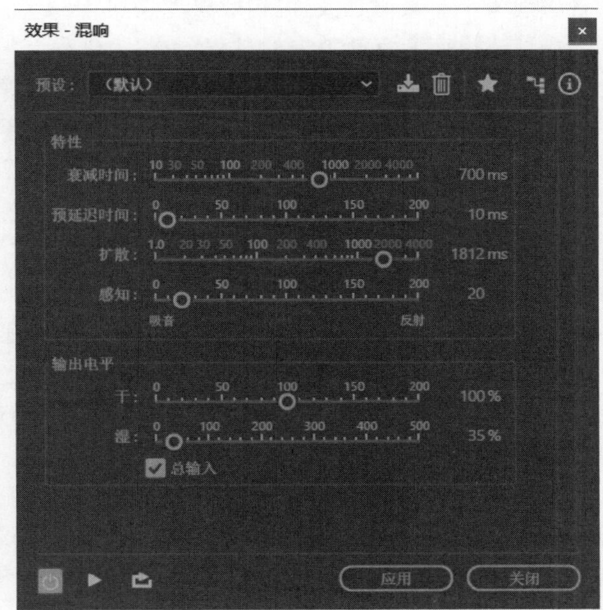

图 5-41　混响效果器

4. 室内混响

室内混响效果器是一种模拟声学空间，但不是基于卷积处理的效果器。但它比其他效果器更快，更节省资源，因此在多轨编辑器中实时变化更快、更有效。选择“效果”→“混响”→“室内混响”命令，打开室内混响效果器，如图 5-42 所示。

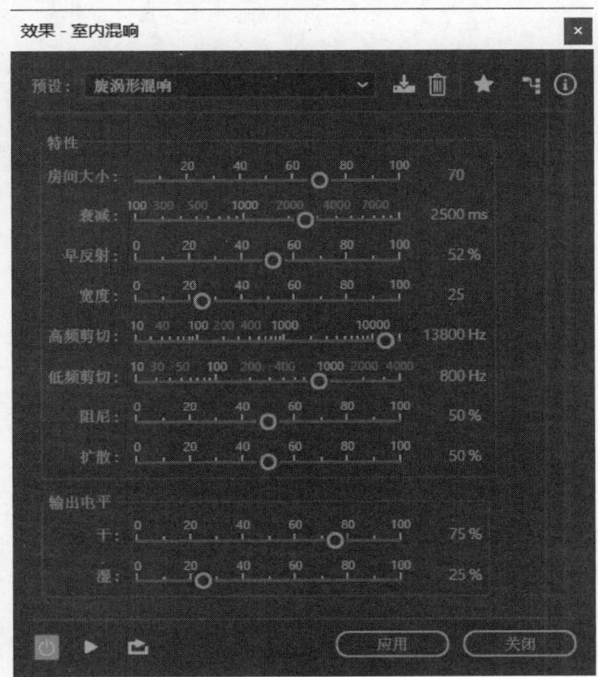

图 5-42　室内混响效果器

- 房间大小：设置房间大小。数值越大，混响效果越强烈。
- 衰减：指混响声场形成后声音逐渐消失的过程，单位为毫秒。
- 早反射：决定早期反射声音占原始声音的百分比，产生整体房间大小的感觉。过高的数值会让人感觉不真实，过小的数值会使房间大小参数达不到预期大小。
- 宽度：控制混响效果的立体声宽度。数值为 0 时变成单声道混响效果；数值越大，混响后的声音越宽广。
- 高频剪切：指定混响可以出现的最高频率。
- 低频剪切：指定混响可以出现的最低频率。
- 阻尼：调整高频声音的衰减总量。较高的数值可以创建更多的衰减，得到温和的混响声音。
- 扩散：决定混响被物体吸收了多少。数值越小，被吸收的混响越少，混响效果越接近回声效果；数值越大，混响被大量吸收，回声就变得越小。

5. 环绕声混响

环绕声混响效果器主要用于 5.1 声道，可以用来实现环绕声混响设备所能实现的混响效果。选择“效果”→“混响”→“环绕声混响”命令，打开环绕声混响效果器，主要由输入、混响设置、输出 3 部分组成，如图 5-43 所示。

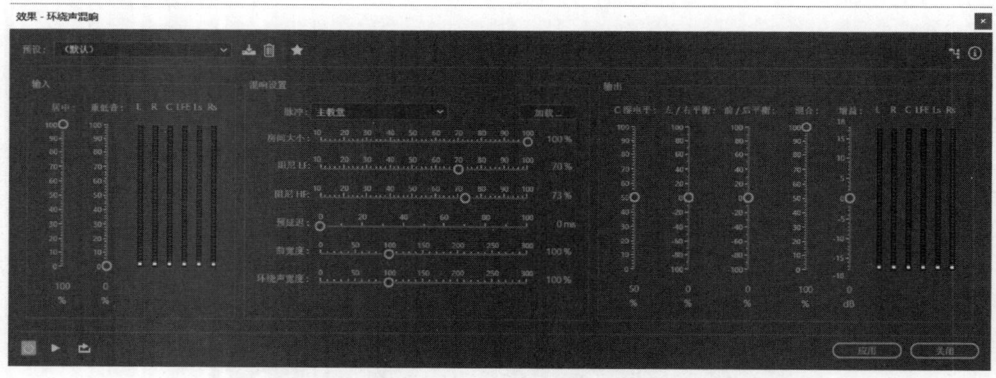

图 5-43　环绕声混响效果器

6. 制作大厅演讲声音效果

本实例将使用完全混响效果器，得到大厅演讲声音的效果。

本实例使用的素材为：第五章\演讲. wav。

操作步骤如下。

(1) 启动 Adobe Audition CC，打开文件“第五章\演讲. wav”。

(2) 双击音频波形，选择所有音频，如图 5-44 所示。

(3) 选择“效果”→“混响”→“完全混响”命令，打开完全混响效果器，单击“着色”选项卡，在“预设”下拉列表中选择“大厅”选项，如图 5-45 所示。

(4) 降低低频声音使人声效果更加突出，提高人声高频部分，突出人声效果，如图 5-46 所示。

(5) 单击“预演播放/停止”按钮，试听效果。如果不满意，可以多次调整，直到满意为止。单击“应用”按钮，为音频添加“完全混响”效果。

(6) 选择“文件”→“另存为”命令，将文件保存为“制作大厅演讲声音效果. wav”。

图 5-44　选择所有波形(演讲)

图 5-45　设置“着色”选项卡

图 5-46 设置低频与高频部分

5.6 立体声声像和时间与变调效果器

5.6.1 立体声声像类效果器

立体声声像类效果器提供了中置声道提取效果器。该效果器可以保持或删除左右声道中共有的频率，即声像居中的声音。因此，利用该效果器造就人声、低音或脚鼓的音量，或移除它们创建的卡拉 OK 效果。

选择“效果”→“立体声声像”→“中置声道提取”命令，打开中置声道提取效果器，如图 5-47 所示。

1. “提取”选项卡

- 提取：在该下拉列表中可以决定提取的声音相位，包括中心、左声道、右声道、环绕、自定义，选择“自定义”可以自定义相位角度、声像和延迟。
- 频率范围：设置被提取或删除声音的频率范围，包括男声、女声、低音、全频谱、自定义。

2. “鉴别”选项卡

- 交叉渗透：用来设置立体声信号被处理后左右声道的分离度。拖动滑块向左可以增加音频流量通过，使声音更少有人为痕迹。
- 相位鉴别：用于中央通道电平增益，一般设置为 2～7 比较好。
- 振幅鉴别：滤波参数，设置为 0.3～10 比较好。

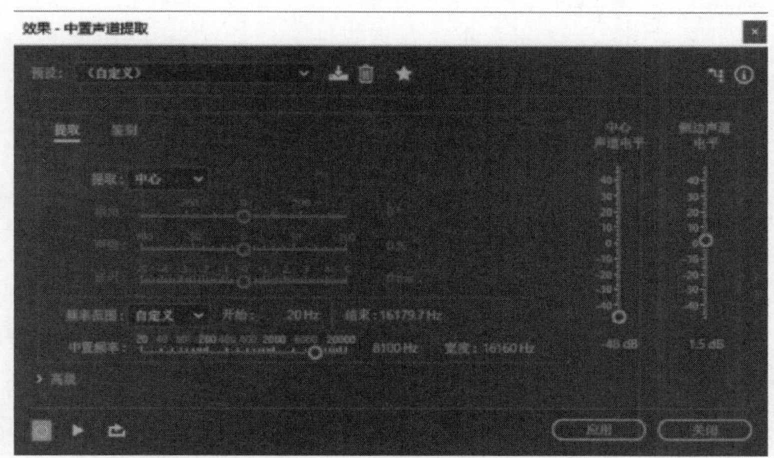

图 5-47　中置声道提取效果器

- 振幅带宽：与振幅差异相关联，设置为 1～20 比较好。
- 频谱衰减率：决定处理过程的速度。数值 0 用于更快的处理，设置为 80～98，有助于消除背景失真。

3. "中置声道电平"与"侧边声道电平"

指定提取或删除选定信号的多少，拖动滑块向上，包括其他材料。

4. "高级"选项

- FFT 大小：决定效果处理的速度。数值越高表示声音处理的质量越高。
- 叠加：定义重叠的 FFT 窗口数目。较高的数值可以产生平滑或合唱般的效果，但处理时间长；较低的数值可以产生冒泡的背景噪声。数值一般控制为 3～10。
- 窗口宽度：指定每个 FFT 窗口的宽度，设置为 30～100 比较好。

5.6.2　时间与变调效果器

时间与变调效果器提供了伸缩与变调(进程)效果器。"伸缩"可以根据用户的要求修改音频的播放速度。"变调"简单地说就是改变音频的音调，具体就是用户可以根据自定义的音调智能地生成一些谐波，修补偏差的音准。在现实生活中，如果录制的声音语速过慢或过快，就可以通过"伸缩"调整音频的播放速度；或者录制歌曲时，如果某个音节出现了大走音，就可以使用"变调"修复这个问题。

选择"效果"→"时间与变调"→"伸缩与变调(进程)"命令，打开伸缩与变调效果器，如图 5-48 所示。

- 算法：选择 iZotope Radius 算法，可以同时伸缩音频与转换音高，该算法处理时间长，但产生更少的人为痕迹。而 Audition 算法主要是随着时间的推移改变伸缩或音高设置。
- 精度：较高的设置可以产生较好的质量，但需要的处理时间更长。
- 持续时间：表明时间伸缩后音频的时长，可以直接调整该数值，或改变伸缩百分比进行间接调整。
- 将伸缩设置锁定为新的持续时间：锁定伸缩设置到新持续时间。

- 伸缩：拖动滑块，可以调整音频的播放速度。
- 变调：可以在不损伤音频质量的前提下进行音频处理，改变固有音频的音高。每个半音等于键盘上的半音。
- 锁定伸缩与变调：伸缩音频可以反映音高的改变。

“高级”选项卡中的设置如下。

- 独奏乐器或人声：处理独奏乐器更快。
- 保持语音特性：保持语音的逼真。
- 共振变换：确定如何调整共振峰转换音高。
- 音调一致：保留独奏乐器或人声的音色，数值越高，越降低相位的人为痕迹，但可以引进更多的音高调制。

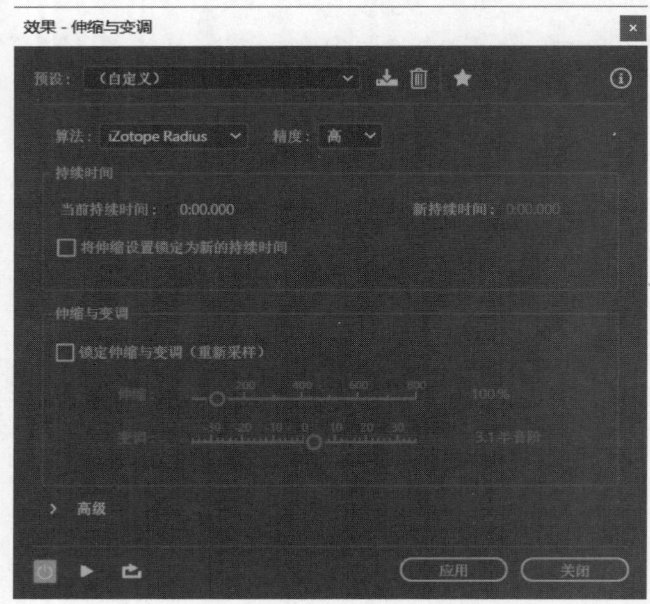

图 5-48　伸缩与变调(进程)效果器

5.6.3　实例——制作伴奏音乐

很多时候，想要找到自己需要的伴奏音乐不太容易，使用 Adobe Audition CC 可以轻松地将演唱音乐制作成伴奏音乐。本实例主要介绍使用 Adobe Audition 提供的中置声道提取效果器制作伴奏音的方法。

本实例使用的素材为：第五章\歌曲.mp3。

操作步骤如下。

(1) 启动 Adobe Audition CC，打开文件“第五章\歌曲.mp3”。

(2) 双击音频波形，选择所有音频，如图 5-49 所示

(3) 选择“效果”→“立体声声像”→“中置声道提取”命令，打开中置声道提取效果器，在“预设”下拉列表中选择“人声移除”选项，如图 5-50 所示。

(4) 单击“预演播放/停止”按钮，试听效果。

图 5-49　选择所有波形(歌曲)

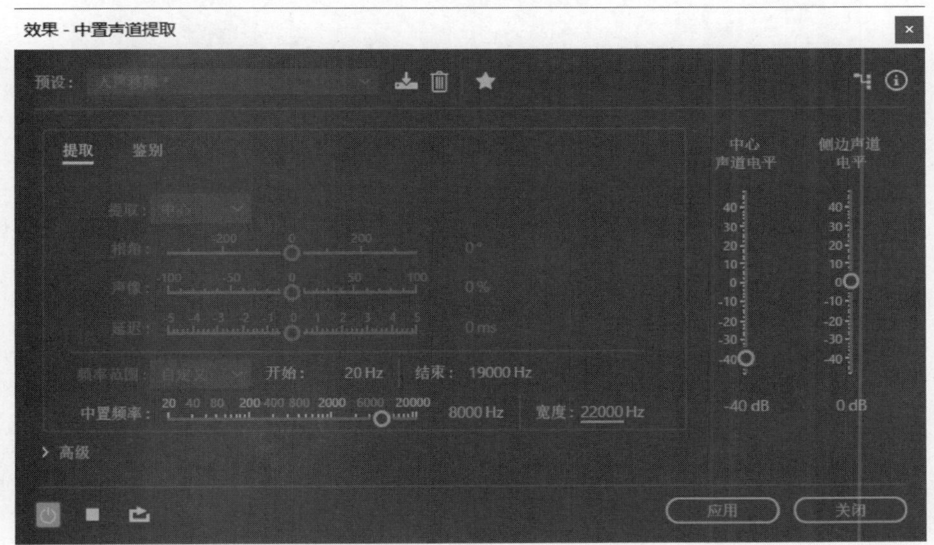

图 5-50　中置声道提取效果器(人声移除)

(5) 降低中置频率的数值,增加宽度的数值,继续试听,直到满意为止,单击“应用”按钮。

(6) 选择“文件”→“另存为”命令,将文件保存为“伴奏音乐.mp3”。

5.7　滤波与均衡类效果器

滤波与均衡类效果器包括 FFT 滤波效果器、图形均衡器与参数均衡器。

5.7.1　FFT 滤波效果器

滤波器就是利用衰减来截止某些频率,不仅通过削弱改变波形,而且通过单独谐波相位转换使波形失真。这种效果器可以产生宽的高通或低通滤波器（保持高频或低频）、窄的带通滤波器（模拟一个电话的声音）或陷波滤波器（消除小的、精确的频段）。

选择“效果”→“滤波与均衡”→“FFT 滤波器”命令，打开“效果-FFT 滤波”对话框，如图 5-51 所示。

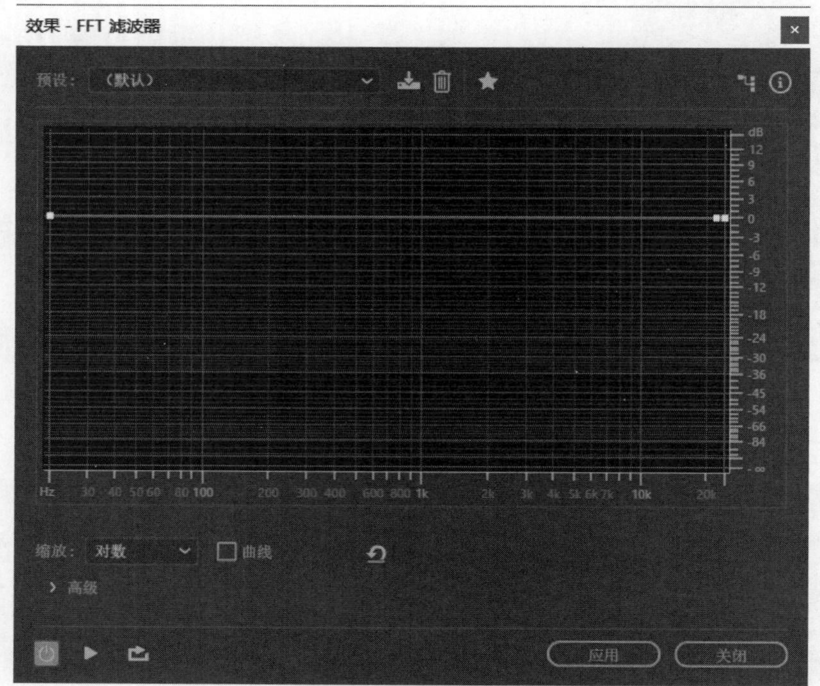

图 5-51 “效果-FFT 滤波器”对话框

- 缩放：确定频率沿 X 轴如何安排。如果想要更好地控制低频，可以选择“对数”选项，对数刻度更接近于人是如何听到声音的。为了获得详细的高频，使用均匀频率间隔，可以选择“线性”选项。
- 曲线：在控制点间创建平滑的弧线过渡。
- 重设（ ）：图形恢复到默认状态，删除过滤。
- 高级：单击按钮，可以设置 FFT 大小和窗口。
- FFT 大小：确定快速傅里叶变换的大小，确定频率和时间精度之间的权衡。对于陡峭、精确的频率滤波器，设置较高的数值；对于减少打击乐音频的瞬态，设置较低的数值。大部分音频素材 FFT 大小为 1024～8192 运行良好。
- 窗口：确定快速傅里叶变换的形状，每一个选项都产生不同的频率响应曲线。

5.7.2 图形均衡器

图形均衡器是输入滤波器的一种，图形均衡器是可以对音频各频率段进行增益或衰减的工具。也就是说，其主要作用是过滤掉不需要的声音，从而使声音更加清晰。

在实际的工作生活中，并不是对每段音频的要求都很高，所以为了适应不同要求的音频，并且尽可能降低计算机的负荷，Adobe Audition CC 一共提供了 3 种图形均衡器，分别是 10 段、20 段和 30 段的图形均衡器，使用起来非常简单、快捷。选择"效果"→"滤波与均衡"→"图形均衡器"命令，打开相应的对话框，如图 5-52～图 5-54 所示。

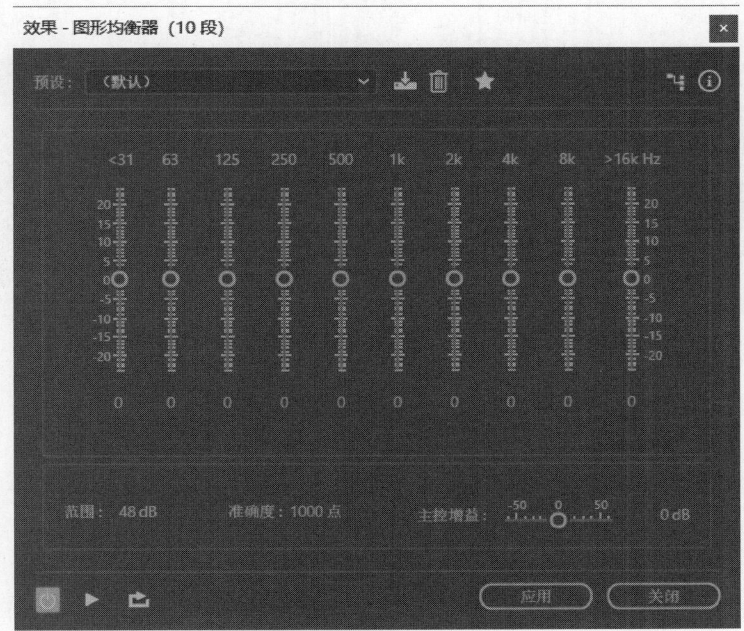

图 5-52　图形均衡器(10 段)

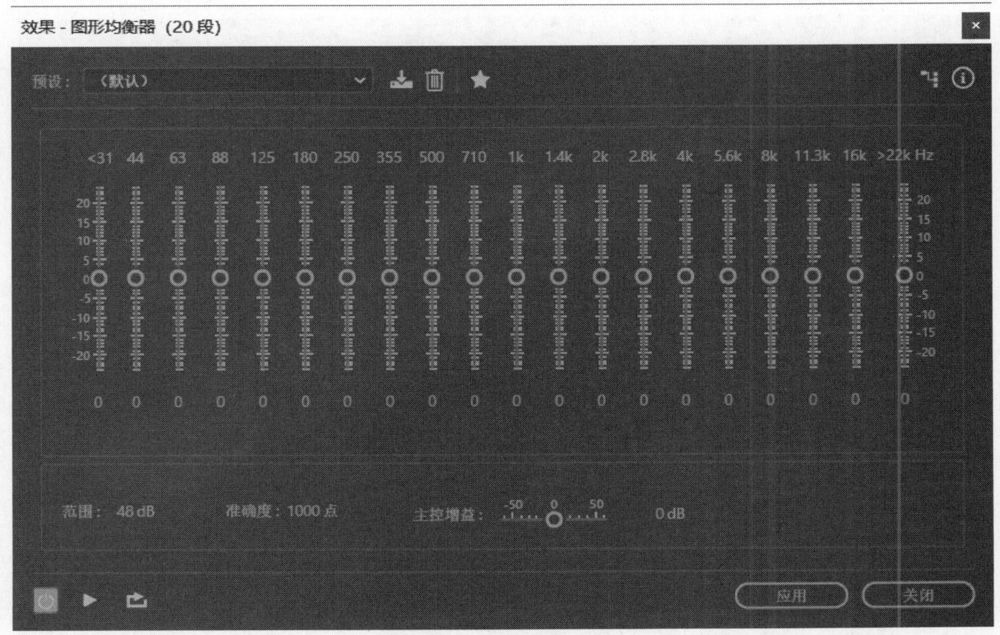

图 5-53　图形均衡器(20 段)

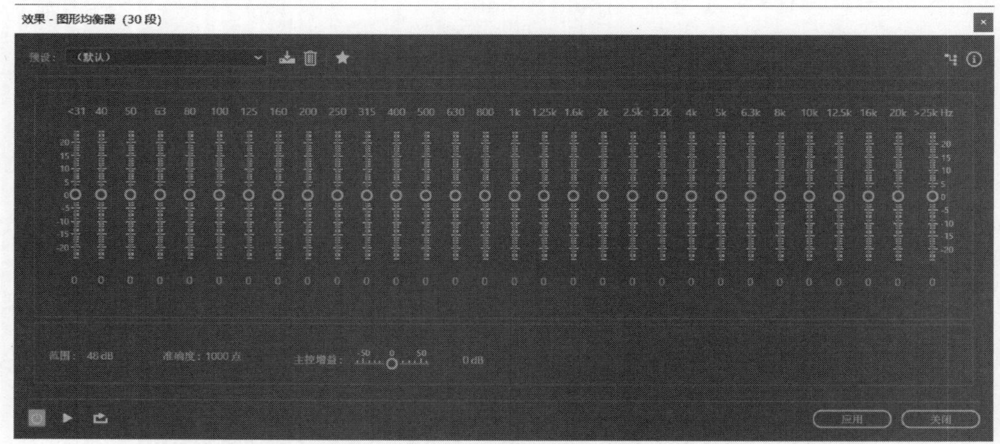

图 5-54 图形均衡器(30 段)

5.7.3 参数均衡器

与图形均衡器相比，参数均衡器调整起来没有那么直观、方便，但它提供更加细致的均衡控制。参数均衡器提供了一个固定的频率和带宽，可以对频率、带宽和增益提供全部的控制。利用参数均衡器，可以完成低通、高通、低切、高切等动作。

选择“效果”→“滤波与均衡”→“参数均衡器”命令，打开“效果-参数均衡器”对话框，如图 5-55 所示。

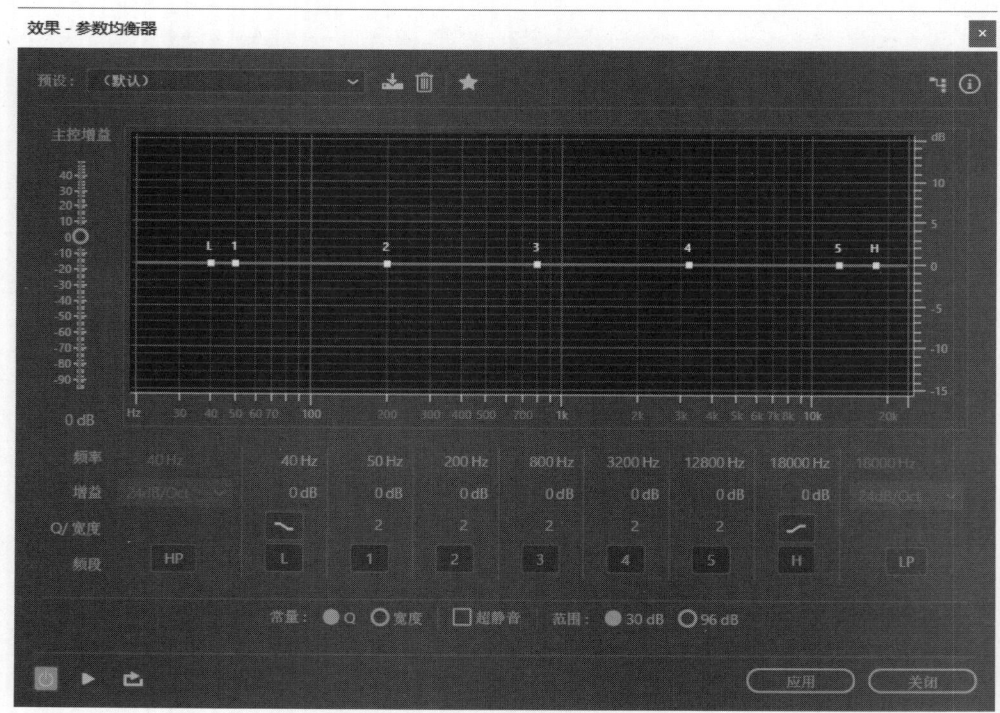

图 5-55 “效果-参数均衡器”对话框

- 主控增益：用于设置调整后的音频段进行统一的提升或衰减。
- 图形：水平标尺显示频率；垂直标尺显示振幅。
- 频率：设置频段 1～5 的中心频率。
- 增益：设置频段的提升或衰减，以及带通滤波器的八度斜坡。
- Q/宽度：控制受影响的频带宽度。低 Q 值影响较大的频率范围；非常高的 Q 值（接近 100）影响一个很窄的频带，适合删除特定频率的陷波滤波器，如 60Hz 的嗡嗡声。
- 频段：提供了 5 个可增加的控制点，还包括高通、低通和搁架式滤波器。
- 常量：确定用 Q 值或以赫兹为单位的绝对宽度值描述频段的带宽。
- 超静音：用来消除噪声。
- 范围：图形设置为 30dB 范围，用于进行更精确的调整；或设置为 96dB，用于更精细的调整。

5.7.4　实例——制作对讲机声音效果

均衡器是调整声音在不同频率上的振动来美化声音的工具。本实例是利用 Adobe Audition 中的参数均衡器来制作对讲机声音效果。

本例中所使用的素材为：第五章\人声.wav。

操作步骤如下。

(1) 启动 Adobe Audition CC，打开文件"第五章\人声.wav"。

(2) 双击音频波形，选择所有音频，如图 5-56 所示。

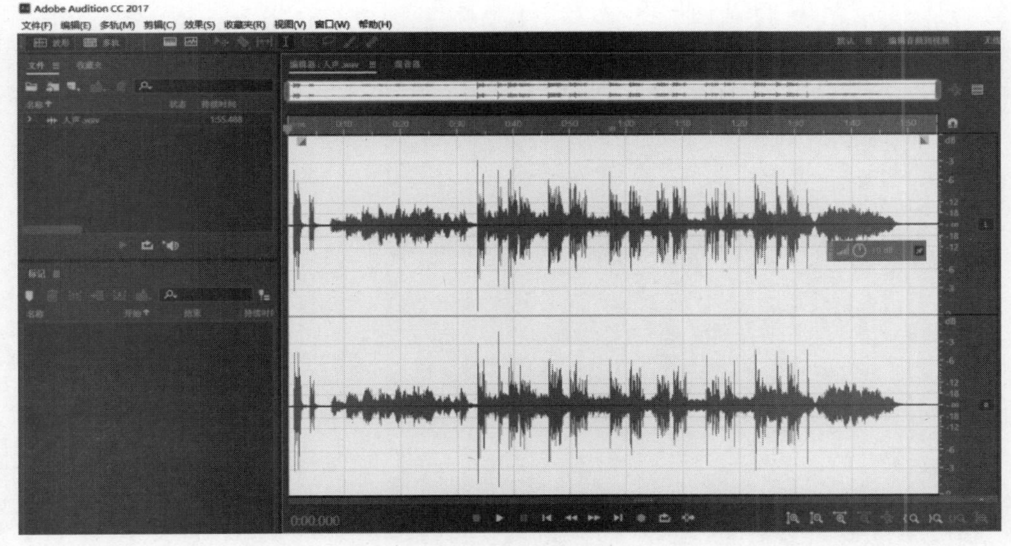

图 5-56　选择所有波形（人声）

(3) 选择"效果"→"滤波与均衡"→"参数均衡器"命令，在弹出的对话框中关闭控制点，只保留 1～2 个，如图 5-57 所示。

(4) 设置 1 号控制点的"频率"为 336Hz，"增益"为－22，"Q/宽度"为 2。设置 2 号控制点的"频率"为 2400Hz，"增益"为 44，"Q/宽度"为 4。

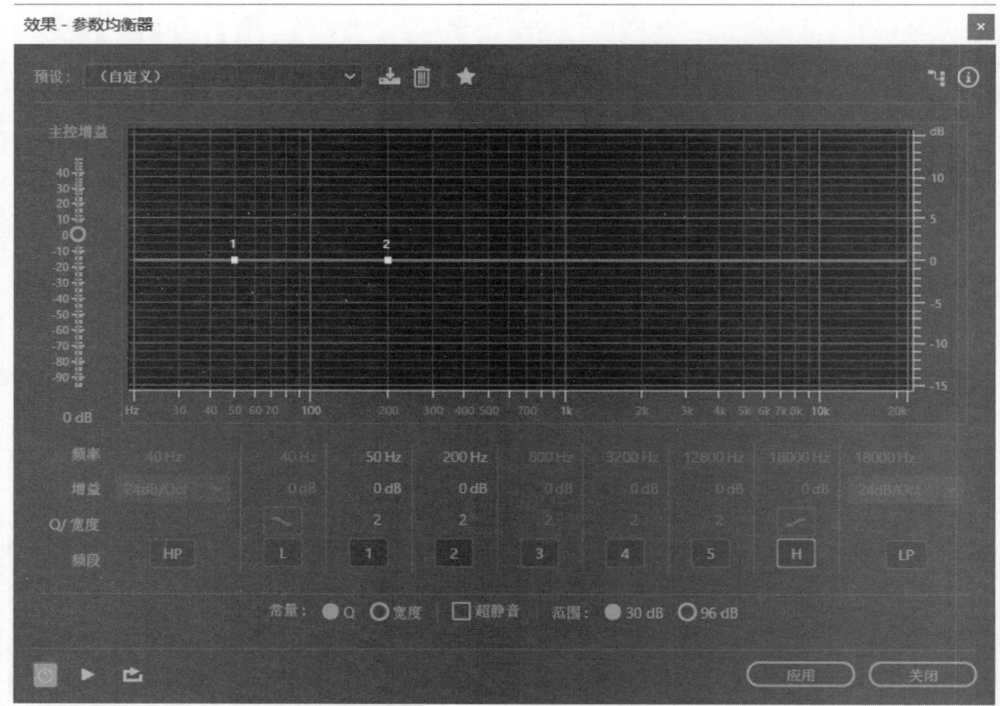

图 5-57　关闭控制点

（5）拖动左侧的主控增益滑块，设置主控增益值为－15dB，如图 5-58 所示。

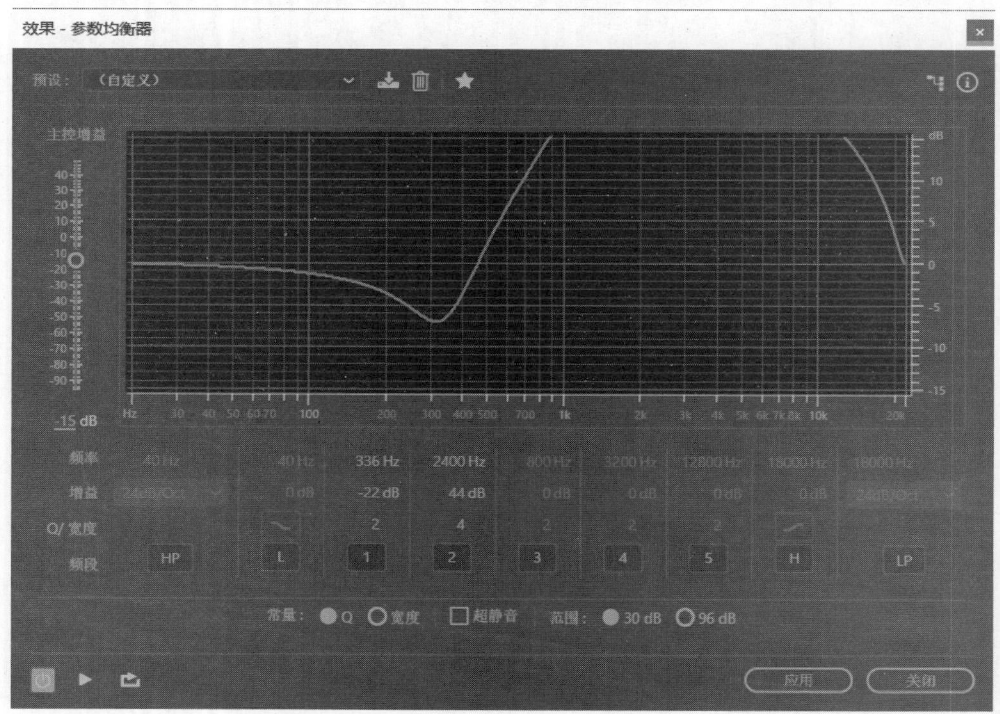

图 5-58　修改控制点参数及主控增益

(6) 设置完毕，单击“应用”按钮。按空格键播放，试听效果，如果不满意，继续调整参数，直到满意为止。

(7) 选择“文件”→“另存为”命令，将文件保存为“对讲机声音效果.mp3”。

5.8　特殊类效果器

Adobe Audition CC 一共提供了 4 个特殊效果器，分别是扭曲、吉他套件、母带处理和人声增强效果器。

5.8.1　扭曲

使用扭曲效果器可以模拟汽车喇叭、低沉的麦克风或过载放大器的效果。选择需要添加扭曲效果的音频文件，选择“效果”→“特殊效果”→“扭曲”命令，打开扭曲效果器，如图 5-59 所示。

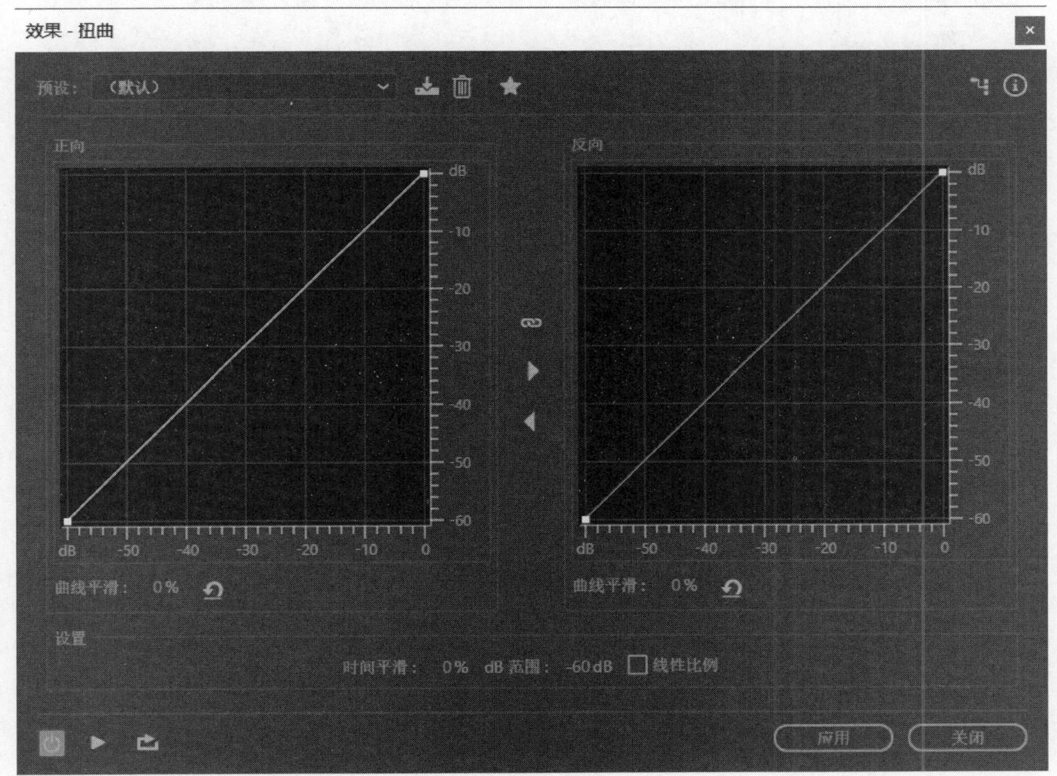

图 5-59　扭曲效果器

- 曲线平滑：平滑曲线，可以调整控制点之间的过渡，产生更加自然的失真效果。
- 时间平滑：可以决定电平变化的时间，使音频效果更加柔和。
- dB 范围：分贝范围，决定了图形的振幅范围，限制失真到该范围。
- 线性比例：线性刻度，显示为分贝的标准值和变化幅度的图表。

5.8.2 吉他套件

吉他套件效果器可以对吉他声音进行一系列的处理与优化。选择"效果"→"特殊效果"→"吉他套件"命令，打开吉他套件效果器，如图 5-60 所示。

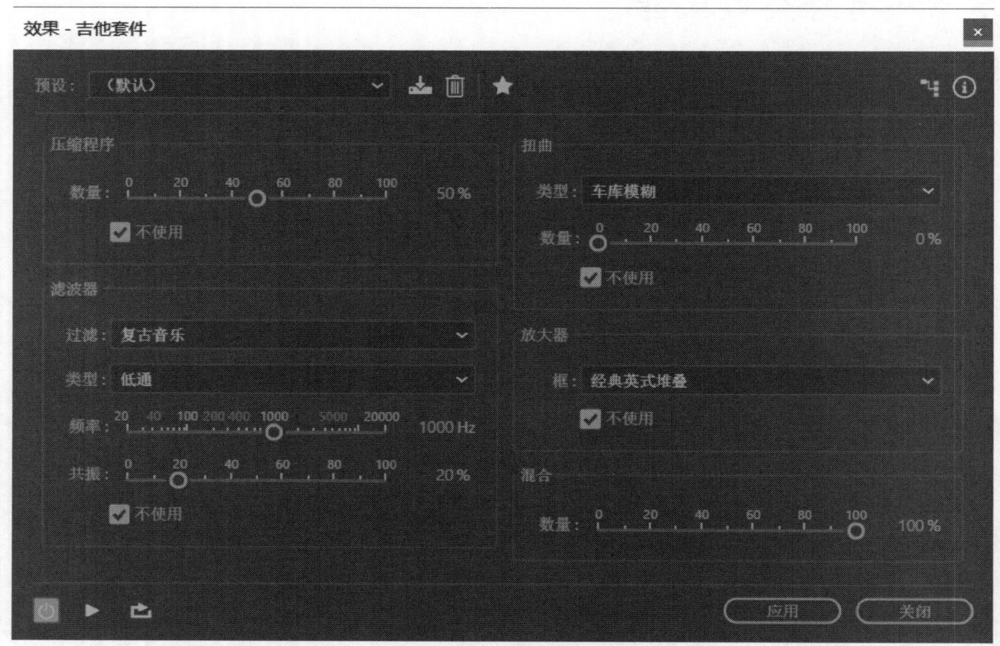

图 5-60 吉他套件效果器

(1) 压缩程序：可以减小音频的动态范围，有助于吉他轨道在混音中突出。

(2) 滤波器：模拟吉他滤波器，可以设置以下选项。

- 过滤：过滤频率。
- 类型：决定被过滤的频率。
- 频率：决定低通和高通的滤波截止频率，或带通滤波的中心频率。
- 共振：回馈截止频率附近的频率。高设置增加和谐声，低设置增加清脆感。

(3) 扭曲：可以对吉他声的失真特性进行相应的设置。

(4) 放大器：可以模拟不同的扩音器，从而创建独特的音色。

(5) 混合：控制原始声音与处理过的音频的比率。

5.8.3 母带处理

使用母带处理，可以为特定的媒介(如广播、录像、光盘或网络等)全面优化处理音频文件。例如，如果音频在网络中使用，则音频中低音部分的效果较差，此时可以通过调整低音频率获得补偿。

选择"效果"→"特殊效果"→"母带处理"命令，打开母带处理效果器，如图 5-61 所示。

- 均衡器：可以调整波形的整体均衡。
- 混响：拖动滑块可以改变原始声音与混响声音的比例。

- 激励器：拖动滑块可以提高高频波形，增加脆度和清晰度。
- 加宽器：拖动滑块向左，可以增强背景音频；拖动滑块向右，可以增强人声音频。
- 响度最大化：音频限制器。应用限制器减少动态范围，提升感知级别。0 为原始水平，100％为最大限制水平。
- 输出增益：决定处理后音频的输出增益水平。

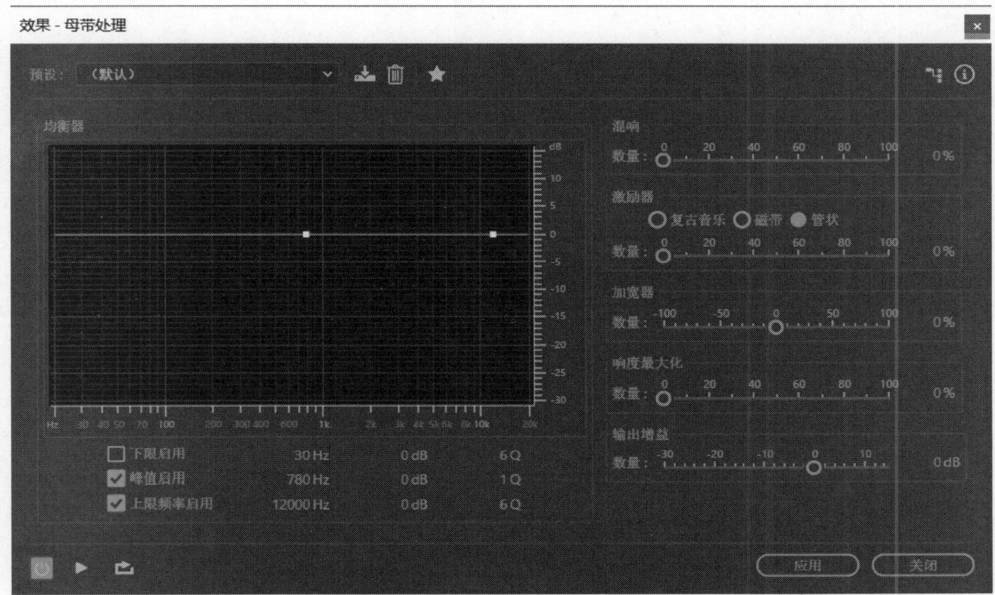

图 5-61　母带处理效果器

5.8.4　人声增强

使用人声增强效果器可以迅速提高音频中的人声音量，可以有选择地分别增强男声或女声，还可以自动降低嘶音和破音。选择“效果”→“特殊效果”→“人声增强”命令，打开人声增强效果器，如图 5-62 所示。

- 男性：优化男声音频。
- 女性：优化女声音频。
- 音乐：应用压缩与均衡乐曲或背景音频。

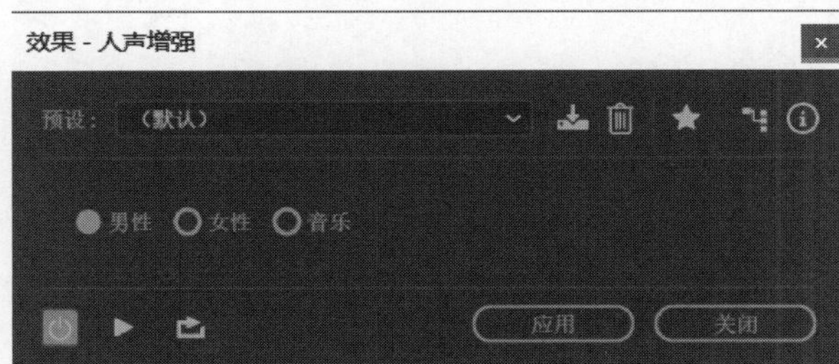

图 5-62　人声增强效果器

5.8.5 实例——优化音频中的人声

在音频录制过程中，经常会由于设备的原因使录制的人声有时过大，有时又太小。当人声太小时，使用人声增强效果器可以很方便地将音频中的男声或女声增强，得到更丰富、自然的音频效果。本实例将使用人声增强效果器对音频中的人声进行优化。

本例中所使用的素材为：第五章\人声.mp3。

操作步骤如下。

(1) 启动 Adobe Audition CC，打开文件“第五章\人声.mp3”。

(2) 按空格键播放音频，使用时间选择工具选择人声波形，如图 5-63 所示。

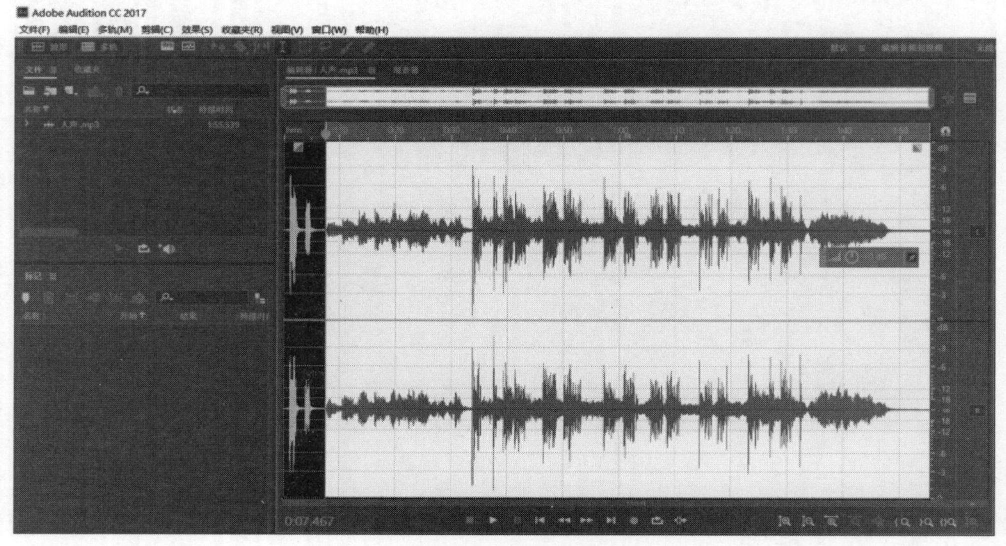

图 5-63 选择人声波形

(3) 选择“效果”→“特殊效果”→“人声增强”命令，在弹出的对话框中选择“男性”选项，如图 5-64 所示。

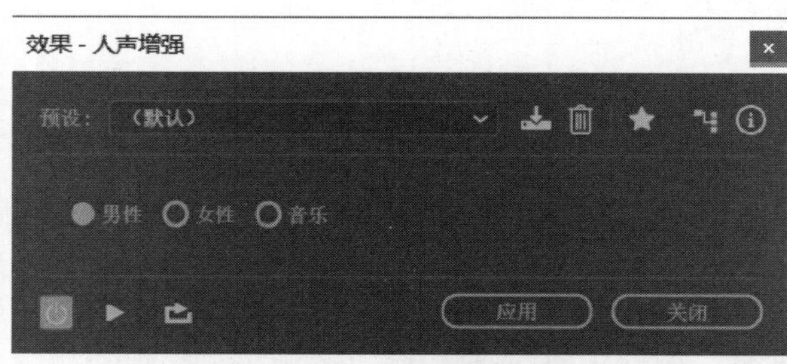

图 5-64 选择“男性”选项

(4) 设置完毕，单击“应用”按钮。按空格键播放，试听效果，如果不满意，继续调整参数，直到满意为止。

(5) 选择“文件”→“另存为”命令，将文件保存为“优化人声.wav”。

5.9　音频的反相、前后反向和静音处理

5.9.1　音频反相

使用“反相”命令可以改变当前选定音频波形的上下位置，在不改变音量、声像的前提下，使选定的音频波形以中心零位线为基准上下反转。反转效果施加到单个音频上是听不出来的，只有在进行合并音频时才能听出区别。

（1）如果想反转音频波形的一部分，先选择此部分；如果不进行选择，将反转整个音频文件。

（2）选择“效果”→“反相”命令，反转音频，如图5-65所示。

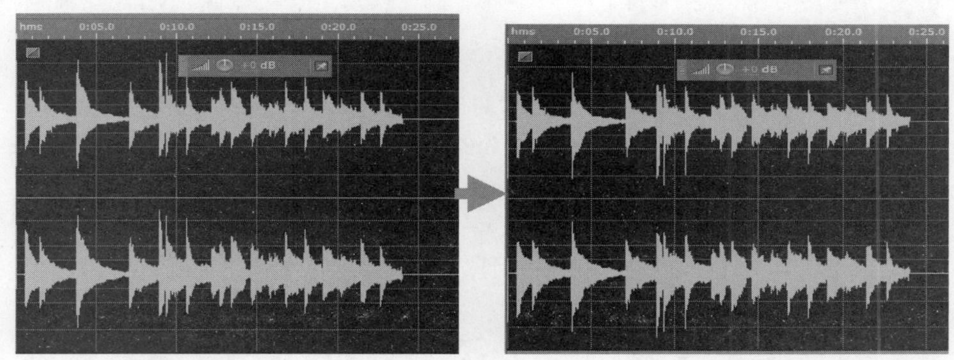

图5-65　音频反相

5.9.2　音频反向

使用“反向”命令可以在时间线的方向上改变音频素材的前后位置，将波形的前后顺序反向，实现反向播放的效果。

（1）如果想翻转音频波形的一部分，先选择此部分；如果不进行选择，将翻转整个音频文件。

（2）选择“效果”→“反向”命令，翻转音频，如图5-66所示。

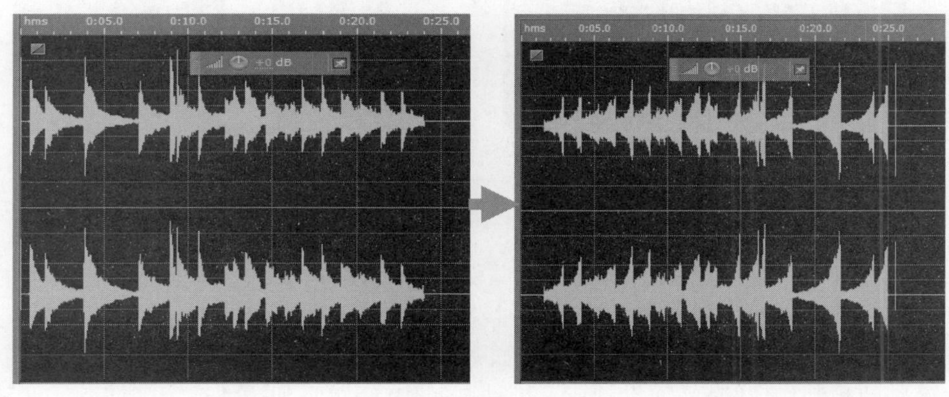

图5-66　音频反向

5.9.3 音频静音

使用“静音”命令可以将所选音频波形的时间区域转换为真正的零信号静音区，被处理波形文件的时间长度不会发生变化。Adobe Audition 提供了两种方式使音频静音：将当前的音频静音，或插入一段新的静音。

(1) 选中一段打算静音的音频片段，选择“效果”→“静音”命令，将音频片段转换为静音，静音使得所选中部分的持续时间完整不变，如图 5-67 所示。

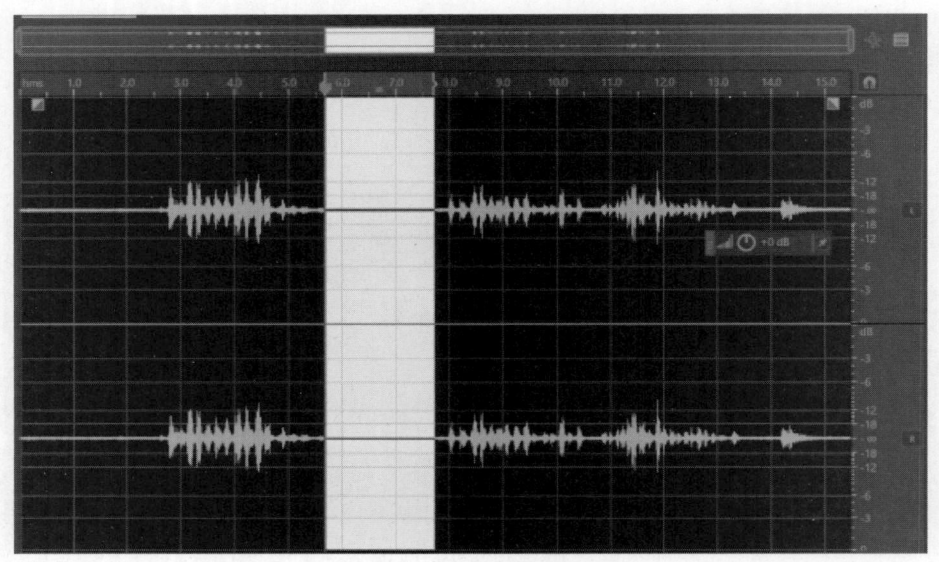

图 5-67 音频静音

(2) 将当前时间指针定位到欲插入静音的地方或选中一段欲替换的音频波形，然后选择“编辑”→“插入”→“静音”命令，弹出“插入静默”对话框，输入秒数，其右边的音频被推后，增加了时长，如图 6-68 所示。

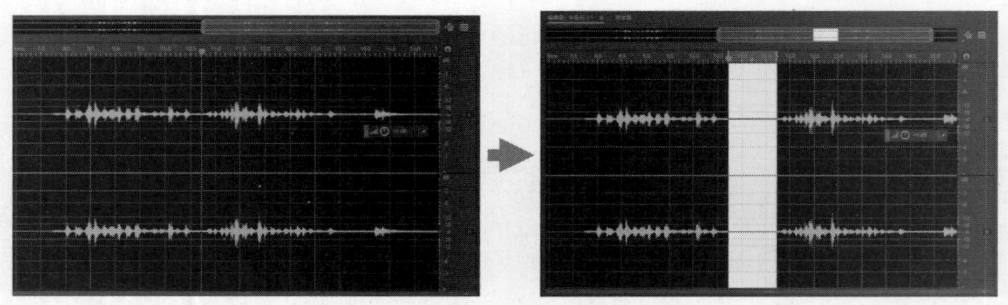

图 5-68 在当前时间位置插入静音

5.10 插件概述

5.10.1 插件的安装

无论是音频制作，还是平面设计或三维动画制作，经常听到插件这个名词。插件其实就是一种根据软件标准编写的特殊程序。这个程序可以作为软件的一项被调用。音频插件多用在数字音频工作站类软件中。

Adobe Audition CC 支持 VST 标准的插件。VST 是 Visual Studio Technology 的缩写，基于 Steinberg 软件效果器技术。在 Audition 中访问第三方插件时，必须首先启用它们，默认状态下，所有的第三方插件均被禁用。为了优化性能，只启用想要使用在 Audition 中的插件。

要想在 Adobe Audition CC 中调用 VST 插件，就必须知道 VST 插件的存放路径。下面介绍插件的安装方法。

(1) 选择"效果"→"音频增效工具管理器"命令，弹出"音频增效工具管理器"对话框，如图 5-69 所示。

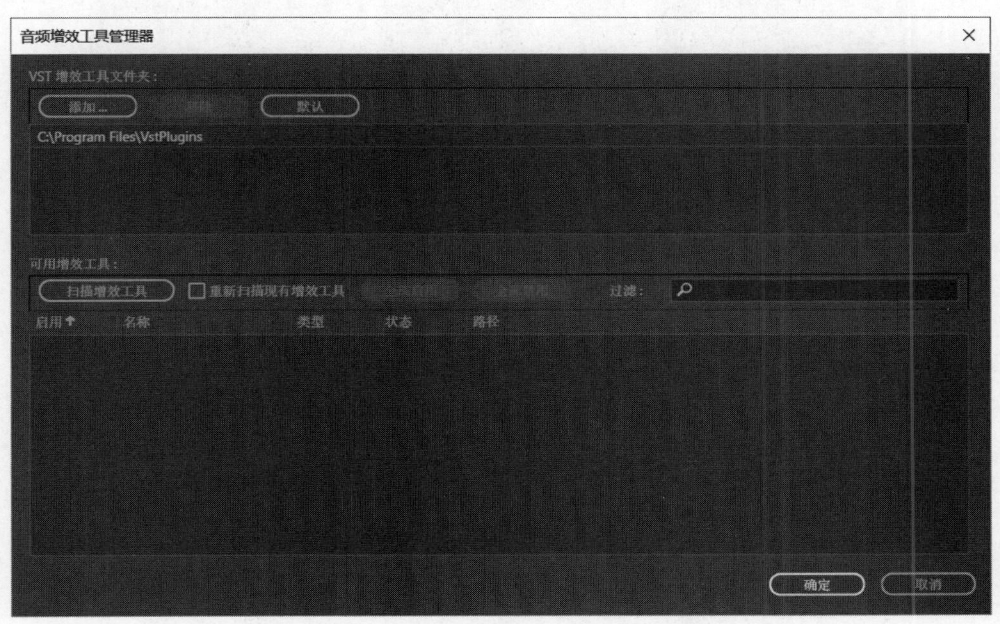

图 5-69 "音频增效工具管理器"对话框

(2) 单击"添加"按钮，在弹出的"选择一个插件文件夹"对话框中设置插件的位置，单击"确定"按钮，完成插件的寻找。

(3) 单击"扫描增效工具"按钮，开始对安装目录里的插件进行扫描。稍等片刻，便看到扫描到可以使用的插件，单击"确定"按钮，即可完成插件的安装，如图 5-70 所示。

如果搜索到插件，软件会自动把插件文件分在 VST 级联菜单中，如图 5-71 所示。VST 效果器是用来处理音频的，因此要加载在轨道中使用。

5.10.2 常用的插件

Adobe Audition 的插件非常多，如果要在最新的 Adobe Audition CC 版本中正确使用插件来处理声音文件，需要下载最新版本的插件。TC-Native Bundle 3.1 是一套综合插件包，其中包括均衡器、限制器、混响效果器等 VST 插件。利用这些插件，可以很好地完成对音乐的修饰。下面介绍该款综合插件包中 4 种常用的插件。

图 5-70　完成插件安装

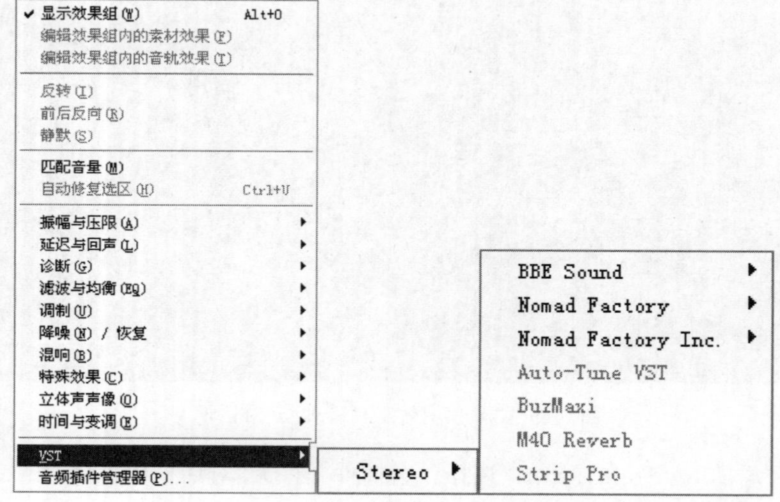

图 5-71　VST 级联菜单

1. TC-Native Bundle 3.1 图形均衡器

均衡器有两种，分别是图形均衡器和参数均衡器。

在波形编辑模式下，选择“效果”→VST→Stereo→TC/Works Soft-_Hardware GmbH→Graphic EQ 命令，如图 5-72 所示，打开“效果-Graphic EQ”对话框，如图 5-73 所示。

- 输入增益滑块：控制对输入音频信号的增益情况。
- 输出增益滑块：控制对输出音频信号的增益情况。
- 增益范围控制：拖动该滑块可以扩大或缩小已有的增益幅度。

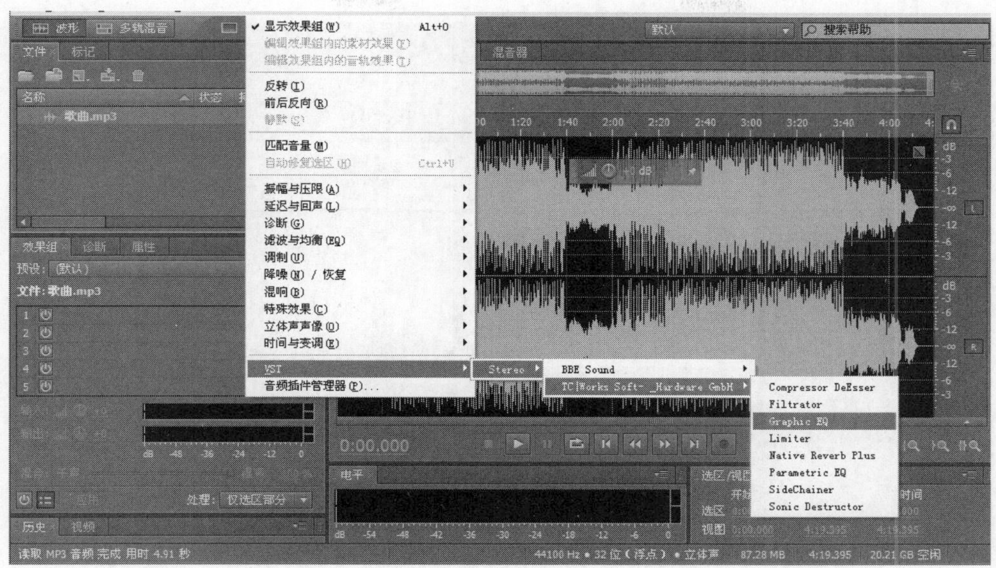

图 5-72　选择命令(1)

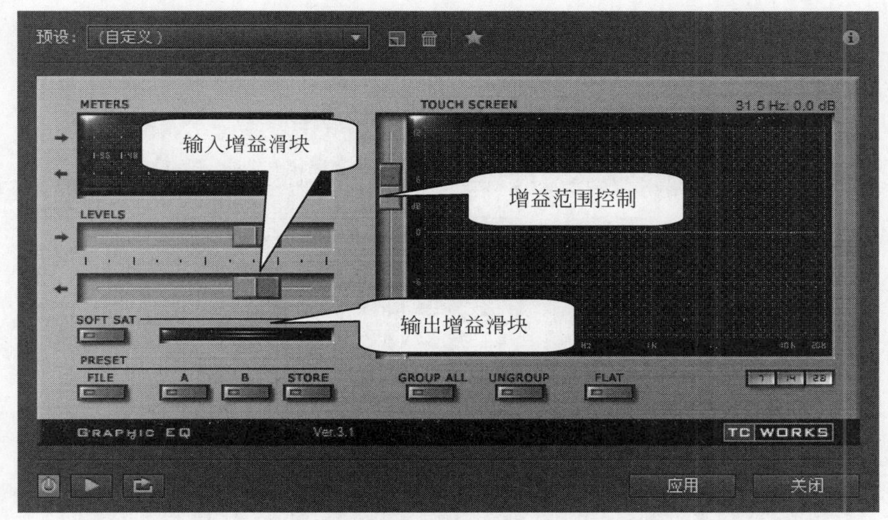

图 5-73　"效果-Graphic EQ"对话框

2. TC-Native Bundle 3.1 参数均衡器

在波形编辑模式下,选择需要处理的波形后,选择"效果"→VST→Stereo→TC/Works Soft-_Hardware GmbH→Parametric EQ 命令,如图 5-74 所示,打开"效果-Parametric EQ"对话框,如图 5-75 所示。

- 输入增益滑块和输出增益滑块:这两组滑块与 TC-Native Bundle 3.1 图形均衡器中的输入、输出滑块非常像,只是这里的输入、输出增益各有两个滑块,分别控制输入、输出的左声道及右声道增益。
- 频段增益滑块:主要由并排的 7 列共 14 个滑块组成,分别控制 7 个频段的左、右声道增益或衰减的情况。滑块高度越高,增益越大;滑块越接近底部,衰减越小。

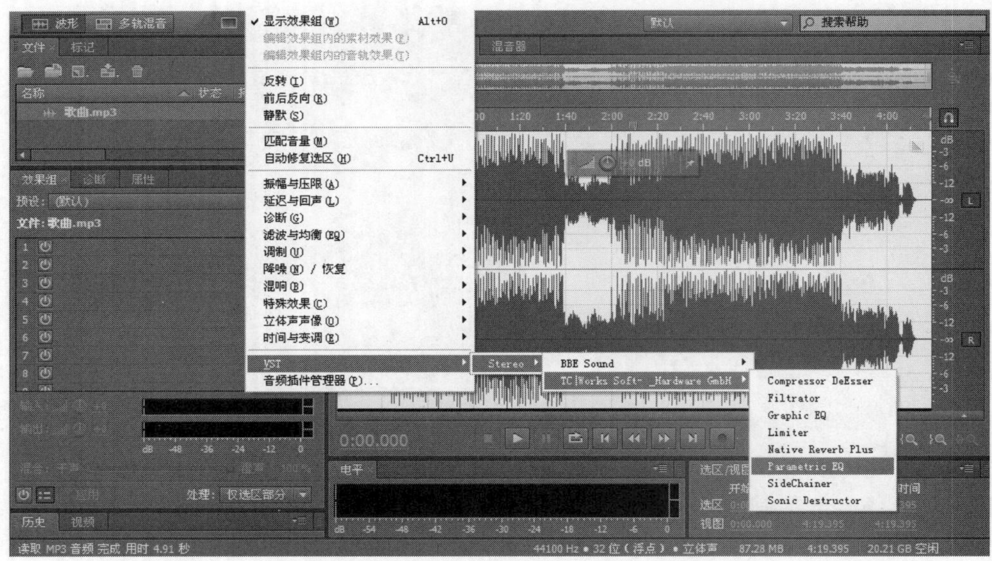

图 5-74　选择命令(2)

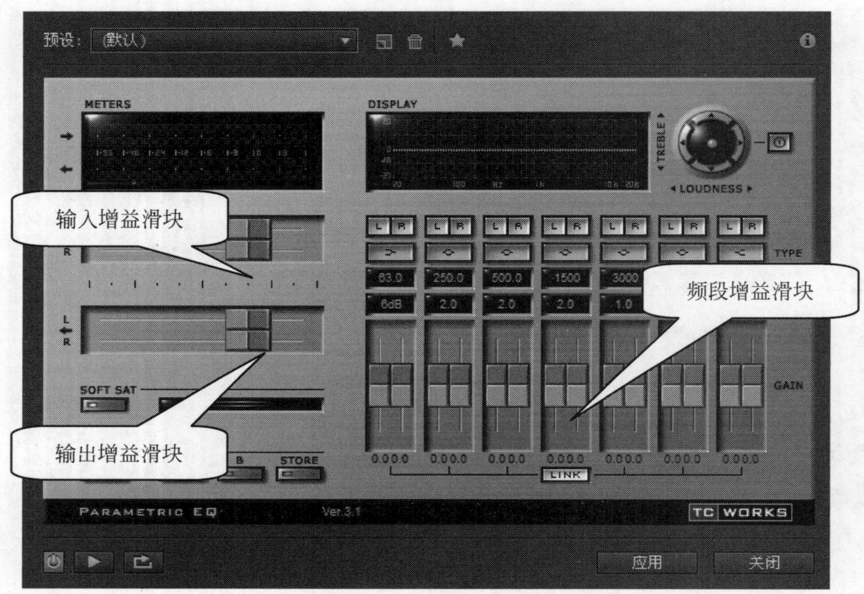

图 5-75　“效果-Parametric EQ”对话框

3. TC-Native Bundle 3.1 限制器

TC-Native Bundle 3.1 限制器以其参数齐全、功能强大的特点，在音乐创作过程中经常被使用。选择“效果”→VST→Stereo→TC/Works Soft-_Hardware GmbH→Limiter 命令，如图 5-76 所示，打开“效果-Limiter”对话框，如图 5-77 所示。

- 衰减值：显示当电平过高时，经限制器所限制衰减的电平值。
- 阈值：拖动该轴将改变阈值的大小。
- 启动时间控制：通过该旋钮可以控制限制器的启动时间。

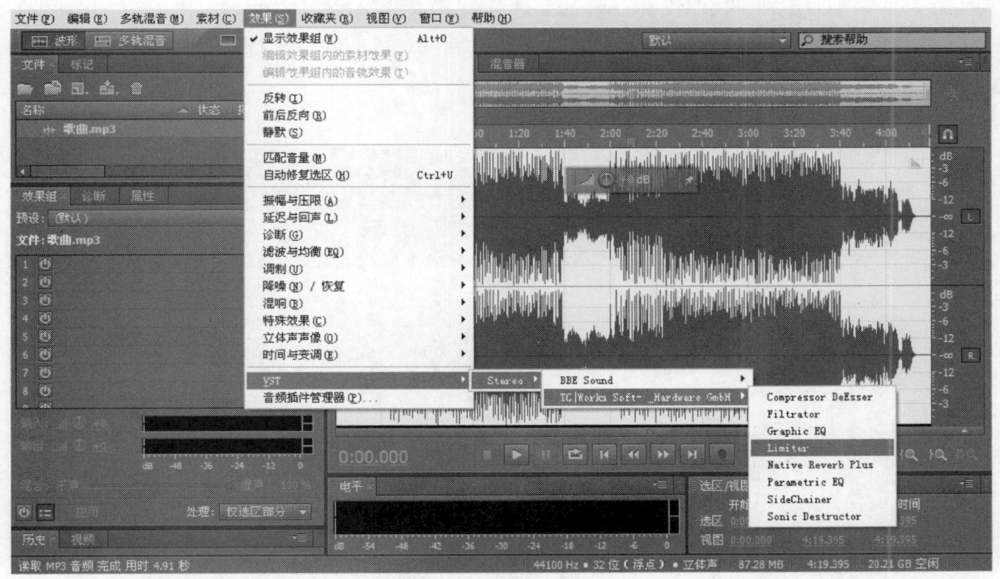

图 5-76 选择命令(3)

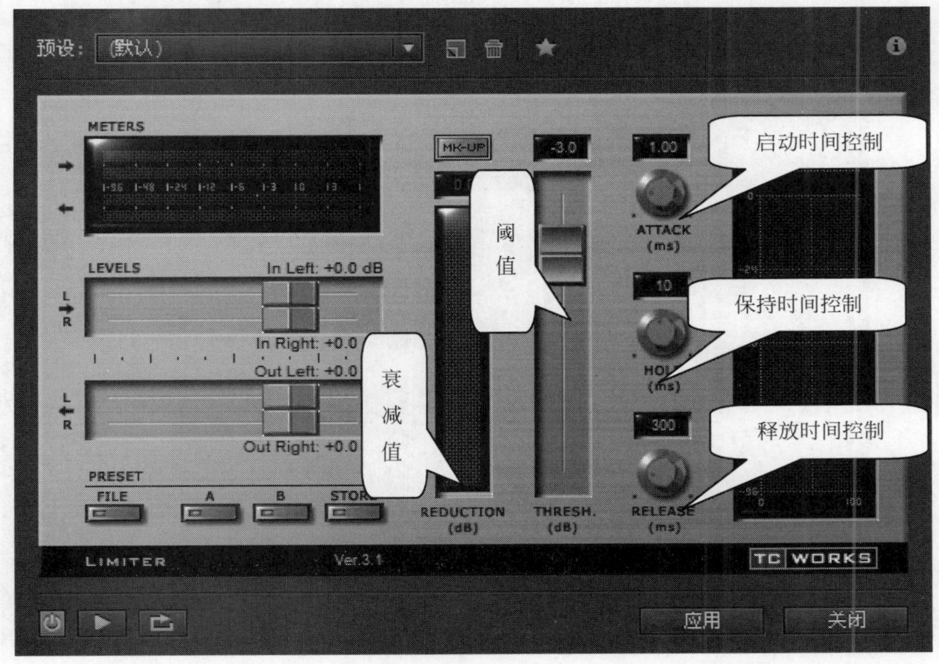

图 5-77 “效果-Limiter”对话框

- 保持时间控制：通过该旋钮可以控制限制器的保持时间。
- 释放时间控制：通过该旋钮可以控制限制器的释放时间。

4. TC-Native Bundle 3.1 混响效果器

该混响效果器比较专业，功能强大，在音频编辑领域享有盛名。只要是从事音频编辑工作的人员，都会使用到这个效果器。选择“效果”→VST→Stereo→TC/Works Soft-_Hardware GmbH→Native Reverb Plus 命令，如图 5-78 所示，打开“效果-Native Reverb Plus”对话框，如图 5-79 所示。

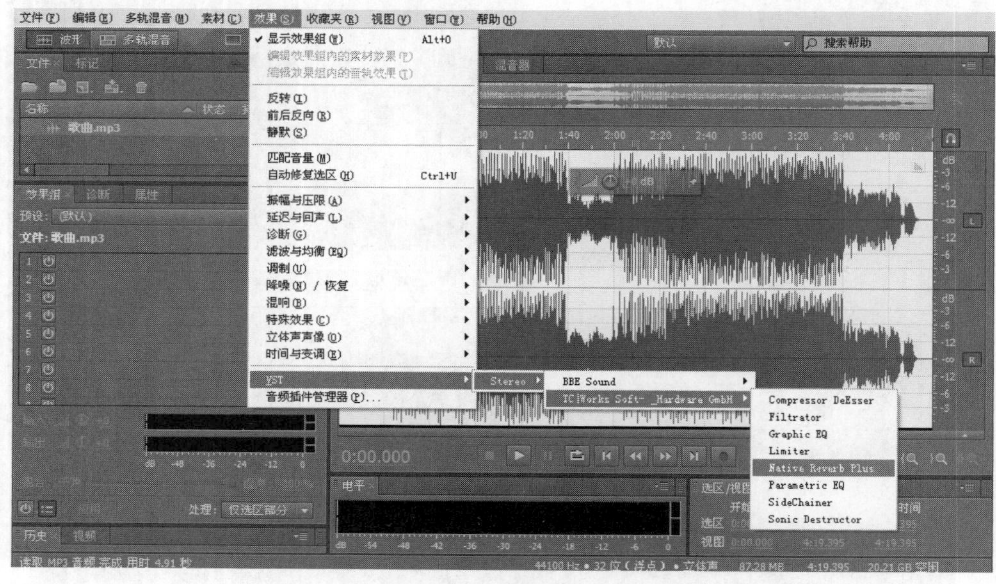

图 5-78 选择命令(4)

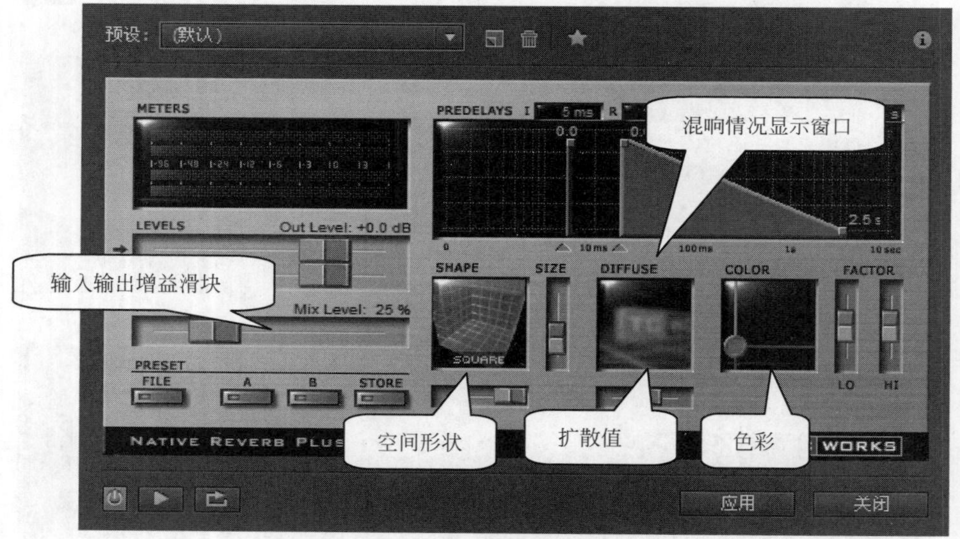

图 5-79 “效果-Native Reverb Plus”对话框

- 空间形状：控制声场空间的体积大小。滑块越靠近顶部，声场空间越大。
- 扩散值：该参数决定混响声的扩散情况。参数值越大，听起来越自然。
- 色彩：拖动控制轴可以控制颜色。
- 混响情况显示窗口：该窗口以图形的方式将当前各项混响参数显示出来。

5.11　综合实例——男女声转换

在音频的编辑过程中，有时为了获得更好的音频效果或制作出有个性的音频效果，常常会调整音频的音调与速度，常用的方法就是改变性别。本实例通过变调与降噪等处理，将男声转换为女声。

本实例中所使用的素材为：第五章\男声.wav。

操作步骤如下。

(1) 启动 Adobe Audition CC，打开文件"第五章\男声.wav"。

(2) 选择"效果"→"时间与变调"→"伸缩与变调(进程)"命令，打开伸缩与变调效果器。设置如下参数：算法修改为 Audition，变调的参数值为 7.05，如图 5-80 所示。

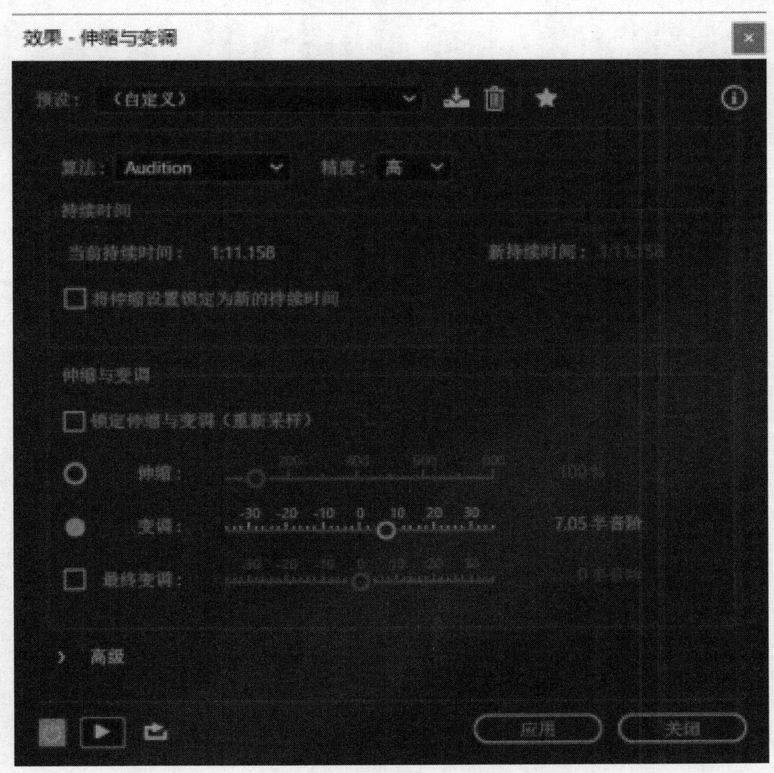

图 5-80　伸缩与变调效果器参数设置

(3) 单击"预演播放/停止"按钮，试听效果，可根据需求多次调整参数值，直到满意为止，单击"确定"按钮，完成变调的制作。

(4) 使用时间选区工具选择部分噪声明显的波形，如图 5-81 所示。

(5) 选择"效果"→"降噪/恢复"→"捕捉降噪样本"命令。

(6) 选择全部波形，选择"效果"→"降噪/恢复"→"降噪(进程)"命令，打开降噪(进程)效果器，设置相应的参数，如图 5-82 所示，单击"应用"按钮，完成音频的降噪处理。

(7) 选择"文件"→"另存为"命令，将文件保存为"女声.wav"。

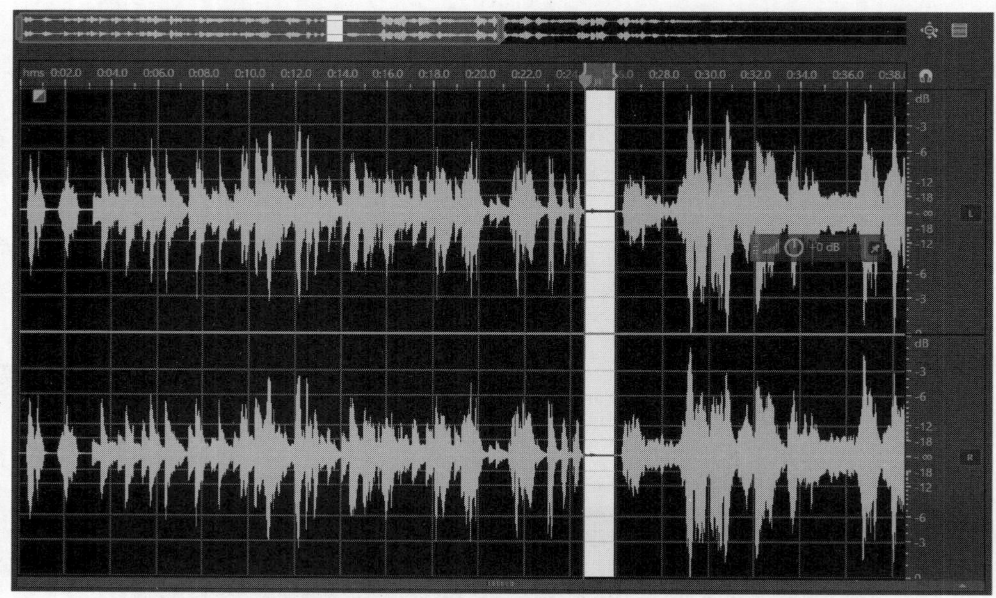

图 5-81　选择部分噪声明显的波形

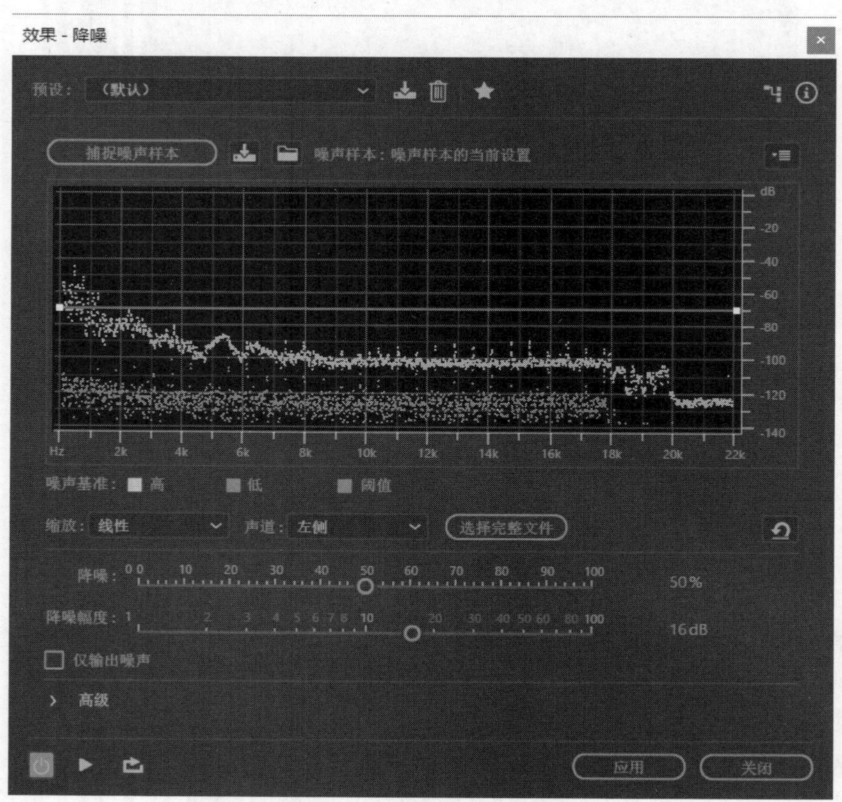

图 5-82　降噪(进程)效果器参数设置

在波形编辑器中使用效果器处理是破坏性处理，改变的结果将保存在音频文件中。效果器的使用及参数的调整需要长期的学习与实践练习。

5.12　本章小结

本章首先介绍了效果器的基本概念和应用方法，然后介绍了各类效果器的概念、使用方法以及操作界面，包括振幅与压限类效果器、延迟与回声类效果器、降噪/修复类效果器、混响类效果器、立体声声像和时间与变调效果器、滤波与均衡类效果器、特殊类效果器、音频的反相、前后反向和静音处理等，最后介绍了常用插件的安装、使用以及综合实例的分析与制作。

第6章

多轨混音与合成

本章首先介绍多轨编辑器的基本特性和操作，再介绍轨道控制器、素材的排列与编辑、包络编辑以及文件的保存和输出，最后介绍多轨编辑与视频结合操作以及综合实例的分析。

【本章学习目标】

- 了解多轨编辑器的基本特性。
- 熟悉轨道的基本操作和轨道控制器的设置以及与视频编辑的结合。
- 掌握多轨编辑中素材的排列与编辑、包络编辑。

动画作品中的声音是由语言、音响和音乐3部分构成的，作品离不开声音，但各种声音元素要形成一个有机的整体，在后期的合成与处理过程中，要让语言、音响和音乐之间主次分明，互相让路，力求三者之间的最佳配合。声音编辑得好，就应该像交响乐中的乐器演奏一样，彼此错落有致，不能喧宾夺主，也不能互相干扰。在进行声音编辑时，就需要使用较多的轨道，在不同的轨道上放置不同的声音元素，在不同的轨道上进行切换，根据画面表现的需要，对各声音元素进行编辑处理，使三者有分有合，有呼有应，共同构成丰富多变的、具有立体感的声音世界，最终形成一种艺术化的整体声音效果。

6.1 多轨编辑器概述

在多轨编辑器中，可以将多个音频素材片段进行混合，形成分层音轨，以创建音乐作品。在Adobe Audition中可以录制并混合无限多的音轨，并且每条音轨中包含所需的音频素材片段，只受硬盘空间与处理器能力的限制。当对混音效果满意之后，可以导出混音文件，用于CD、网络和其他用途。

6.1.1 多轨编辑和项目文件的特性

多轨编辑器提供了一个非常灵活的、实时编辑的环境，可以在播放中更改设置，并且立即听到效果。例如，在播放多轨项目文件的同时，可以调整轨道音量。在多轨编辑器中的任何更改都是暂时的、非破坏性的。如果对缩混之后的效果不满意，只要重新缩混原始音频文件，自由地添加或移除效果，就可以创建出不同的声音效果。

在多轨编辑器中编辑完成后进行保存时，会将源文件的信息和混合设置保存到项目文件中。项目文件都比较小，因为其中仅包含了源文件的路径和相关的混合参数，如音量、声像和效果设置等。为了更好地管理项目文件，可以将其与所用素材文件保存在同一个文件夹中，如果以后需要移动到另一台计算机上，则可以移动此文件夹。

6.1.2　多轨编辑中"编辑器"面板与"混音器"面板概述

在多轨编辑器中，"编辑器"面板提供了丰富的功能，从而进行混合与编辑项目。在每个轨道左侧的轨道控制区域中，可以调整轨道的属性(如音量、声像)。在右侧的时间线中，可以对每个轨道中的素材进行编辑，还可以设置包络，进行包络编辑，如图 6-1 所示。

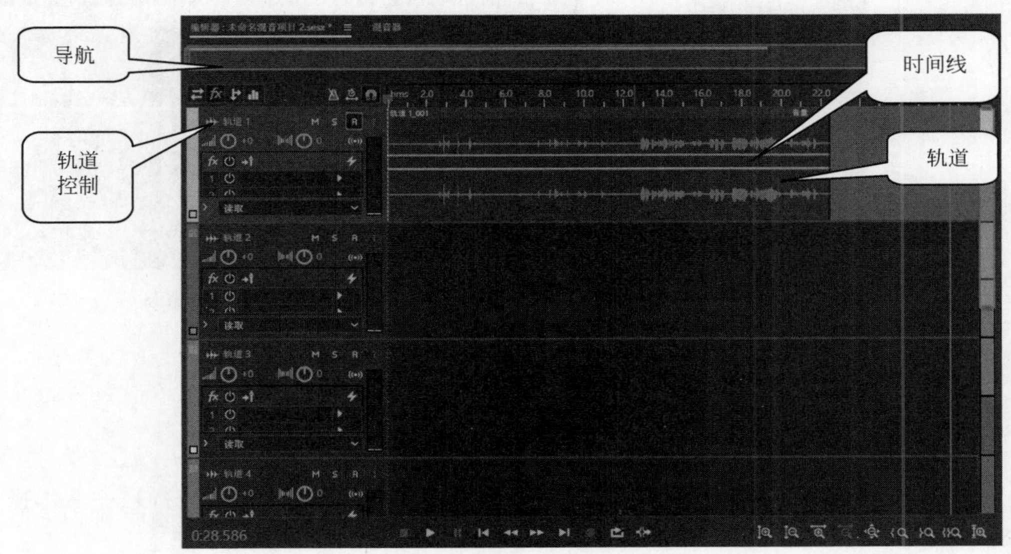

图 6-1　多轨编辑中的"编辑器"面板

相对于"编辑器"面板，混音器提供了另一个项目视图，可以同时浏览并控制项目中的所有轨道，但不能单独操作素材。调音台是缩混拥有许多轨道的大型项目的理想环境。选择"窗口"→"混音器"命令，打开"混音器"面板，如图 6-2 所示。

6.1.3　在多轨编辑器中选择区域

在多轨编辑器中，使用时间选择工具，可以选择一个区域或素材片段。使用如下方式进行选择(见图 6-3)。

(1) 单击轨道显示区的空白区域，并向左或向右拖动一个区域，即可选择此区域。

(2) 单击轨道中某个素材点的中心，并拖动出一个矩形框，即可选择此区域的素材。

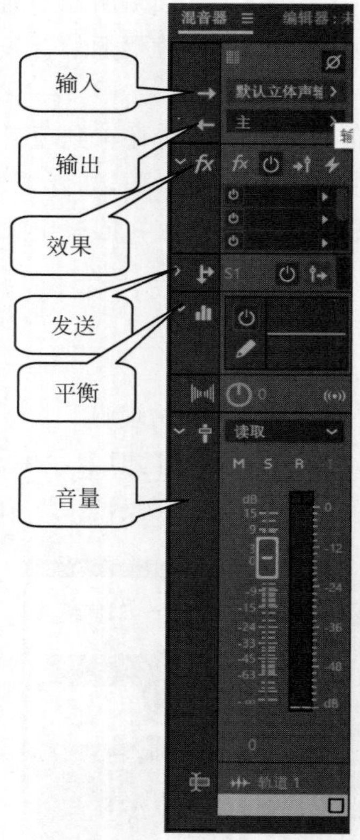

图 6-2 “混音器”面板

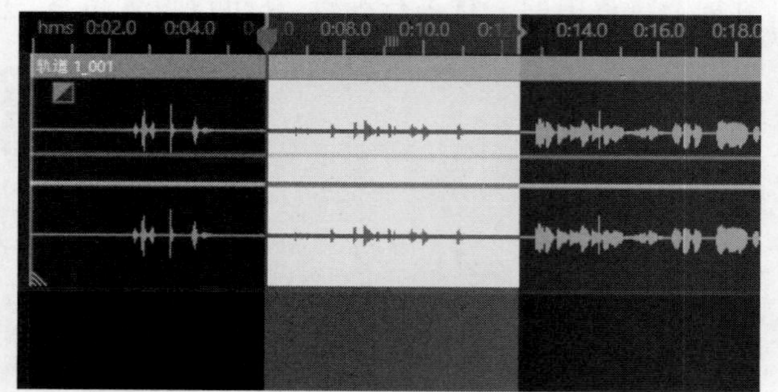

图 6-3 选择一个区域与素材

6.2 轨道的基本操作

在多轨项目中，可以通过“编辑器”面板中的轨道控制区域，对轨道进行一些基本操作，如增加、复制、删除和移动轨道等。

6.2.1 轨道的类型

多轨项目包括的轨道类型主要有以下 4 种。

1. 音频轨道

音频轨道是音频信号的专用轨道，可以放置导入的音频或当前项目录制的素材。在“编辑器”面板左上角的 4 个图标 ，分别表示音频轨的输入/输出、效果控制器、发生控制器和均衡控制器，如图 6-4 所示。

2. 视频轨道

视频轨道可以导入 AVI、MOV、ASF 等格式的视频文件。可以选择“窗口”→“视频”命令预览视频，视频轨道始终位于最上端，如图 6-5 所示。

3. 总线轨道

总线轨道可以组合几条音频轨道或发送的输出，并且能集中控制它们，如图 6-6 所示。

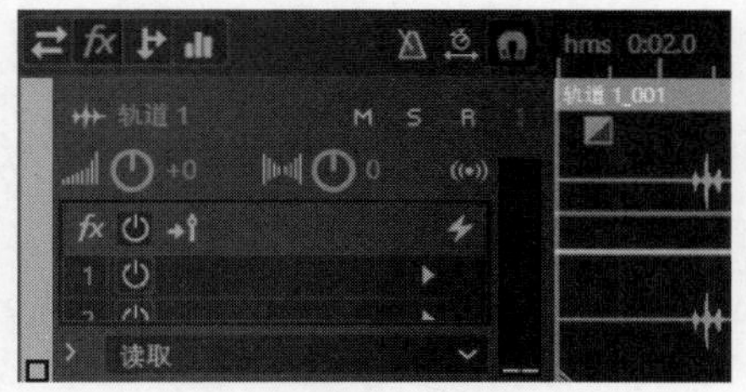

图 6-4　音频轨道

图 6-5　视频轨道

4. 主控轨道

主控轨道在每个项目的最后，可以组合多条音频轨道与总线轨道的输出，并且使用单个滑块控制它们，如图 6-7 所示。

图 6-6　总线轨道

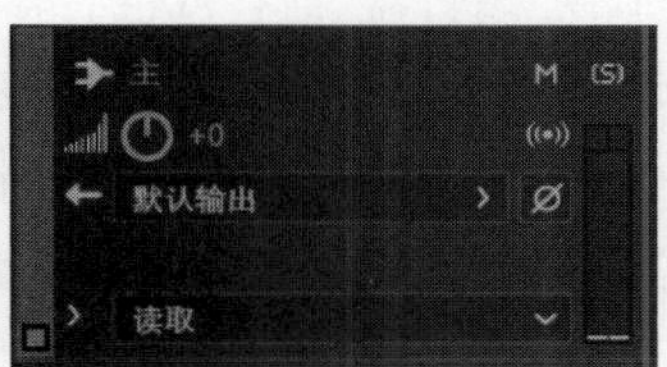

图 6-7　主控轨道

6.2.2　单声道、立体声与 5.1 声道

多轨项目可以包含无限数目的单声道、立体声、5.1 声道的音频轨道与总线轨道，如图 6-8 所示。在添加轨道时，选择一个建立在主控轨道基础上的声道配置。

选择单声道，可以增加单声道音频与总线轨道。

选择立体声道，可以增加单声道音源的音频轨道、立体声与总线轨道。

选择 5.1 声道，可以增加立体声音频轨道与 5.1 总线轨道。

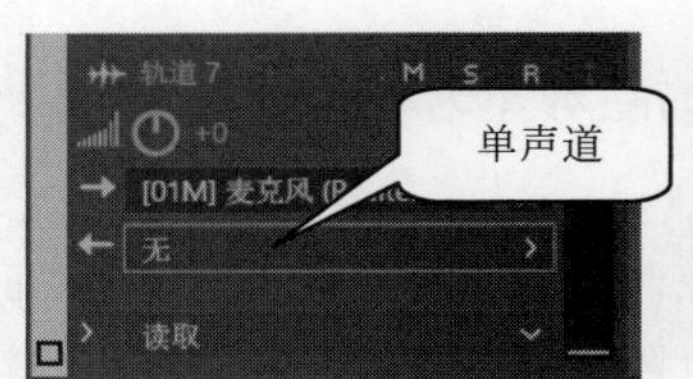

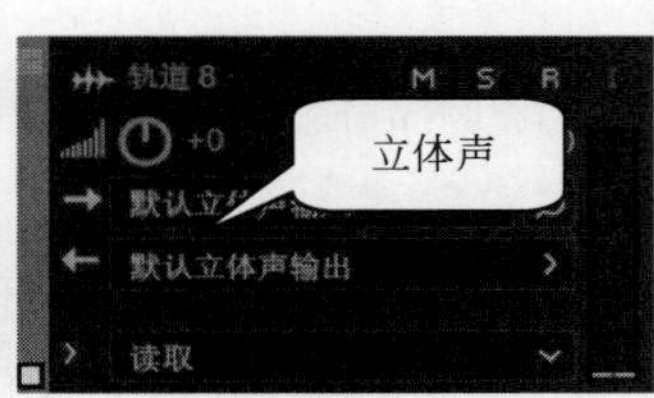

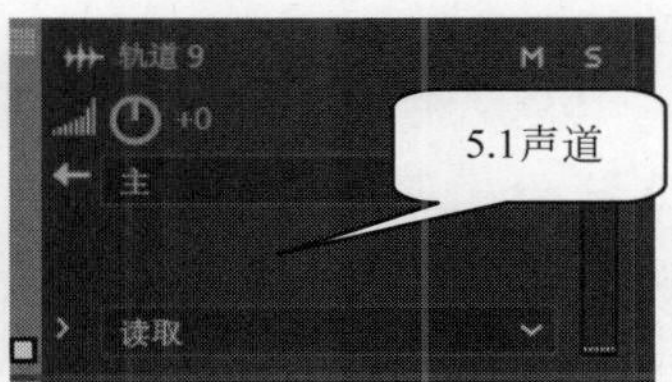

图 6-8　选择单声道、立体声、5.1 声道

6.2.3　轨道的基本操作

1. 添加或删除轨道

在“编辑器”面板或调音台中，使用如下方式添加或删除轨道。

(1) 要增加一条轨道，选择欲增加的轨道的前一条轨道，然后选择“多轨”→“轨道”→“添加单声道轨(或立体声轨或 5.1)”命令。

(2) 选择要删除的轨道，然后选择“多轨”→“轨道”→“删除所选择轨道”命令，即可删除所选轨道。

2. 命名或移动、复制轨道

可以通过命名轨道，更好地对其进行区分。还可以移动轨道，将相关轨道放在一起，方便管理。可以通过复制轨道命令，完全复制轨道的所有素材、效果器、均衡与包络。

(1) 命名轨道：在"编辑器"面板或混音器中，单击激活文件名，在框内输入文件新名称，按 Enter 键，完成轨道命名。

(2) 移动轨道：单击拖动轨道名称的左侧，如果是在"编辑器"面板中，进行上下拖动；如果是在混音器面板中，进行左右拖动。

(3) 复制轨道：选择一条轨道，选择"多轨"→"轨道"→"复制已选择轨道"命令。

3. 设置轨道输出音量

可以分别在"编辑器"面板或混音器中设置调节轨道的输出音量。

(1) 在"编辑器"面板中，拖动音量旋钮，调节音量；按住 Shift 键，以 10 倍单位增量进行调节；按住 Ctrl 键，以 1/10 的单位增量进行微调节。

(2) 在混音器中，拖动轨道输出滑块，调节输出音量；单击滑块上下的位置，缓慢移动滑块；按住 Alt 键，直接将滑块移动到此位置。

4. 轨道静音和独奏

可以对轨道进行独奏，将其从项目中的其他轨道中分离出来，单独预览。反之，还可以将轨道设置为静音，预览项目中其他轨道的混音效果。

(1) 在"编辑器"面板或混音器中，单击某轨道的静音按钮，将轨道设置为静音。

(2) 在"编辑器"面板或混音器中，单击某轨道的独奏按钮，将轨道设置为独奏。按住 Ctrl 键单击，可以在设置独奏的同时，取消其他轨道的独奏效果。

6.3 轨道控制器

每条音频轨道的轨道控制器都包含 4 部分：轨道输入/输出、效果器插入、发送设置与 EQ 设置。

Adobe Audition 拥有强大的轨道控制功能，每个轨道的控制基本相同。在"编辑器"面板的控制区域，可以通过单击输入/输出按钮、效果器按钮、发送按钮、均衡按钮，显示相应的控制功能。而在混音器中，可以通过单击三角形按钮显示( )与隐藏( )一个或多个控制器的设置。

6.3.1 设置轨道的输入与输出

在"编辑器"面板或混音器的输入/输出区域中，执行以下操作。

(1) 在输入列表中，选择一种硬件输入方式。

(2) 在输出列表中，选择公共轨道、主控轨道或硬件输出。

(3) 单击极性反转按钮，可以对输入音频信号的相位进行反转。

6.3.2　处理音频到公共轨道、发送和主控轨道

公共轨道、发送和主控轨道的功能是整合多条轨道的输出到一组独立的控制。使用这些控制，可以有效地组织并混合项目。

(1) 使用公共轨道，可以合并多条轨道音频的输出或发送，并集中控制它们。例如，输出所有音频轨道到一个公共轨道，就可以通过公共轨道的一个滑块控制所有轨道的音量。公共轨道除了不具备硬件输入之外，几乎具备了音频轨道的所有功能。可以将公共轨道输出到主控轨道或其他公共轨道。

(2) 发送可以将一个音轨中的音频输出到多个公共轨道中，以创建复杂的混合音频信号，每条轨道最多支持 16 条独立轨道发送。例如，可以将一个未经过加工的轨道直接输出到硬件设备，将一路输出信号发送到效果公共轨道，将另一路输出信号发送到监听耳机公共轨道。

(3) 每个项目基本都包含一个主控轨道，可以合并多个音轨和公共轨道的输出，并进行统一控制。由于主控轨道的信号路径是最终端，因此，其设置选项比音频轨道和公共轨道少。主控轨道不能与音频输入进行连接，并且只能直接输出到硬件输出设备。

6.3.3　设置发送

设置发送时，可以决定到公共轨道的音量和声像输出。如果将发送放在滑块前或滑块后，滑块前发送不受轨道音量影响，而滑块后发送则受其控制。

(1) 在“编辑器”面板或混音器的发送区域( )中，单击“发送开关”按钮 。

(2) 单击“发送预衰减/后衰减”按钮进行切换，使发送位于调节轨道音量之前( )或之后( )。

(3) 设置音量和声像。

(4) 在“发送”弹出菜单中选择一个公共轨道，完成发送。

6.3.4　均衡轨道

多轨视图下，在“编辑器”面板与混音器中，每个轨道都提供了一个轨道参数均衡器，如图 6-9 所示。

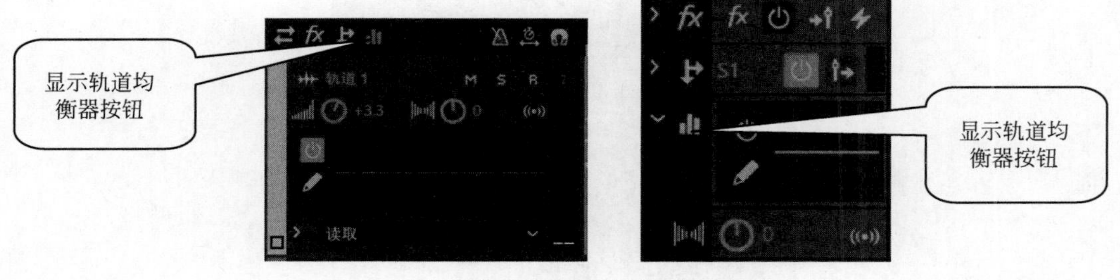

图 6-9　“编辑器”面板与混音器中均衡器部分

(1) 在“编辑器”面板与混音器中，单击“发送开关”按钮( )。

(2) 在轨道均衡部分双击图形，单击“显示轨道均衡器”按钮，打开轨道参数均衡器，可以访问详细的控制，如图 6-10 所示。

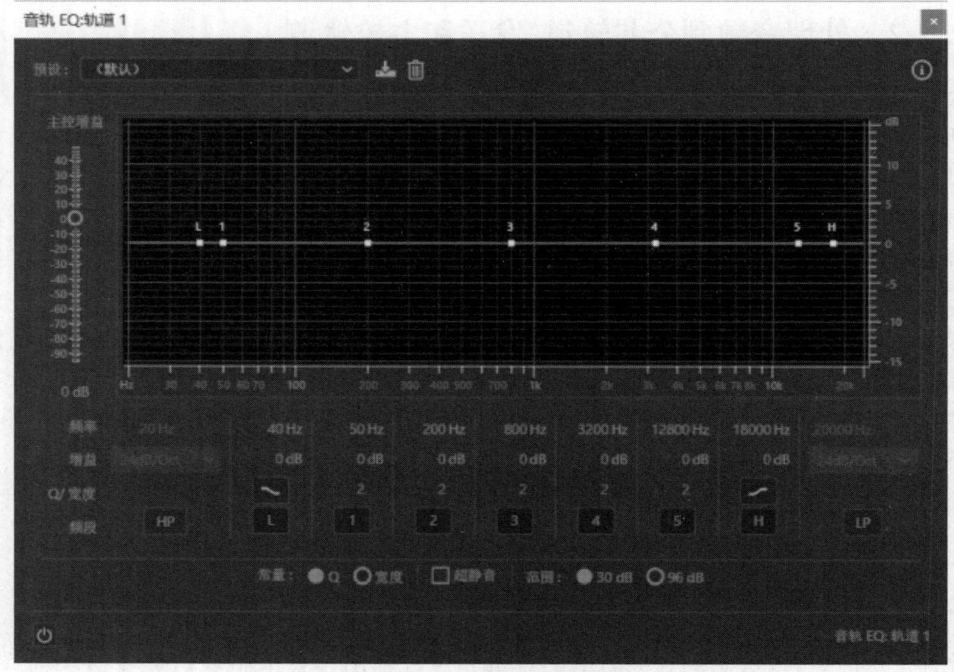

图 6-10　轨道参数均衡器

6.3.5　插入轨道效果器

在“编辑器”面板或混音器中单击“效果器”按钮（fx），即可显示轨道效果器中的 FX 效果器部分，如图 6-11 所示。

图 6-11　轨道控制器中的 FX 效果器部分

(1) 选择需要插入效果器的轨道。

(2) 单击效果器插槽右侧的小三角按钮，从弹出菜单中选择想要应用的效果器。

(3) 在弹出的效果器对话框中设置效果器参数。

6.4 排列与编辑素材

在时间线上对素材进行排列，是大体规划好项目的首要操作。在多轨编辑器中插入音频文件时，文件便会在所选轨道上生成一个素材，可以十分便捷地移动素材到不同的轨道或时间位置，还可以对素材进行非破坏性编辑，精确设置起点和终点，或在素材之间进行淡入、淡出等设置。

在“编辑器”面板中可以使用移动工具( )或时间选择工具( )排列与编辑素材。

6.4.1 选择与移动素材

在多轨视图下，选择与移动素材是排列素材的最基本操作。可使用如下方法选择与移动素材。

(1) 在“编辑器”面板中单击某个素材，将其选中。

(2) 选择一个轨道，选择“编辑”→“选择”→“所有已选择轨道内的素材”命令，可以选择此轨道中的所有素材。

(3) 选择“编辑”→“选择”→“全选”命令或按快捷键 Ctrl＋A，可以选择项目中的所有素材。

(4) 要移动选择的素材，在工具栏中选择移动工具( )，然后拖动素材。

(5) 选择“剪辑”→“向左微移或(向右微移)”命令，一次移动一个像素。

6.4.2 对齐素材

使用吸附功能可以快速对齐素材，循环素材。如果吸附被启用，拖动的素材与当前时间指针被吸附到选择的吸附选项。在拖动素材时，在吸附点会有一条黄色的线出现在“编辑器”面板中，如图 6-12 所示。

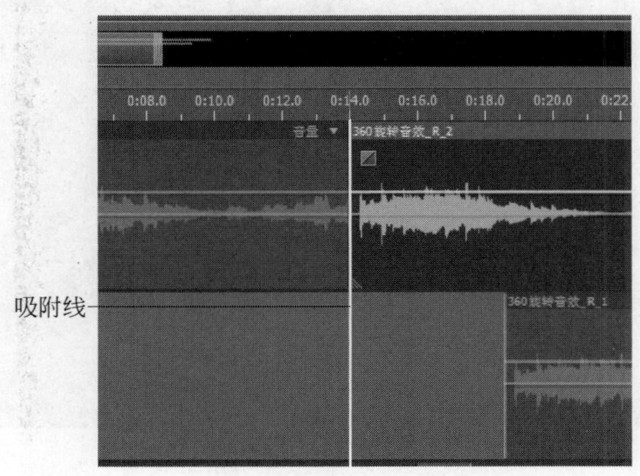

图 6-12 移动素材到吸附点时出现吸附线

(1) 单击“编辑器”面板上的“吸附开关”按钮，启用吸附的选项。

(2) 选择“编辑”→“吸附”→“吸附到素材”命令，吸附素材到其他素材的起点或终点。

(3) 选择“编辑”→“吸附”→“吸附到循环”命令，吸附素材到循环素材的起点或终点。

6.4.3 复制素材

在 Adobe Audition 中，有两种不同的方式对音频素材进行复制：参照复制与独立复制。这两种方式的选择取决于剩余磁盘空间和计划的编辑方式。

参照复制使用同一素材源文件，不会占用大量的磁盘空间，通过编辑原始的源文件可以同时编辑所有实例。

独立复制分别使用不同的素材源文件，主要用于在磁盘上创建一个不同的音频文件，在波形编辑器中每个版本可以分开编辑。

(1) 选择移动工具，然后右击并拖动素材到要复制的位置。

(2) 释放鼠标右键，在弹出的快捷菜单中选择如下选项。

- 复制到这里：在此位置建立参照复制。
- 复制唯一到这里：在此位置建立独立复制。

6.4.4 设置素材属性

利用“属性”面板，可以快速改变选择的音频素材的颜色、增益等多项设置。

选择一个音频素材，然后选择“窗口”→“属性”命令，打开“属性”面板，如图 6-13 所示。设置如下选项。

- 剪辑增益：补偿难以缩混的素材音量。
- 剪辑颜色：单击自定义色板，选择一种颜色，即可更改素材的颜色。
- 锁定时间：固定时间位置只能向上或向下移动到其他轨道。锁定图标将出现在素材上。

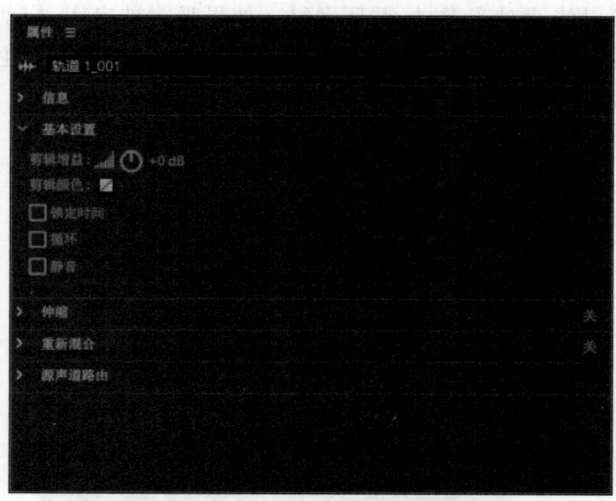

图 6-13 “属性”面板显示素材属性

- 循环：启用素材循环。
- 静音：静音素材。

6.4.5 修剪与扩展素材

在多轨编辑模式下，可以对素材进行简单的修剪与扩展，以满足音频缩混的需要。由于在多轨编辑器中的编辑是非破坏性的，只是暂时的，所有不会影响到素材源文件，可以在任何时候返回到原始的未编辑过的素材。

1. 修剪或扩展素材

在"编辑器"面板中，将光标定位在素材的左或右边界线，将出现边界拖动图标，拖动素材边界即可修剪或扩展素材。

2. 从素材中删除选择的范围

(1) 选择时间选择工具( )，拖动经过一个或多个素材，选择它们成为一个范围。

(2) 选择"编辑"→"删除"命令即可从素材中删除这个范围并在时间上留下空隙。

(3) 要删除范围并在时间上取消空隙，选择"编辑"→"波纹删除"命令，并选择如下命令之一。

- 已选择素材：删除已经选择的素材，移动相同轨道上的剩余素材。
- 所选择素材内的时间选区：选中素材的时间部分。要分割它们，从选择的素材中删除范围。
- 所有轨道内的时间选区：删除项目中所有轨道上的选择范围。
- 已选择音轨内的时间选区：只删除编辑器面板中当前高亮轨道上的选择范围。

3. 消除轨道上素材之间的空隙

在素材之间的空白区域右击，在弹出的快捷菜单中选择"波纹删除"→Gap命令，即可消除轨道上素材之间的空隙。

4. 改变修剪的或循环的素材内容

在工具栏上，选择滑动工具( )，拖动素材经过，即可以滑动编辑修剪的或循环的素材，以改变素材边界内的内容。

5. 编辑素材的源文件

双击素材标题，素材将会出现在波形编辑器中，从而可以永久编辑素材源文件。

6.4.6 分割素材

素材被分割后，每个部分都变成新的素材，可以进行单独移动或编辑。由于分割是非破坏性编辑，所以还可以将分割后的素材再进行结合。

1. 使用剃刀工具分割素材

在工具栏中选择剃刀工具并从弹出的菜单中选择如下命令之一。

- 选择素材剃刀工具：只分割单击的素材。
- 所有素材剃刀工具：分割单击的时间点上的所有素材。

2. 在当前时间指针位置分割所有素材

在一个或多个音频素材上定位当前时间指针。选择"素材"→"拆分"命令，即可将当前时间指针位置处的素材分割。

6.4.7 循环素材

循环类音频素材是指可以循环播放实现无缝连接的音频，一般存在于从基本的节奏轨道到整个作品。使用 Adobe Audition 不仅可以创建自己的循环，还可以从资源中心面板提供的数以千计的免费循环素材中选择。

利用循环可以创建非常灵活的多轨项目，只需用鼠标拖动即可扩展和重复循环素材。下面介绍如何启用循环类素材并改变它的长度。

（1）在多轨编辑器中，右击音频素材，在弹出的快捷菜单中选择“循环”命令。

（2）定位鼠标指针到素材的左或右边界，将出现循环编辑标识。

（3）拖动以扩展或缩短循环，根据拖动的距离，可以使全部或部分循环重复。

6.4.8 匹配素材音量

如果多轨素材的音量差别很大，难以缩混，可以匹配它们的音量。因为多轨编辑器是非破坏性的，调整之后完全可以恢复。

在工具栏上，选择移动工具或时间选择工具，按住 Ctrl 键并单击选择多个素材。然后选择“剪辑”→“匹配剪辑响度”命令，弹出“匹配剪辑响度”对话框，如图 6-14 所示。在“匹配到”下拉列表中选择如下选项之一。

- 响度(旧版)：匹配指定的平均振幅。
- 感知响度(旧版)：匹配指定的一个感知振幅，说明耳朵最敏感的中间频率。该选项效果比较好，除非频率强度变化非常大。
- 峰值幅度：匹配指定的最大振幅、正常化的素材。
- 总计 RMS：匹配指定的一个整体均方根振幅。
- 目标音量：输入一个数值，设置目标音量。

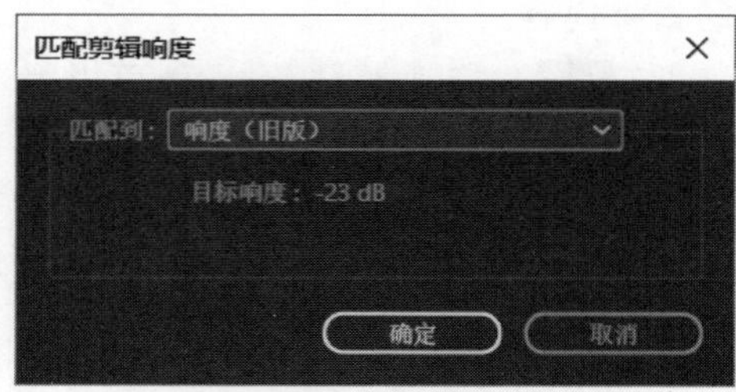

图 6-14 “匹配剪辑响度”对话框

6.4.9 设置轨道内素材淡化或交叉淡化

素材上的淡化与交叉淡化控制器可以直观地调整淡化曲线和持续时间，淡入和淡出控制器总是出现在素材的左上角或右上角，只有当重叠素材时才出现交叉淡化控制器。

在素材的左上角或右上角，向内侧拖动淡入控制标记(◪)或淡出控制标记(◩)，可以决定淡化的持续时间，而向上或向下进行拖动可以调节淡化曲线，如图 6-15 所示。

对于在同一轨道上相互重叠的素材，其重叠的部分决定重叠的持续时间，如图 6-16 所示。

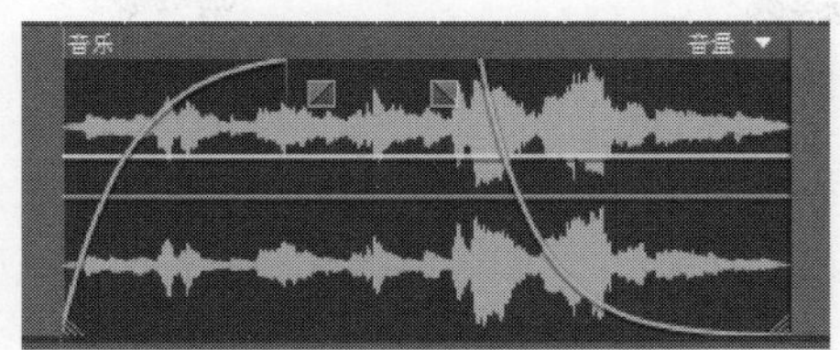

图 6-15　素材的淡入淡出

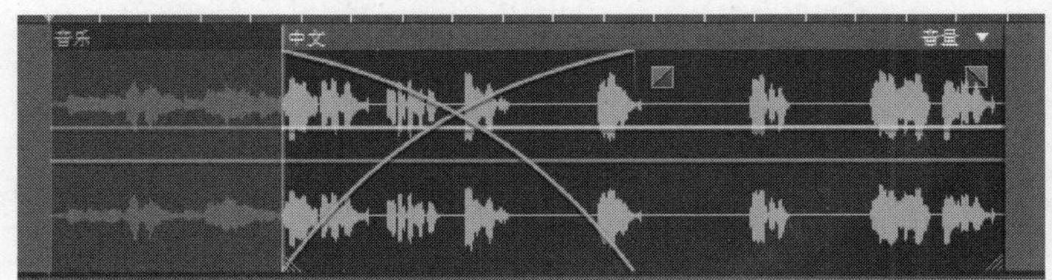

图 6-16　重叠素材的淡入淡出

在"编辑器"面板中，将两个素材放在同一个轨道上，并移动使它们重叠。然后在重叠区域上，拖动左( )或右( )淡化图标向上或向下调整淡化曲线。

在"编辑器"面板中，选择一个素材，然后右击一个淡化或叠化的控制图标，或者选择"素材"→"淡入或淡出"子菜单中的命令，可以在菜单中设置如下淡化或叠化选项。

- 不淡化：删除淡化或交叉淡化。
- 淡出、淡入淡出：如果素材重叠，可以选择淡化类型。
- 对称与非对称：当向上和向下拖动时，决定左与右淡化曲线如何作用。对称可以调整左、右淡化，使之相同，而非对称则可以分别调整左、右淡化。
- 线性或余弦：应用平直的线性淡化或交叉淡化，或像一条 S 形曲线的余弦淡化。

6.5　包络编辑

包络编辑是一个专业术语，指通过时间线对素材的某个属性进行动态编辑，使其在播放时随时间而变化。在多轨编辑模式中进行的包络编辑是一种非破坏性编辑，不会影响音频素材文件。

包络编辑分为两类：素材包络编辑与轨道包络编辑，如图 6-17 所示。

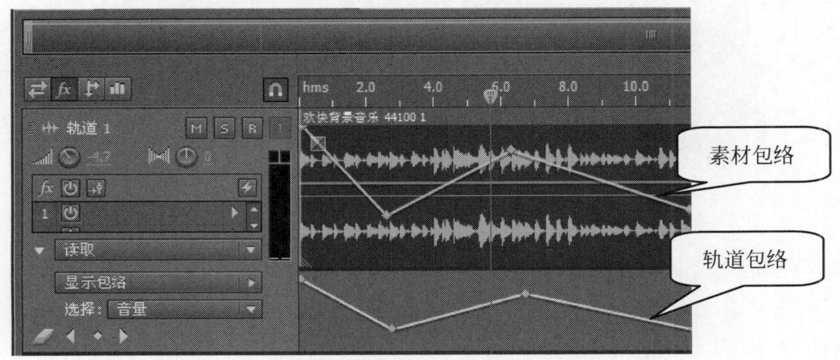

图 6-17　在多轨编辑器中的素材包络与轨道包络

6.5.1 素材包络控制

使用素材包络编辑可以分别在时间线上设置素材的音量、声像与效果器。默认状态下，显示素材音量与声像包络。素材的音量包络是一条黄色线，最初放在素材的最上端，表示100%音量；而声像包络是蓝色的，最初放在中心，表示没有偏移，如图6-18所示。

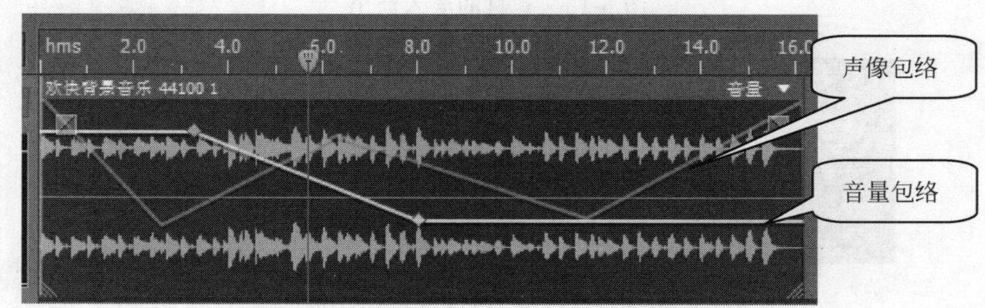

图6-18 素材的两种包络

默认状态下，刚设置完的包络是折线，声音属性的变化会比较突然，右击素材包络，在弹出的菜单中选择"曲线"，即可将素材的音量包络和声像包络变为平滑的曲线。

默认状态下，素材包络是可见的，但是如果影响编辑或在视觉上分心，则可以隐藏它们。在"视图"菜单中选择"显示剪辑音量包络""显示剪辑声像包络"或"显示剪辑效果包络"命令来显示与隐藏素材包络。

6.5.2 轨道包络控制

通过对轨道进行包络控制，可以在时间线上设置轨道的音量、声像与效果。Adobe Audition使用轨道下方的自动化分轨显示轨道包络，每个自动化参数都有相应的包络编辑线，可以像编辑素材包络那样编辑轨道包络，如图6-19所示。

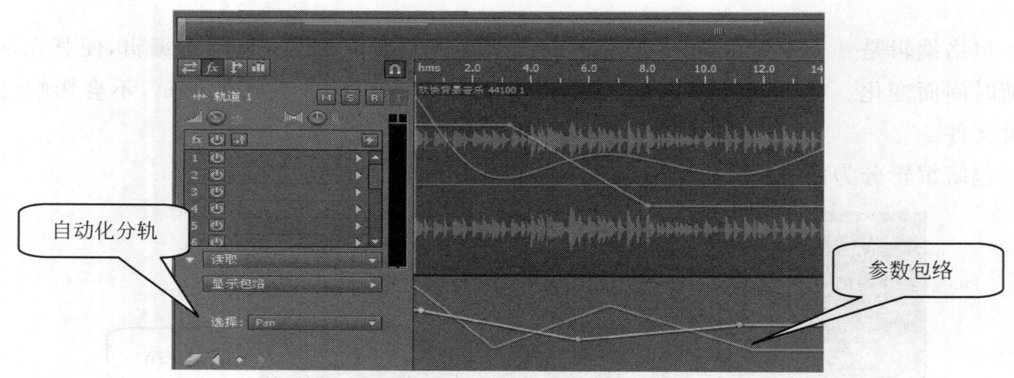

图6-19 自动化轨道设置

在"编辑器"面板或混音器中，可以设置每条轨道的模式为"关闭"或"读取"。"关闭"是指在播放与缩混中忽略轨道包络，但继续显示包络，因而可以手动增加或调整编辑点。而"读取"则在播放与缩混中应用轨道包络。

无论处于播放或停止状态，都可以手动设置轨道包络，在时间线上精确地设置每个包络点的位置。

(1) 在“编辑器”面板中，单击要进行轨道包络编辑的轨道“读取”菜单左边的三角形按钮▶，如图 6-20 所示。

(2) 从“显示包络”弹出式菜单中选择要进行轨道设置的属性参数。

(3) 在包络上，单击添加包络编辑关键帧，并通过拖动得到方式调整关键帧的位置。

图 6-20 显示自动化分轨

6.5.3 使用关键帧调整自动化

在包络上的关键帧可以随时间改变素材与轨道参数。

1. 增加关键帧

(1) 在包络上定位鼠标指针，当出现“＋”号时单击。

(2) 定位当前时间指针在轨道参数要改变的地方，然后单击轨道控制器中的增加关键帧按钮◆。

2. 在轨道关键帧之间导航

(1) 在“编辑器”面板中，从靠近轨道控制器底部的“选择”菜单中选择一个参数。

(2) 单击上一个关键帧◀或下一个关键帧按钮▶。

3. 选择一个参数的多个关键帧

(1) 右击任何一个关键帧，在弹出的快捷菜单中选择“选择所有关键帧”命令。

(2) 按住 Ctrl 键，单击指定的关键帧。

(3) 按住 Shift 键，单击选择一系列关键帧。

4. 删除关键帧

(1) 右击包络，然后在弹出的快捷菜单中选择“删除所选择的关键帧”命令。

(2) 拖动单个关键帧离开素材或轨道。

(3) 单击轨道控制器中的“删除”按钮，删除所有关键帧。

6.6 将项目文件保存、缩混输出

多轨项目文件是一个小文件，其中不包含任何音频。它在磁盘空间上只存储相关音频文件的位置、持续时间以及应用到各个轨道素材上的包络与效果等信息。可以随时打开已经保存的项目文件，做进一步的改变与缩混。如果要在 Adobe Audition 中创建多轨缩混，保存项目文件为本地的 SESX 格式。

6.6.1 保存多轨项目

在多轨编辑视图中完成音频的混合工作之后，可以使用如下方式保存项目文件。

(1) 选择“文件”→“保存”命令，保存当前项目文件。

(2) 选择“文件”→“另存为”命令或“文件”→“导出”→“文件”命令，将当前项目文件保存到另一个位置。

(3) 选择"文件"→"全部保存"命令,保存当前项目文件及其中用到的所有音频文件。

在弹出的相应对话框中选择保存位置,输入文件名。

选中"包含标记与元数据"复选框,可以包括音频标记与元数据面板中的信息。

6.6.2 混缩输出

完成项目缩混之后,可以全部或部分输出为各种所需的音频格式。输出时,当前的音量、声像和效果等设置全部被整合输出到音频文件,在其中得到体现。

(1) 在多轨编辑视图中,使用时间选择工具选择欲进行输出的范围。如果不进行选择,将输出整个项目。

(2) 选择"文件"→"导出"→"多轨"→"时间选区"命令,弹出"导出多轨混音"对话框,如图 6-21 所示。

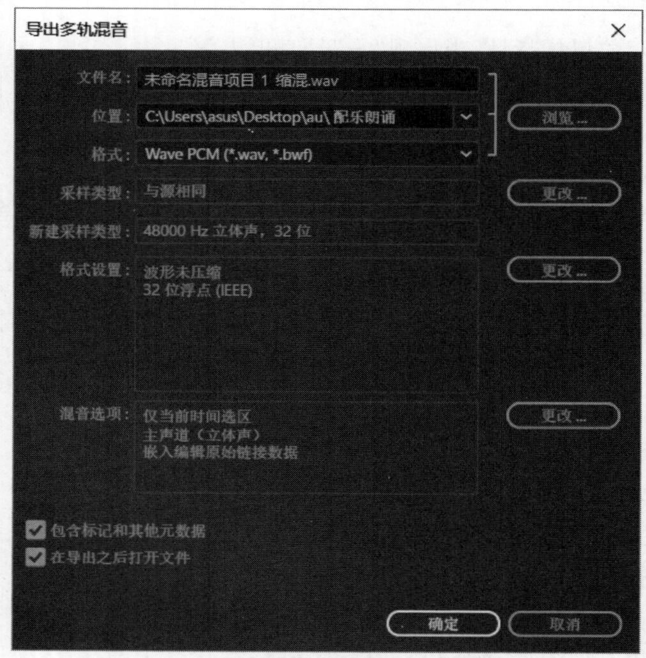

图 6-21 "导出多轨混音"对话框

或者选择"多轨混音"→"缩混为新文件"命令,缩混到新的文件并在波形编辑器中打开新的缩混文件,则跳过以下步骤。

(3) 在弹出的相应对话框中选择保存位置,输入文件名,然后选择一种文件格式。

(4) 设置下列选项。

- 格式:在其下拉列表中,选择一种想要导出的音频格式。
- 采样类型:表明采样率与位深度。单击"更改"按钮,可以调整这些选项。
- 格式设置:表明数据压缩与存储模式。单击"更改"按钮,可以调整这些选项。
- 包含标记和其他元数据:选中此复选框,可以将音频标记与元数据面板中的信息保存在文件中。

6.6.3　关闭文件

要关闭文件，可执行如下操作。

- 选择“文件”→“关闭”命令，关闭打开的多轨项目文件。
- 选择“文件”→“全部关闭”命令，关闭所有打开的音频、视频与项目文件。
- 选择“文件”→“未使用的媒体”命令，关闭打开的多轨项目没有参照的文件。
- 选择“文件”→“关闭项目”命令，关闭当前项目文件。

6.7　视频结合

6.7.1　导入视频文件

Adobe Audition CC 不仅是一款制作音乐和声音的软件，还具有单独的视频轨道，能够为视频制作配乐与配音。Adobe Audition CC 可以导入多种格式的视频文件，其中包括 AVI、QuickTime、MP4 格式。在多轨编辑模式下可以插入视频文件以精确同步项目与视频预览。

(1) 在多轨编辑器中，将当前时间指针定位在欲插入点的位置。

(2) 选择“多轨混音”→“插入文件”命令，然后选择格式支持的视频文件，单击“打开”按钮，将导入该视频文件。

【注意】 如果该视频包含音频，在“文件”面板中会创建两个素材：一个与源文件同名的视频文件(如动画.avi)和它的音频文件(如动画_音频.wav)，该视频素材将出现在轨道显示区顶部，且该轨道名称为“视频参考”。它的音频素材将出现在视频轨道的下面，如图 6-22 所示。此时在“视频”面板中可以清楚地预览视频文件，如图 6-23 所示。

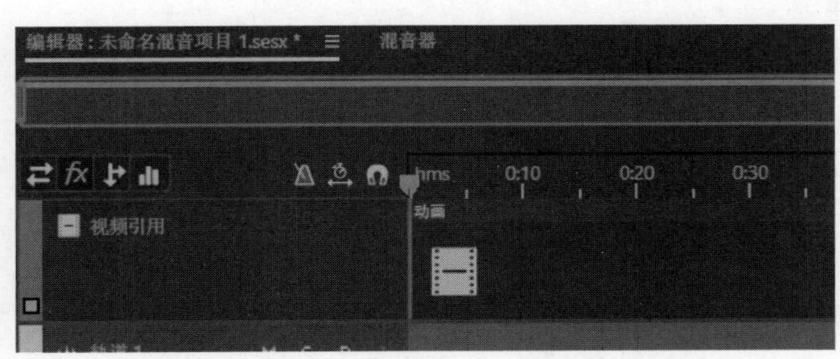

图 6-22　将视频插入轨道

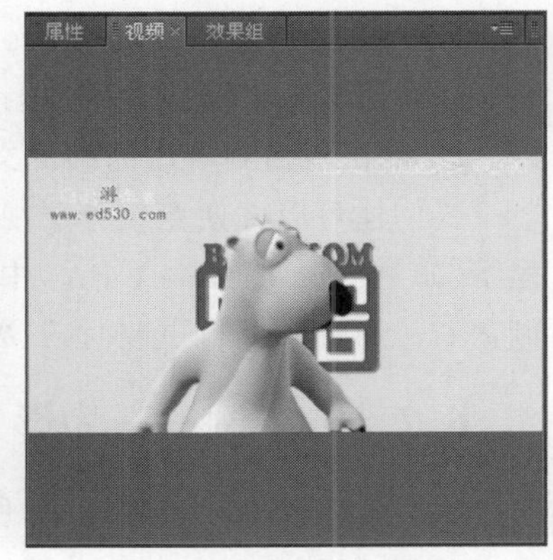

图 6-23　预览视频文件

(3) 如果要为视频添加声音，只需将音频文件导入，并拖入轨道即可，如图 6-24 所示。

【注意】 如果导入的文件格式是 MP3，那么将其拖入轨道时，Adobe Audition CC 会自动将其转换为 WAV 格式。

(4) 完成缩混视频的音频时，可以选择“存储”命令将文件保存，或者选择“多轨混音”→

“导出到 Adobe Premiere Pro”命令，如图 6-25 所示。此时，便导出到 Adobe Premiere Pro，从中可以进一步编辑。

图 6-24 导入音频文件并拖入轨道

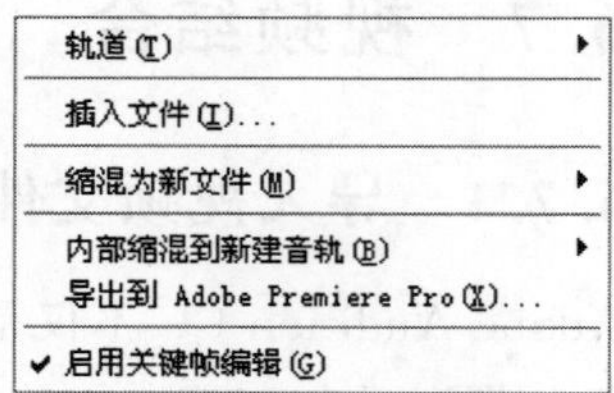

图 6-25 选择命令

6.7.2 操作视频应用程序

Adobe Audition CC 波形编辑器与多轨项目文件可以在 Adobe 的视频应用程序中打开，如 Adobe Premiere Pro 或 Adobe After Effects。

1. 在 Adobe Premiere Pro CC 或 Adobe After Effects 中编辑音频素材

(1) 在 Adobe Premiere Pro CC 或 Adobe After Effects 软件中，可以快速打开选择的素材，并在波形编辑器中恢复或改善它们。当保存修改的音频时，自动更新视频项目中的音频。

(2) 在 Adobe Premiere Pro 中，选择“编辑”→“在 Adobe Audition 中编辑”命令。

(3) 在 After Effects 中，选择“编辑”→“在 Adobe Audition 中编辑”命令。

2. 链接项目到导出的缩混文件

要创建可以方便更新分层视频配音的轨道，链接多轨项目到导出的缩混文件。在应用程序(如 Adobe Premiere Pro)中选择导出文件时，可以在 Adobe Audition 中重新缩混或编辑它们。当视频项目更改时，只要重复这个过程，创建一个完美的最终配乐即可。

6.7.3 实例——为影片配乐

本实例是为一段影片配乐，所用素材为一段影片、一首背景音乐与婴儿笑声，在制作过程中，需要对背景音乐与婴儿笑声进行长度和位置的调整，并在有婴儿笑声的位置对背景音乐进行音量包络的调整。

本例操作步骤如下。

(1) 启动 Adobe Audition CC。选择“文件”→“新建多轨会话”命令，新建一个项目，在弹出的“新建多轨会话”对话框中，设置项目名称为“为影片配乐”，指定项目文件的保存位置，选择“采样率”为 44100Hz，“位深度”为 32(浮点)，“主控”为立体声。设置完成，单击“确定”按钮，如图 6-26 所示。

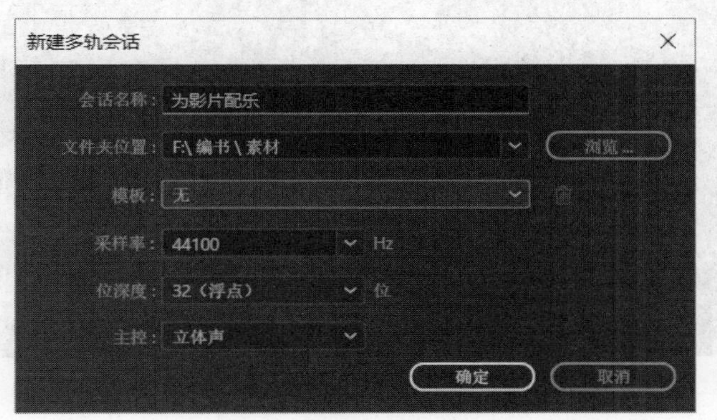

图 6-26　新建项目并设置参数

（2）选择“文件”→“导入”→“文件”命令，将“第六章\影片.mp4”文件导入，并拖入轨道 1 中。按空格键播放视频，便可在“视频”面板中看到播放效果，如图 6-27 所示。

（3）继续选择“文件”→“导入”→“文件”命令，将声音文件“背景音乐.wav”和“婴儿笑声.mp3”文件导入。

（4）切换到多轨视图，将“背景音乐.wav”文件拖入轨道 1 中，并将轨道 1 的名称修改为“背景音乐”，如图 6-28 所示。

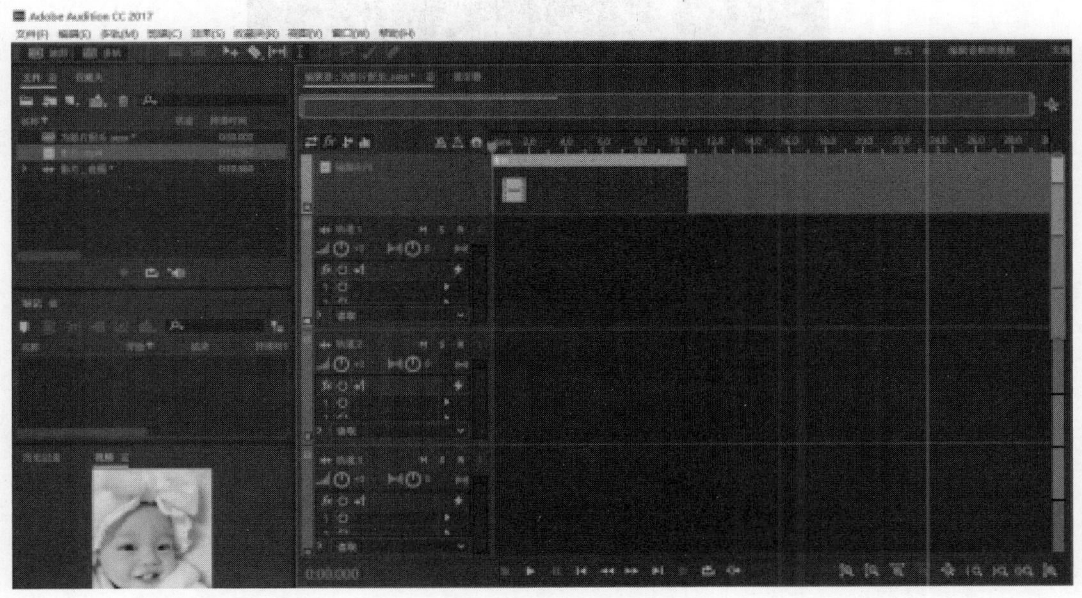

图 6-27　导入视频并播放视频

（5）移动时间指针至视频播放结束处，在音频上右击，在弹出的快捷菜单中，选择“拆分”命令，将音频拆分为两部分，如图 6-29 所示。选择第二部分，按 Delete 键将其删除，按空格键测试效果，如图 6-30 所示。

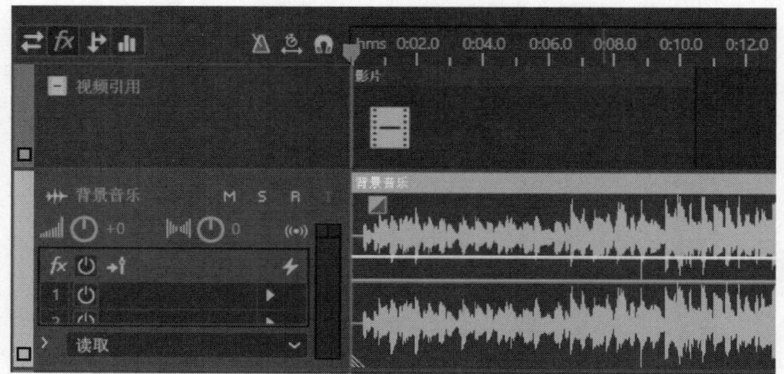

图 6-28　导入音频

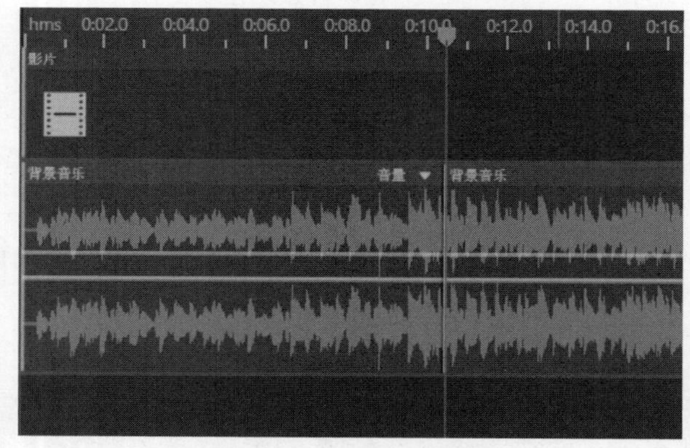

图 6-29　将“背景音乐.wav”拆分为两部分

图 6-30　删除第二部分背景音乐

(6) 将“婴儿笑声.mp3”文件拖入轨道 2 中，并将轨道 2 的名称修改为“婴儿笑声”，如图 6-31 所示。

(7) 使用“拆分”命令将音频拆分成 4 部分，如图 6-32 所示。

(8) 删除第一部分和第四部分，并根据视频的播放，调整第二和第三部分音频片段的位置，如图 6-33 所示。

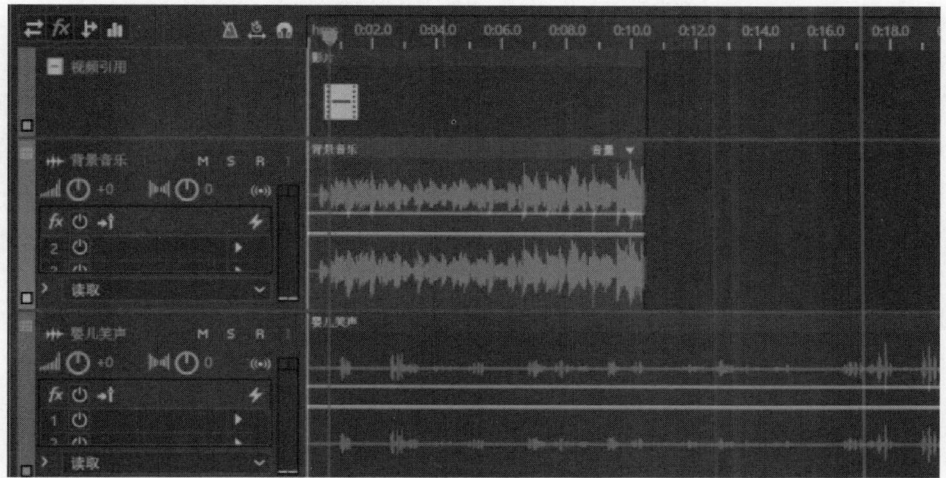

图 6-31　将“婴儿笑声.mp3”文件拖入轨道 2

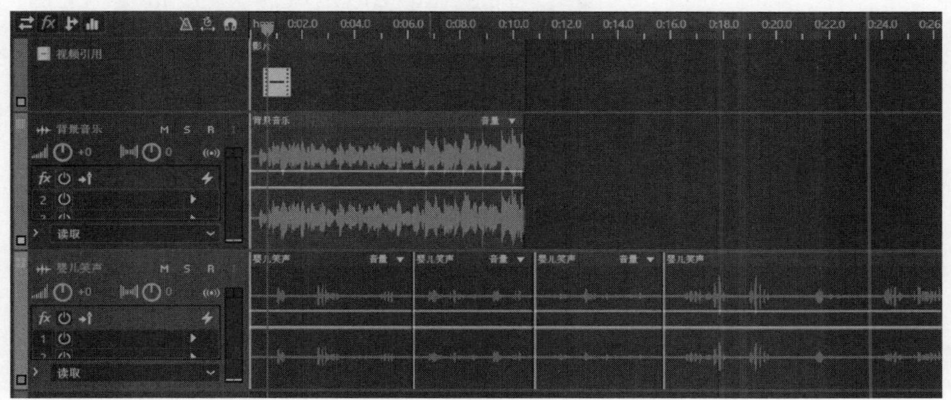

图 6-32　将音频文件“婴儿笑声.mp3”拆分成 4 部分

图 6-33　调整第二和第三部分音频片段的位置

（9）选择背景音乐轨道，分别在音量包络上单击，在有婴儿笑声的位置添加节点，向下拖动节点，调整当前音频的音量，如图 6-34 所示。按空格键试听设置效果。

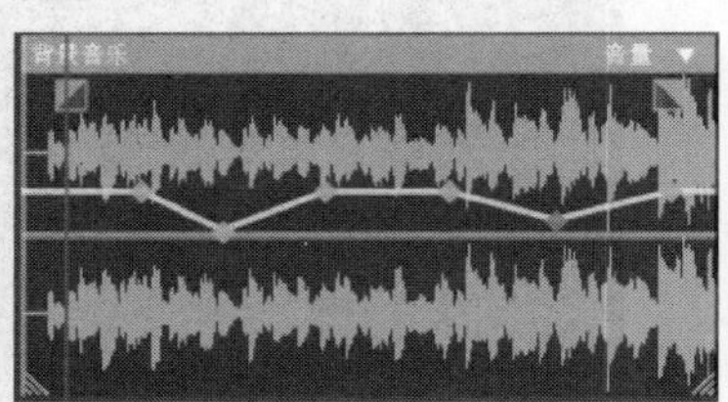

图 6-34　调整音量包络

（10）选择“文件”→“保存”命令，将项目文件保存。

（11）选择“多轨”→“导出到 Adobe Premiere Pro”命令，弹出“导出到 Adobe Premiere Pro”对话框，如图 6-35 所示。单击“导出”按钮，此时生成了一个 XML 文件和两个轨道文件，并且在 Adobe Premier Pro 中导入项目，如图 6-36 所示。

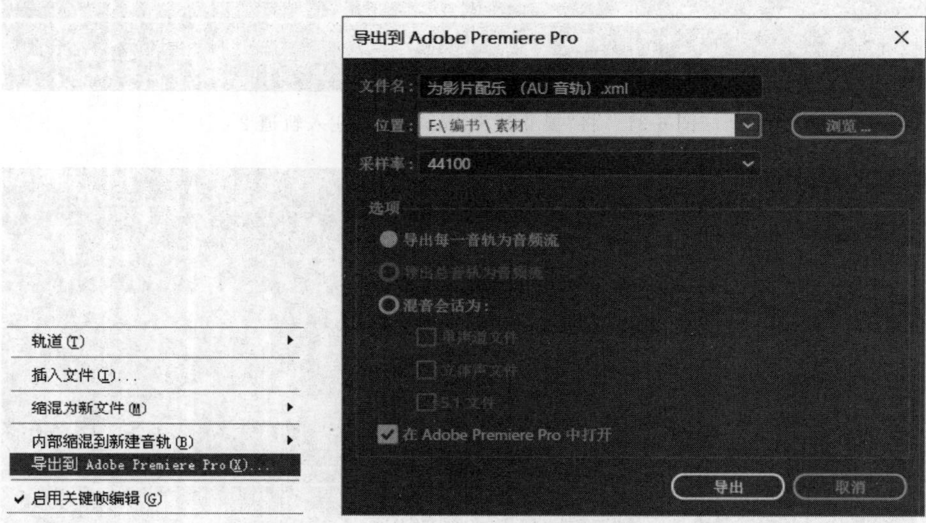

图 6-35　“导出到 Adobe Premiere Pro”命令与对话框

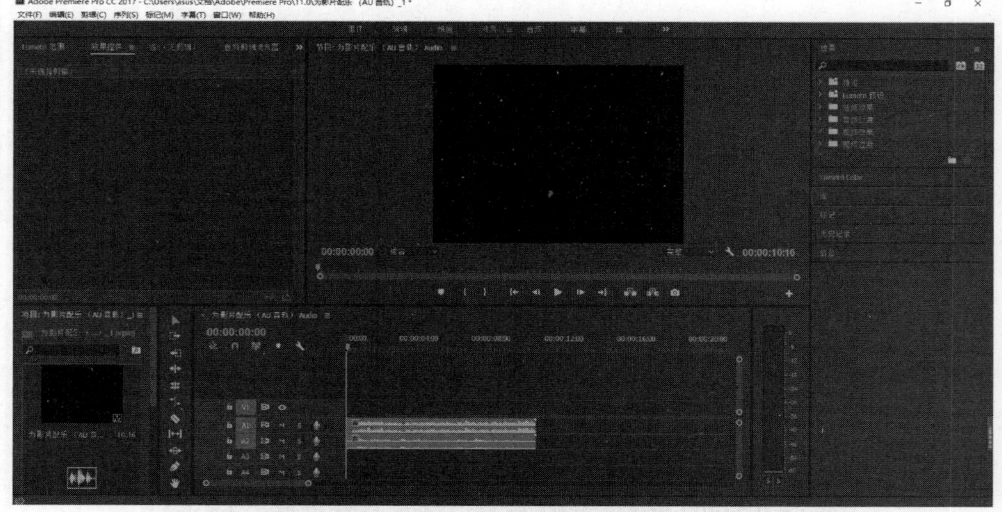

图 6-36　在 Adobe Premiere Pro 中导入项目

6.8 综合实例——为录音配乐

在多轨编辑模式下，可以对每个音轨进行整体性的编辑和宏观调控，如进行单轨之间音量平衡、各音轨声像的调整和应用效果器等。

本实例是制作一段配乐录音，所用素材为一段背景音乐和一段录音，需要对录音进行音量的提升，对背景音乐进行长度和位置的调整，做淡入、淡出效果处理，并对整个音轨添加音效。通过这个实例，初步了解在多轨项目中的素材编辑与管理。

操作步骤如下。

1. 新建与设置项目

(1) 启动 Adobe Audition CC。

(2) 选择"文件"→"新建"→"多轨会话"命令，新建一个项目，在弹出的"新建多轨会话"对话框中，设置"会话名称"为"配乐录音"，指定项目文件的保存位置，选择"采样率"为 44100Hz，"位深度"为 32(浮点)，"主控"为立体声。设置完成，单击"确定"按钮，如图 6-37 所示。

(3) 修改轨道名称。单击"轨道 1"名称，修改为"背景音乐"，将"轨道 2"名称修改为"录音"，如图 6-38 所示。

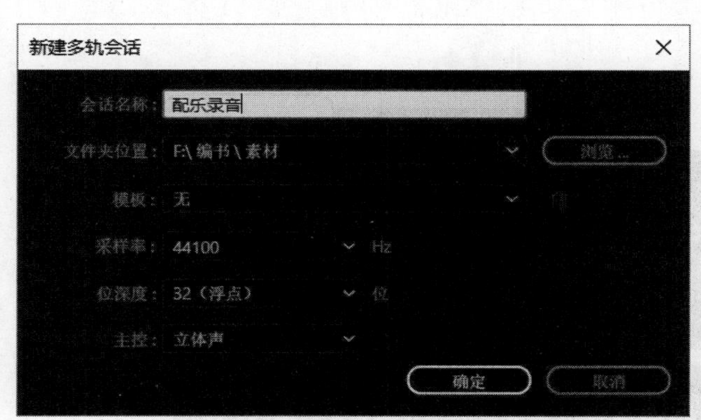

图 6-37 新建配乐录音项目

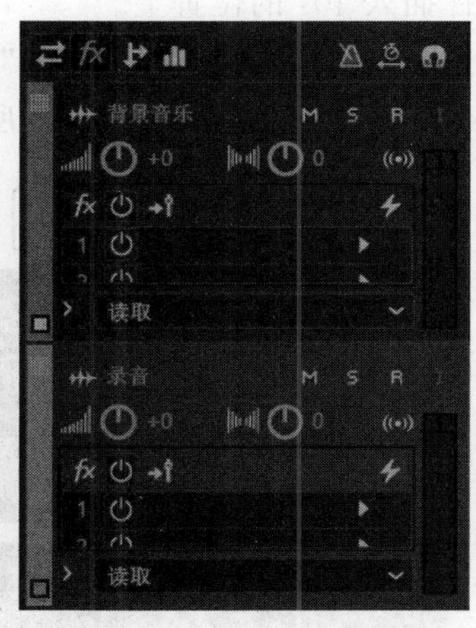

图 6-38 修改轨道名称

2. 导入音频文件

导入音频文件，并插入指定轨道的指定位置。

(1) 在多轨编辑模式下，选择"文件"→"导入"→"文件"命令，导入素材"第六章\背景音乐 2. wav"和"第六章\录音. wav"文件。

(2) 确定鼠标指针在音轨最左端的起始位置上，然后将"背景音乐. wav"文件拖到背景音乐轨道中，同时将"朗诵录音. wav"文件拖到录音轨道，当黄色吸附光标出现时，释放鼠标，文件被插入相应轨道当前时间指针位置，如图 6-39 所示。

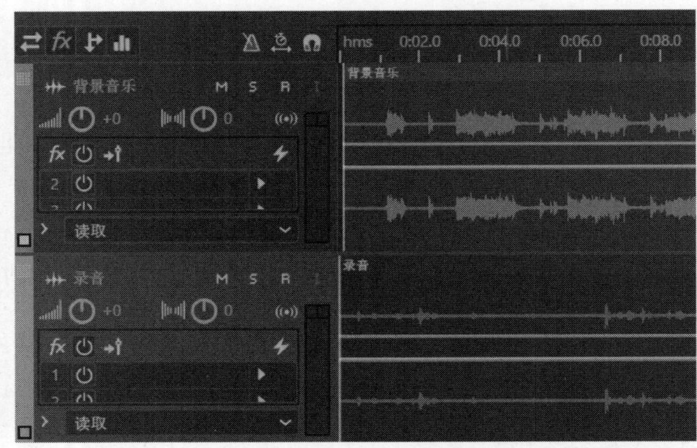

图 6-39　导入音频素材

3. 分割音频

单击“播放”按钮，试听加入背景音乐后的效果，发现背景音乐较长，接下来需要删减一些背景音乐以减少播放时间。

(1) 在“背景音乐”音轨的音频波形上单击，选择背景音乐。

(2) 在“选区/视图”面板中，设置“选区”开始的时间为 40s，并按 Enter 键，将当前鼠标指针插入 40s 的位置上。

(3) 执行“剪辑”→“拆分”命令，将音频分为两段，选择拆分后右侧的音频片段并按 Delete 键进行删除，如图 6-40 所示。

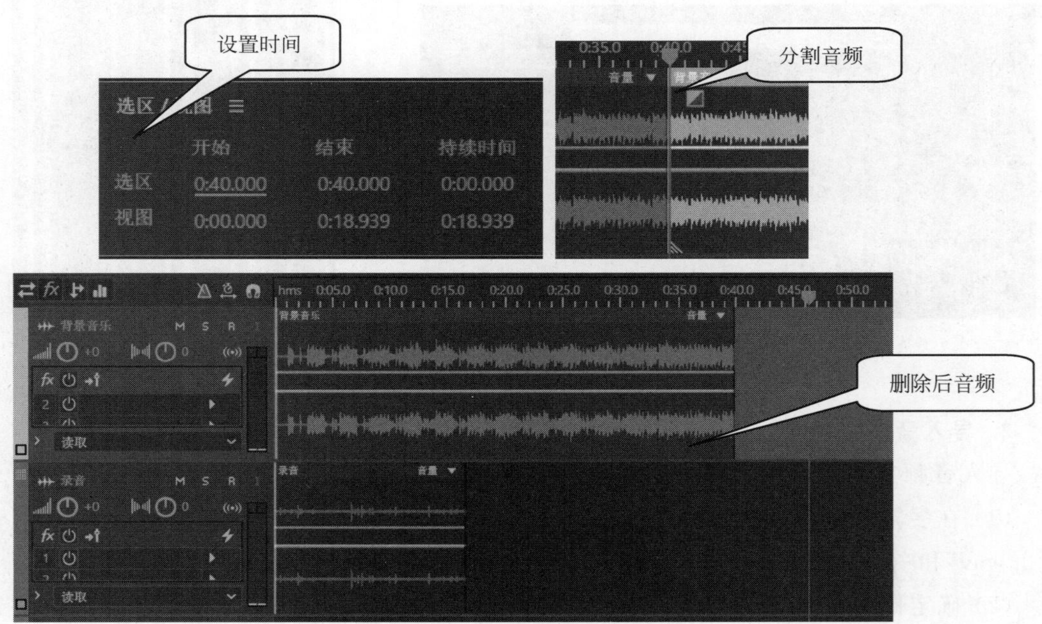

图 6-40　分割并删除音频

（4）选择滑动工具（![]），将鼠标指针移动到背景音乐的音频波形上，单击并向左拖动鼠标指针，即可调整音频波形。

4. 调整音频长度及位置

背景音乐在朗诵录音结束之后延续的时间太长，需要调整播放的长度；而且朗诵录音的位置不合适，也需要调整。

（1）使用移动工具（![]），在背景音乐的音频波形上单击，将其选中，然后将光标放置到波形的右端，当光标变成边界拖动图标（![]）时，单击并拖动鼠标调整音频的长度，如图 6-41 所示。

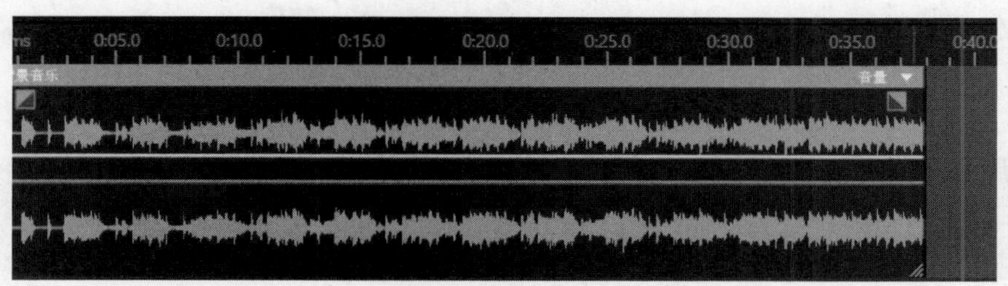

图 6-41 调整音频的长度

（2）使用移动工具（![]），选择朗诵录音波形并拖动鼠标调整其位置，如图 6-42 所示。

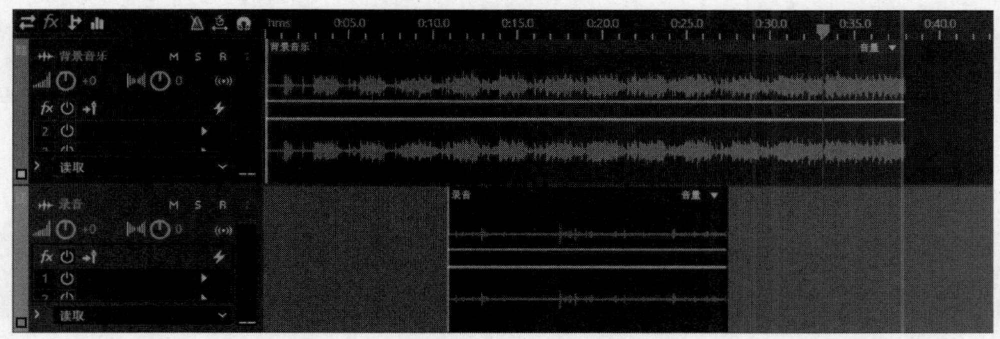

图 6-42 调整音频的位置

5. 调整音量包络

将指针定位到音频最左端位置进行播放，试听调整后的效果。背景音乐贯穿整个朗诵录音，当播放朗诵录音时会发现背景音乐与朗诵录音主次不是很分明，弱化了朗诵的效果，为了使背景音乐能够起到更好的衬托作用，可以调整背景音乐的音量包络。

（1）使用移动工具（![]），参照图 6-43，选择背景音乐的音频波形，将光标移动至波形的顶端，当出现"＋"号时单击，在音量包络上添加关键帧。

（2）参照图 6-44，调整关键帧的位置，制作出音量淡入与淡出的效果，并且将录音部分的配乐音量进行降低，突出朗诵的声音。

6. 添加音效

（1）在"编辑器"面板中，单击"效果"按钮 fx，将显示出相关效果的选项，如图 6-45 所示，为"录音"音轨添加回声效果。

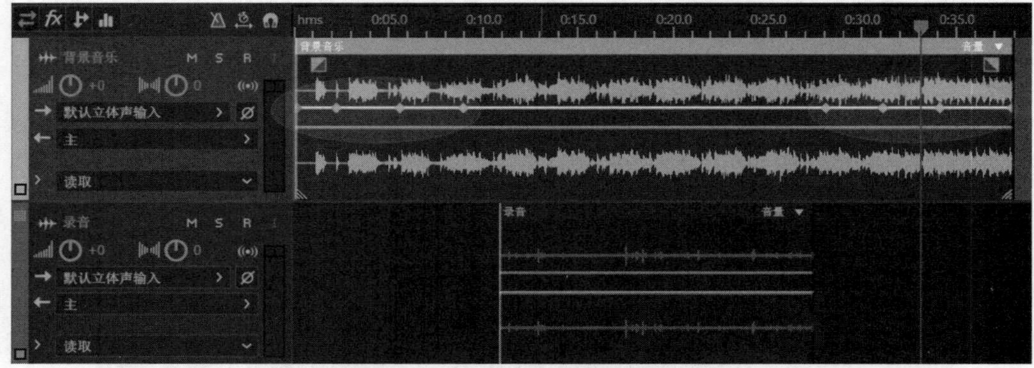

图 6-43　在音量包络上添加关键帧

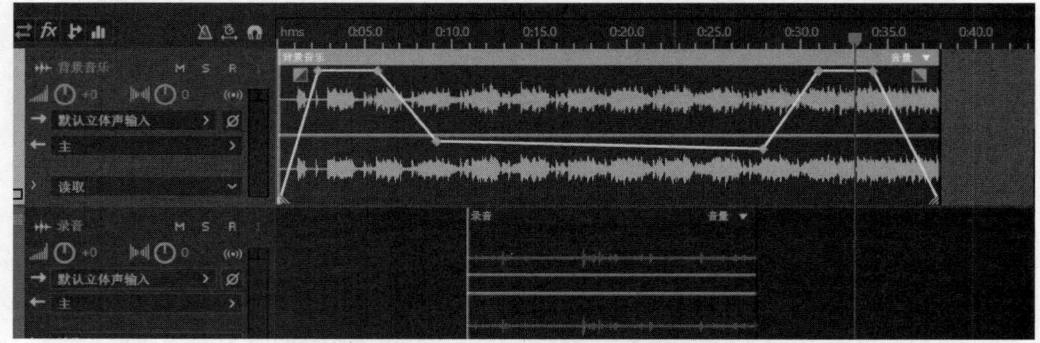

图 6-44　调整音量包络上关键帧的位置

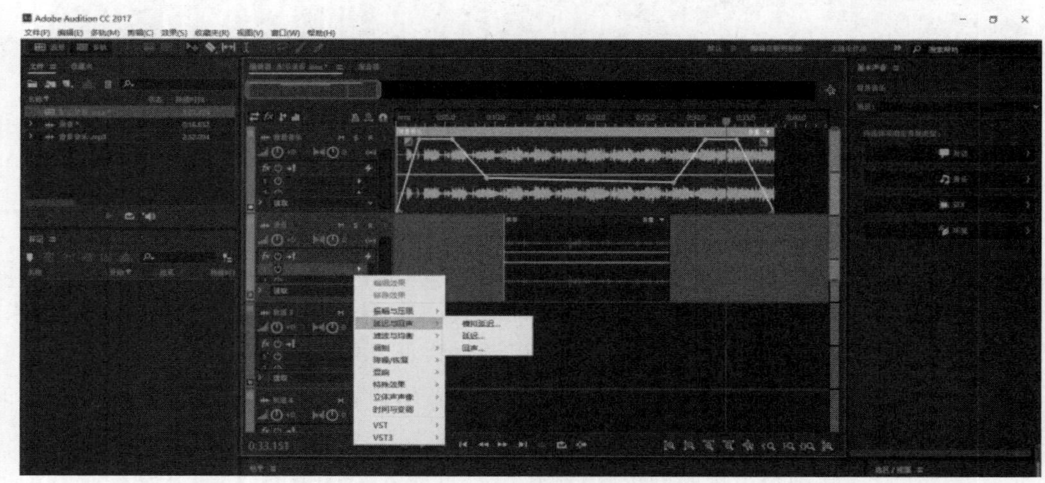

图 6-45　添加回声效果

(2) 打开“组合效果-回声”对话框，并设置回声效果，如图 6-46 所示。设置完毕，单击“关闭”按钮，关闭该对话框。

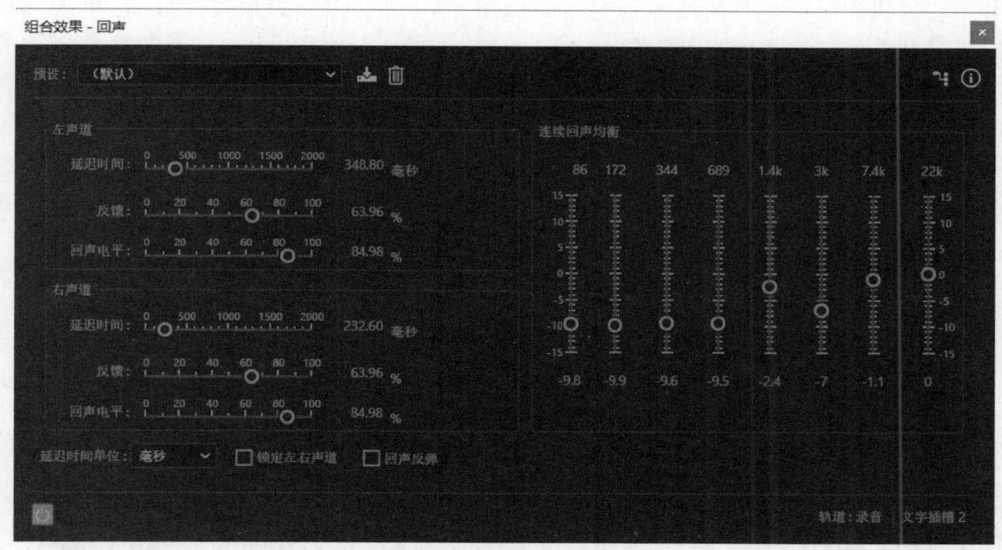

图 6-46　设置回声效果

(3) 观察“编辑器”面板，可以发现“录音”轨道已经添加了回声效果，如图 6-47 所示。如果对添加的效果不满意，还可以对效果进行移除。在“录音”轨道的回声效果上右击，在弹出的快捷菜单中选择“移除效果”命令。

图 6-47　添加与移除回声效果

7. 保存与导出缩混项目

在完成声音的编辑与处理后，可以保存当前操作的多轨项目，另外也可将音频导出为想要的格式。

(1) 选择“文件”→“存储”命令，保存当前操作的多轨项目。

(2) 使用时间选区工具，选择需要导出的音频波形，如图 6-48 所示。然后执行“文件”→

“导出”→“多轨缩混”→“时间选区”命令，参照图 6-49 进行设置。设置完成后，单击“确定”按钮，即可导出指定格式的音频文件。

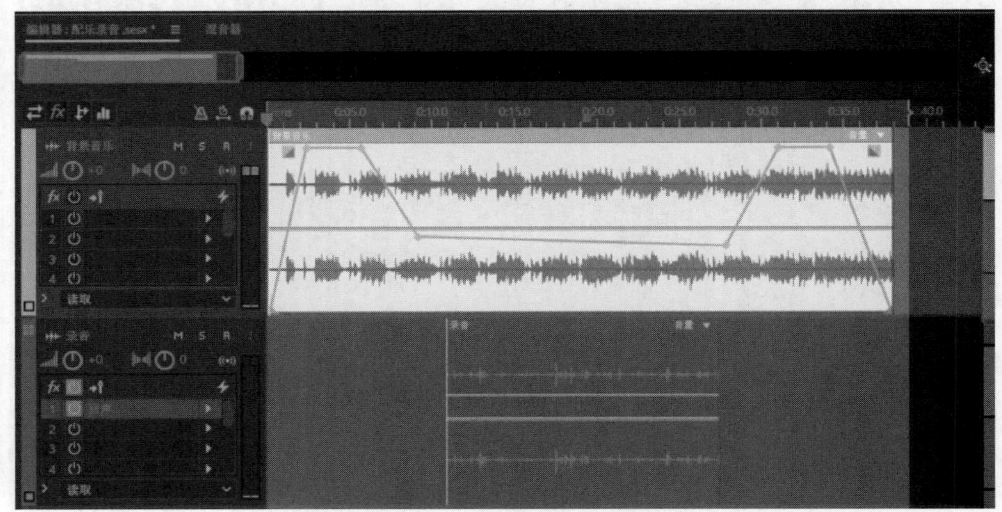

图 6-48 选择需要导出的音频波形

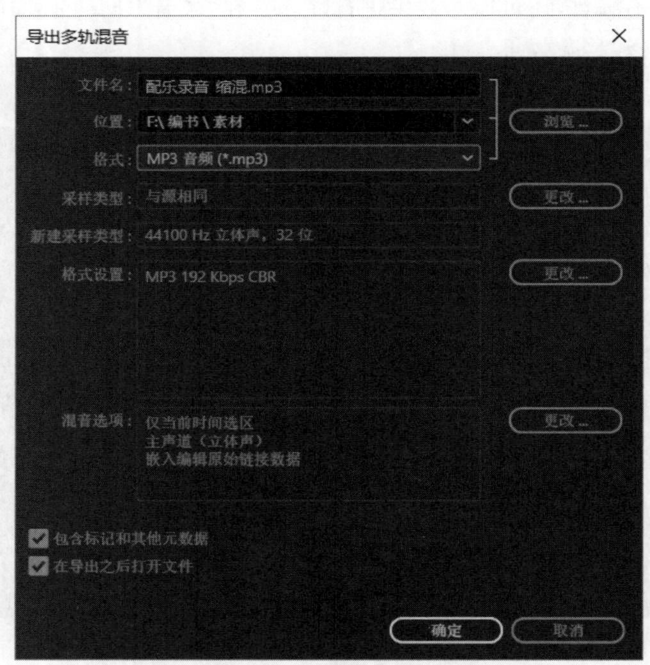

图 6-49 “导出多轨混音”对话框设置

8. 关闭项目

(1) 选择“文件”→“全部关闭”命令，关闭所有打开的音频、视频与项目文件。

(2) 选择“文件”→“关闭项目”命令，关闭当前项目文件。

6.9 本章小结

本章主要介绍了多轨混音与合成的方法，首先介绍了多轨编辑的特点、类型和基本操作，然后介绍了轨道控制器的设置、素材的选择与移动、素材的对齐、复制、属性设置、修剪与扩展、分割、循环、音量匹配等以及素材包络和轨道包络的控制，最后介绍了项目文件的保存、输出和与视频相结合的方法以及综合实例的分析。

第7章

动画配音配乐

本章首先介绍配音的概念和发展历史，然后介绍动画配音的类型和流程、动画声音的构成元素及其在作品中的作用，最后介绍动画音乐和MIDI音乐的基本知识以及动画片《狮子王》的声音赏析。

【本章学习目标】

- 了解配音的概念和发展历史、动画声音的构成元素及其作用。
- 熟悉动画音乐的分类和MIDI音乐的基本知识。

动画配音是配音艺术的一种，是一部动画影片成败的关键。在有声有色的动画影片中，画面赋予声音形态、神韵，声音则回报画面以生命、现实感和生活气息，声音和画面如影随形，相辅相成，相得益彰。其中，语言、音效和音乐是动画片中的声音要素的基本组成部分，它们通过各自独特的个性和表达方式，在塑造动画角色、渲染气氛、创造时空环境等方面发挥着不可替代的作用。

7.1 配音的概念及其发展历史

7.1.1 配音的概念

在《电影艺术词典》中，配音分为广义和狭义两种类型。

广义的配音是指将未经现场录音所拍摄的画面在屏幕上放映，根据人物口型、动作和片中情节需要，配录人物语言、解说、音响效果和音乐，如音乐的选配、音效的制作以及解说和台词的录制等，使之成为声画并茂的艺术成品，这个工作过程一般统称为配音。语言、音乐和音效是动画片中声音元素的3个基本构成元素，三者有着紧密的关系。“言表意，乐表情，响表真”，只有三者相结合，才能增强影片的真实感，形成声画合一的艺术形象。

狭义的配音是指在影视作品中专门为对白、独白、解说和旁白等语言的后期配制而进行的一系列创作活动。顾名思义，配音是给屏幕上的人物配上声音，是配音演员运用自己的感情、声音塑造与屏幕上人物的性格、感情相吻合的声音形象。配音是一种特殊的表演，是一种通过声音塑造人物、刻画角色的艺术形式。通常所说的配音，是对影片情节最直接的叙述工具。表演要求演员以自身为创作工具和材料，在假定的时空中塑造鲜活的角色。演员通过肢体、语言、表情、思维，创造出可听、可视、可感的艺术形象。对于配音演员来说，声音和语言是"武器"，在"半成品"的作品中进行再创作，完成最后的人物塑造，这就是特殊的声音的表演艺术——配音艺术。

7.1.2　动画配音的发展历史

1. 早期动画片中的音乐与音效

早期动画片中的声音主要体现在对音效与音乐的运用方面，片中的人物基本没有对白，一般都采用哑剧式的表演方式，这种方式已经成为一种独特的风格，被广泛运用于许多动画影片中，如《猫和老鼠》《米老鼠和唐老鸭》《鼹鼠的故事》等。

1928年11月18日，迪士尼的第一部有声动画片《威利号汽船》上映，这部7分钟的影片成为电影史上公认的第一部有声动画片。片中使用的音效、音乐达到了与画面内容紧密结合的效果。片中的声音恰到好处地配合了动画人物夸张、滑稽的动作，突出了影片的幽默感和生动性。在这一时期的动画作品中，声音的特点主要表现在对音乐素材的大量使用，而其中又以古典音乐的广泛应用为最主要特征。动画片《骷髅之舞》中的木琴声跳动，生动地表现了骷髅舞蹈以及刮奏骷髅一根根肋骨的声音。片中的音乐也是情节表现中重要的组成部分，音乐与画面共同营造出了影片有趣、可爱的视听效果，这部作品体现了音画同步技术的不断完善以及动画制作人员对动画中的音乐功能的进一步理解。

在20世纪20年代到40年代末的美国动画作品中，古典音乐也被大量使用。例如，美国米高梅电影公司于20世纪40年代创作的动画片《猫鼠协奏曲》，以19世纪匈牙利钢琴家、作曲家李斯特的《匈牙利狂想曲第2号》为主要载体和要素贯穿全剧，剧中猫的演奏技法和演奏位置贴合了实际的演奏方式。影片通过丰富的想象，诙谐、幽默地展现了猫与鼠的对峙。除此之外，在《猫和老鼠》系列动画片中，还大量使用了门德尔松的《春之歌》、罗西尼的《塞维利亚的理发师》等古典音乐片段。

2. 动画语言的作用

在动画片中，使用语言来描述剧情、刻画人物开始于20世纪30年代，其中最具代表性的是1937年诞生的世界上第一部动画片《白雪公主和七个小矮人》，它标志着动画片由短片发展成为独立的大型作品。在这部作品中，剧中人物不仅可以通过语言来推动剧情，而且还通过配音者对声音的处理，达到了对人物特性的刻画。剧中中年男性冷漠、平静、略带沙哑的声音代表了魔镜形象；中年女性低沉、缓慢、冰冷的声音代表了皇后的冷酷、凶狠；甜美、干净的童声刻画了善良、美丽的白雪公主。可以说，观众在不知道语言内容的情况下，根据配音者对声音的处理，就可以知道剧中人物的基本特点。动画片中的人物配音区别于一般影片的配音，这是由于动画片中的角色可以是人物、动植物以及现实中存在的或不存在的形象，这些形象有的需要再现原型，有的需要在原型的基础上夸张、变形，还有的要以拟人的形式出现。由于高度假定性的存在，通过配音实现了对动画角色的再塑造。如《怪物史莱克》中，很多角色的配音都非常有特色：驴子通过语速、语调、语言表现出善良、啰嗦、易激动的性格特征；史莱克声音浑厚、稳重，语速较慢，这些特点与他的性格、身材特点非常吻合。动画可以表达更具有戏剧冲突的故事情节，也可以更深入地刻画剧中人物。

7.2 动画配音的类型与流程

7.2.1 动画配音的类型

根据配音与成片的先后次序，动画配音可以分为前期配音、后期配音与试配音 3 种类型。

1. 前期配音

前期配音是指在动画片没有制作完成时，配音演员先根据剧本把动画片的配音提前录制下来，然后根据配音绘制动画画面，后期再根据已有的配音进行口型同步。有些原创动画作品是关键帧动画，甚至是逐帧绘制，大都先让演员根据剧本初步配音，再进行制作，以免浪费。这种配音方式能为后面的动画提供准确的指导，动画语言和画面能完全同步，形成流畅的、有节奏的艺术效果，动画制作的效率比较高，但制作成本也高。另外，声音的演绎可能会限制动画的发挥，甚至有根据配音来改写剧本的例子。

2. 后期配音

后期配音是指完成动画片画面制作以后，配音演员根据已经成型的动画片画面上的语言口型位置，进行口型同步配音，日本动画片大都采用这种配音方式。由于先制作动画再进行配音，动画调整较少，适合制作成本小的影片。但对配音要求比较高，在完成声音与画面的默契配合上有一定的难度，容易产生画面节奏与声音节奏脱离的问题，配音周期相对来说也长一些。

3. 试配音

试配音就是在动画制作前，根据剧本录制简单的对白和音效，在动画制作过程中，利用此配音调整动画，为动画的节奏、口型等提供参考。待动画完成后，再进行正式配音。这种方式比较适合动画短片或一些低成本动画，对设备和配音者的要求也不高。由于先期做试配音，再根据试配音制作动画，最终配音与动画吻合程度比较高，但工作量自然也大。

不同的配音方式在创作实践中各有优缺点，因此不能一概而论地说哪种方法好，哪种方法不好。在影视作品的发展历程中，不同的方法对声音艺术的创作都有着不同程度的贡献。在影视艺术创作实践中，具体应选择哪种方法配音，主要取决于导演的艺术风格、录音师的声音设计以及影片的投资和预算成本。

7.2.2 动画配音的流程

配音的类型不同，配音的流程会稍有差别，但在正式配音时，其流程基本相同。一般分为以下几个步骤：①寻找配音演员；②熟悉剧情及各分镜头脚本；③演员试音；④录制；⑤配音的修正、调整、后期处理及再度创作；⑥混录输出。

1. 寻找配音演员

配音是一门语言艺术，是配音演员们用自己的声音和语言塑造和完善各种性格色彩鲜明的人物形象的一项创造性工作，为动画选配音演员非常重要。一般而言，在配音前，导演就会在脑子里对自己所要的声音有个大概的印象，然后根据角色的需要去寻找适合的配音演员。每一个配音演员的音质均有所差别，部分配音员能利用变声的技巧变化出 5～10 个不同角色，但大部分配音演员的变化不会超过 5 种角色。

在配音中有很多需要注意的问题，其中一项就是声画合一，也就是同步关系，即观众感受到的视觉形象和声音形象是完全一致的、合一的。声画合一，一方面是针对口型的开合状态而言。对口型是配音中最为关键的，应该完全避免那种画面上人物口型开着，声音却没出来，或是画面上人物口型闭着，声音却还在的状况。另一方面是配音应该与画面上人物的年龄、身份、性格以及说话时肌肉的松紧状态相吻合。例如，有的角色性格非常活泼，而有的角色却是很沉稳的；有的需要柔弱的声音来凸显角色，而有的需要用夸张的声音来演绎，这都需要根据角色选择合适的配音演员。

很多大片在配音演员的选择上，会考虑到市场因素而聘请影视明星为其配音，使动画角色更具有个性色彩以及感召力。例如，陈道明在《大闹天宫 3D》中为玉皇大帝配音，李扬为孙悟空配音，范伟为《赛车总动员 2》中的板牙配音，都给大家留下了深刻的印象。

2. 熟悉剧情及各分镜头脚本

每家动画公司会根据自己的制作流程来要求脚本。从严格意义上来说，每个脚本都要对时间、地点、出场人物、道具、人物动作、表情、说话神态等进行详细描述。虽然看上去烦琐，但是非常清楚明了。配音演员需要对动画片的剧情有深入的了解，熟悉每一个分镜头脚本，这样才能深入理解角色，才能将自己融入戏中，为动画角色赋予新生命。

在这个过程中，演员需要对脚本或成片进行反复的观摩，在观摩时尝试配音。试配音对中小成本投资来说是个不错的选择，在动画片没有完成前，配音演员不一定能够对角色有深入的了解，此时进行成品的配音对配音演员的要求是非常高的。如果先进行试配音，可靠性会大大增强，后期的配音更容易入戏。同样，在看到最终动画形象以及成品时进行配音，其表演较后期配音方式更贴切。同时，试配音对设备以及配音演员的要求都不高，可以使用专业设备，也可以利用普通计算机进行配音，既可以由配音演员来录制，也可以由制作人员自己来配音。

3. 演员试音

熟悉剧本和镜头后，演员要进行试音。配音导演会与演员再次沟通和排练，对于配音演员把握不准的场景，导演会为其说戏，尽量使之与角色协调。动画片试音就如同试镜一样，会准备几个人选，从中确定一个最合适的。在动画片《泰山》声音形象的塑造上，迪士尼公司可以说是费尽心思，他们不厌其烦地经过多次的录音与试音程序，在众多明星里选中东尼·高德温作为“泰山”的代言人，在录音师的耳中，东尼·高德温的音质就如同他才华横溢的演技一样具有多变性，他的声音表演具有层次感，特别是在低音部分的表现，乍听之下与动物的声音十分接近，有着野性、浑厚的特点。

在试音的过程中应该注意以下几个方面的问题。

（1）注意配音和剧本的一致性，不能太随意，也不能将剧本的内容更改太多，尽量不要过度发挥，要按剧本的要求来完成。

（2）注意语气，可以有个性，不能太平淡地读稿子。

（3）注意节奏。一定要根据脚本把握一定的节奏，否则会对最终的配音造成影响。

（4）注意口型同步。动画的制作会考虑与脚本的对应，但即便是最好的动画师，也很难做到画面与配音的完美结合，最终配音师会根据动画的成品画面，进行再次创作以达到音画同步。口型同步的基本要求是发音与画面一一对应。但因为台词可能会与动画不一致，此时需要加入一定的语气词或更改台词内容来适应。这个工作非常重要，一部好的动画配音给人的感觉就是动画角色在讲话，如果口型与画面相差太多，则让人感觉生硬、低劣，为作品减分。口型同步的要点，一是要控制字数，主发音的字数要与画面口型一一对应，不能多也不能少；二是要完善台词以适应动画，在台词与画面相差太多时，必须修改台词以适应最终的节奏，此时注意不要偏离剧本与导演的意图胡乱更改。

4. 录制

录制主要看配音演员的表演，演员要按照自己的理解和导演的指导，对角色的声音进行创造，决定角色配音的音高、音色以及说话习惯等具体问题，并研究每句话的语气。

对于不同场次，中间可以间断。一部动画片的主要配音演员会花去一天或几天的时间来为一部成片配音。这取决于片长以及配音演员对角色所做的功课。

正式配音需要根据不同角色，进行单独录制。在配音过程中，有专门的收音师对配音进行独立收音。收音可以由一个人完成，其主要职责就是保证话筒、调音台、工作站的通畅运行，保证工作站全程的录音以及声音均衡、无破音等。收音师要对设备的连接、操控以及故障处理了如指掌。收音师要特别注意每位配音演员的音色，要根据其特点对设备进行微调，以达到最佳的收音效果。

5. 配音的修正、调整、后期处理及再度创作

再优秀的配音演员，也不可能万无一失，在正式配音中出错是难免的，但这可以通过再次对配音做修正来弥补。收音师可以将多次的录音文件进行保存，以便进行修正。

对录制好的配音进行调整，主要工作就是对口型。对完口型后，就要对配音进行再度创作了。简单的收音工作达不到配音的编辑要求，还要进行删除错误、降噪等工作，然后才能进行整体的编辑整合工作。后期处理主要包括降噪、润色、变声、混编等技术手段，如对配音进行变调处理，使男人的声音变成女人的声音，或者对配音进行频率均衡以改变其频率分布，最终目的是使之更加符合动画角色的形象特征。

用声音表现动画片的特有质感和量感，压缩和伸展是常见的方法。在动画片中，角色或对象的动作过程中，拉扯与碰撞等互动性动画都会被夸张地做出压缩或伸展的表现，通过这些动作，也表现出了物体的质感与量感。这种方法同样适用于动画声音的创作，这种不真实的声音表现，能够带给观众喜剧感和惊讶感。例如，宫崎骏的动画片《龙猫》中有一个情节是树洞里的龙猫打了一个大大的哈欠，这个哈欠既具备了人打哈欠的特点，又被录音师加入了动物低鸣吼叫似的声音，时间长度远远超过了一般人类打哈欠的时长，在片中对该声音进行了拓展，突出了龙猫这个哈欠的质感，给观众留下了非常深刻的印象。

6. 混录输出

一部影片中的声音是各式各样的，每部影片中的声音素材，一般都有数十种，甚至上千种。它们或是在影片制作的不同阶段录制的，或是从效果资料中选定的。混录，即混合录音，就是影片中各种声音的合并录音过程，也就是将之前录制好的独立分开的音频与音乐、音响效果等有机地整合在一起，录制成一条与影片画面完美结合的混合声带，才能配合到成片中。这应该是整个动画声音制作的最后一个步骤。

混合录音也可以说是一种组合影片中多种声音的方法，必须在符合规定视听条件的混合录音棚内，通过必要的混录设备，对各种声音素材进行加工和混合，才能保证混录声带的质量。为了保证在混合录音时录音师所监听到的声音与将来在影院放映时的听音效果基本一致或接近，对混录棚及其监听特性有专门要求。如果是立体声影片，混合录音师还需要根据画面的要求，利用专门设计的立体声声相移位器来调节声相的位置，给观众造成声源移动的感觉。

7.3　动画声音的构成元素及其在作品中的作用

动画片与真人演出的电影不同，它的动画角色在现实生活中并不存在，完全是人工绘制出来的。这些虚拟的角色正因为声音的加入才具有生命和活力。声音赋予角色性格和情感，担负着交流和沟通的使命，展示着剧情的发展和变化，使这个完全模拟的动画世界变得真实。语言、音效和音乐是动画声音的基本组成部分，各种声音元素应该有目的地选择，有组织地运用，才能产生创造性的构思。

7.3.1　语言

1. 动画语言的类型

动画中的语言就是指动画作品中各种角色发出的有声语言。动画中的角色语言并非单纯只是人类的有声语言，由于动画角色大都是虚构的，这就造成了角色语言很可能是非人类的语言。语言包括对白、独白、旁白、内心独白和解说等内容。语言除了具有表达逻辑思维的功能之外，还因其在音调、音色、响度、节奏等方面的特点，而具有情绪、性格、气质等形象方面的丰富表现力。同时，语言是塑造人物形象、刻画人物心态、表现人物情绪的重要手段，语言也是角色之间以及角色与观众之间进行交流的重要手段，它能够最直接、最迅速、最鲜明地体现出角色之间的关系，并带动剧情的发展。在动画片声音创作中，应高度重视语言的艺术性，运用语言时，不仅要将动画片的内容表达清楚，还要在韵律、节奏等方面力求与整个动画片风格协调一致。

1）对白

对白也称对话，它是人物表达思想和情感的重要手段，是影片中推动叙事发展的重要元素。在动画片中，对白仍然是推进叙事、表现人物、塑造人物、表达性格的主要表现方式。人物对话的语气、语调、速度、表情、口齿的清晰程度，都可以反映出影片人物的性格和特点。对话应该是口语化的语言，这个特点在动画电影中表现为语言的简短与直接，大量使用非正式语言、习惯性用语、固定表达等。动画电影要让广大观众接受，就要使用大众化的语言而不是专业术语。对话是动画电影各种构成元素中具有释义作用的一种特殊元素。对话的基本修辞要求在于简洁、精炼、生活化和口语化，具有鲜明的个性化特征，必要时蕴含丰富的潜台词。潜台词是指话语潜在的含义，它是对话的内在依据和真实动因，往往能反映出人物说话时隐蔽的内心活动。所以，潜台词的运用不仅能使对话含蓄隽永，而且能使观众通过联想和思索，领悟其中的弦外之音，获得审美创造的快感。

2）独白和旁白

独白和旁白均是以画外音的形式来表达的。独白是人物在特定情景下的心声，是揭示人物心理的一种手段。由于它是以第一人称的方式所做的内心独白，表达的是人物最真实的思想和隐秘的情感，所以就必须符合人物的性格和在特殊情况下的思想活动。

旁白是影片叙事、抒情的一种方法，它可以是创作者的客观叙述，也可以是剧中人物的主观自述。旁白不要求像对话那样追求口语化，而是追求书面语言那种较为严谨的语法结构和逻辑性，使之具有较强的文学性，或充满诗意，或具有哲理。

2. 动画语言的作用

1）语言可以塑造动画人物形象

首先，通过语言的物理属性——音高、音色和节奏来塑造人物形象。性别、年龄不同的个体对语言有不同的处理方式，由此形成不同的语言音色。男性的声音浑厚阳刚，女性的声音轻细阴柔，老人的声音沧桑沙哑，小孩的声音清澈纯真，必须根据角色的要求挑选合适的声音，表现语言的作用，突出角色的个性。语调是指说话时语音高低轻重配置而形成的腔调，在具体配音中也指根据角色性格、背景等约定的说话方式，表示一定的语气和情感。动画电影《冰河世纪》中角色的视觉形象和性格特点都很突出，例如，长毛象体形庞大，还显得有点笨重，在角色音色的选择上可以选择中低音的声线，配以憨厚稳重的语调进行角色的声音演绎；黄鼠狼兄弟体形小巧，敏捷机灵，在角色音色的选择上就应该选择中高音的声线，并采取幽默搞笑的语调来塑造角色。在配音训练时，吐字归音、声音表情、变音技巧等各个方面都会涉及，借以训练声音的可塑性。前鼻音、后鼻音、音调的高低、鼻腔共鸣、胸腔共鸣等的不同，都会让声音感觉非常不同。像为少女配音的时候，声音就要尽量压扁，鼻腔共鸣更多；而为男孩配音时就要尽量把发声位置靠后，说出来的声音稍微厚实一些，为年长者配音时，声音就要更加沉下去，语速也要相应减慢。

其次，可以通过语言的内容来塑造人物的形象，经典的语句还可以成为人物的标志性语言，给观众留下深刻的印象。例如，在日本动画片《蜡笔小新》中，配音演员故意发出有些略显迟钝的闷闷声音，小新并不标准的带着童声的普通话以及不符合他年龄的话语给我们留下了深刻的印象。那句“小白，小白”成为小新声音的一种标志。

动画片中的语言带有一定的符号性，好的声音能够成为一个动画片的形象代表，可以通过一些无实意的人声丰富角色的形象，如一些特殊的笑声、哭声和喷嚏声等。例如，动画片《鼹鼠的故事》中，小鼹鼠的语言全部是由“咦、呀、哦、啊”等无实意的语气词构成的，不仅不妨碍观众的欣赏，还增添了无尽的童趣。鼹鼠的笑声和哭声以及对陌生事物表现出的好奇声和恐惧声，这些无具体含义的表情声音同样可以展现出鼹鼠丰富的内心世界。《米老鼠和唐老鸭》中的那句“啊哦”至今都让我们念念不忘，成功地塑造了一个经典的动画形象。

2）语言的情绪表现功能

在生活中，人们对语言的处理一般是根据生理本能来完成的。兴奋的时候就会情绪高昂，语调高亢，说话有力，节奏较快；悲伤的时候就会情绪低落，语调低沉，说话无力，节奏缓慢。例如，在动画片《海底总动员》中，那只经常短暂失去记忆的蓝色帝王鱼多丽是一个亮眼的角色，它稍微有点神经质，只要兴奋起来，马上语速加快，音调升高，观众的感情在不知不觉之间就被多丽的声音所带动，每到这个时候，也预示着会有惊心动魄的情节出现，大家都会为父亲马林的寻子之路捏一把汗。马林寻找不到尼莫，怀疑儿子已经遭遇不测，当演员诠释这个悲伤而沉重的情节时，语调明显低沉，语速缓慢，观众也随之动容。

3）语言声音的夸张变形使声音更具有表现力

夸张是动画的特点之一。声音的夸张是对声音的音色、音调、语气和节奏进行夸张变形的处理手法，夸大事物的某些特征，使声音具有一定的形象特征以符合角色的性格、情绪、气质以及特定的场景，或者用来强调特殊的动作效果。语言的夸张变形是最常用的声音创作手法，通常依靠录音技术方法实现，如对录制好的声音进行拉伸和压缩，从而改变语音的音调与音色等。一般动画片的配音音调比生活化语言高，说话的语气也注意夸张地表现人物或动画主角的个性特点，有时为了突出夸张性，会多运用一些语气词。我国动画片《大闹天宫》中孙悟空的配音就借鉴了京剧中的念白，京剧的念白与孙悟空的京剧花脸造型都具有强烈的夸张性。

7.3.2 音效

1. 音效的概念及分类

音效，即声音效果、音响效果，也常简称为音响、效果声等，是动画作品中除了语言、音乐之外的其他声音的统称，是视听艺术特有的一种声音类型。音效在动画影片中的主要作用是烘托气氛，使画面更加真实，并推动剧情的发展。

动画中的音效从表现意义的创作手法上可划分为写实音效和写意音效。写实音效提供附加信息，拓展视觉空间，最基本特征是增强真实感；写意音效进行声音的主观处理，基本的形式有夸张、重复、隐喻、无声等。

根据来源，音效可以分为真实音效和非真实音效。真实音效主要是对自然音所进行的采集、录音、剪辑制作；非真实音效是指人为制造出来的非自然音或对自然声进行变形处理后的音效，以及通过 MIDI 技术和数字音频技术结合而成的电子音效。非真实音效在动画片中运用较多。

还可以将音效分为动作声、自然声、机械声、枪炮声以及其他人为制造出的特殊音效。

李雪飞老师在《试论动画片声音艺术的表现》一文中将音效分为 4 类：①情绪化音效，在作品中能够推动剧情发展，揭示人物心理，塑造人物形象等作用；②叙事性音效，可以参与影片的叙事，推动情节的不断发展；③时空性音效，表现场景中空间的大小、声音的方位、物体的大小、质量以及场景中的具体时间、季节变化等；④物体性质音效，这些声音能反映物体的大小、速度、质量、方位等信息。

2. 音效在动画作品中的作用

1）音效创造时空环境，增强画面的真实感

音效在动画片中极为重要，最容易体现的就是创造声音环境，如喧闹的街道、激烈的战争场面等。首先是表现空间色彩，追求逼真空间，如描写码头场景的画面，配上轮船的汽笛声、海浪声、货物装卸声等，就可以塑造出真实的现场空间感。《虫虫特工队》是表现昆虫世界的一部动画电影，片中的音效设计采用人类城市中的汽车行驶声、刹车声等拟人化声音，表现出昆虫世界的繁忙都市景象。导演用飞机的轰鸣声代替蝗虫飞行发出的声音，类似于人类战争的轰炸城市的机群声；蚂蚁们用蜗牛壳吹出的是报警的号声；种子撞在一起发出的是礼花声；雨滴落地则是呼啸的炸弹爆炸声。动画片中的音效把一个完全想象出来的昆虫世界变得真实，而且对于生活中人们习以为常的音效进行模拟和再创造，增加了观众对于角色和故事的认同感。音效还能描写地域和季节，交代客观环境、时间等重要因素，如海浪声表现出大海环境，黄沙飞舞和黄河滔滔的音效描绘了黄土高原的景象，蝉鸣是炎热夏季的特征，北风呼啸是寒冷冬季的表现等。

2）音效可以烘托气氛

在动画片中，通过对音效的处理，可增强画面内容的感染力。例如，《功夫熊猫》中熊猫阿宝和五大高手切磋的情节，各种武器、动作产生的音响效果很丰富，真实地呈现了打斗现场的空间感和紧张感。音效滞后可以看作是一种音响设计的构成表现方式，用于提示或组接场景和情节。例如，日本反战争动画片《再见萤火虫》中，飞机对民居实施空袭，炸弹投放声、爆炸声、人民争相逃亡的叫声充斥着整个场景，当主角躲进了防空洞后，虽然画面只有对主角惊慌表情的特写，但飞机飞过和爆炸的声音并没有停止，提示观众主角依然处在危险的环境中。

3）把握节奏

美国动画片《猫和老鼠》中，音响很多时候采用音乐的形式出现，和角色的动作节奏紧密配合。例如，猫在不想被老鼠发现的情况下接近，猫运动则声音起，猫停下来则声音停，在各种惊吓情节处再配以强烈的提示声音，给画面增添了许多的趣味性和节奏感，同时开辟了一种新颖的音响设计方式，形成了独特的风格。

7.3.3 音乐

1. 音乐的概念

音乐是指有旋律的乐曲。动画音乐具有旋律、节奏、音色、配器、和声、曲式等音乐的一般特征，同时又有自己的特性，即音乐必须与画面内容、影片主题紧密联系。因此，动画音乐的创作既要运用一般音乐的创作技法，又要精确地把握动画片所要表达的故事精髓。动画中的音乐具有渲染气氛、参与叙事、控制节奏、突出主题等作用，因此，它是构成动画片的重要内容。动画片如果脱离音乐，就失去了视听统一的综合功能，不能成为一部完整的作品。

2. 音乐在动画作品中的作用

动画片中的音乐不但可以对影片产生抒情、达意、铺垫、叙事的作用，而且可以控制观众的心理节奏、影片的节奏，并具有调节影片色调的功能。它经常被用来代替语言和音响，借以塑造人物形象、渲染气氛、强调角色的动作、解释画面的内容；与动画剧情的起伏、画面的转移和场景的过渡相配合，以达到加深刻画人物、强化剧情张力等扩展画面表现力的目的。音乐在作品中的作用具体可以从以下几个方面理解。

1）揭示主题，烘托气氛

好莱坞动画音乐大都有背景音乐、伴奏音乐和主题音乐。主题音乐的主旋律往往贯穿全片，对影片的风格定位、主题思想起到关键的作用。《飞屋环游记》中，主题音乐通过不同的类型呈现，如爵士风格、交响乐风格、钢琴独奏等，反复重复主题，动人的旋律给人留下深刻的印象。

音乐和画面的结合可以做到情绪一致，节奏配合，视觉内容统一，对画面可以从不同侧面、不同角度、不同层次上进行表现，对于节奏、速度、情绪和意境都有所帮助，可以起到烘托、渲染画面的作用。音乐与画面的结合更能表现人物的内心世界，反映出生活的复杂性和多面性，从而表达出动画丰富的内涵。音乐表现情感的力度非常强烈，可以弥补画面人物感情深度与强度的不足，渲染悲欢离合的气氛，可以与视觉画面相互补充，形成独特的声画立体氛围。例如，在大痛大悲（如殉情）的场景就应当配以激烈的音乐来塑造感情的激烈起伏；而类似爱侣离开已久，十年生死两茫茫般的情景，就应当配以舒缓而哀伤的音乐来凸显因时间而慢慢酝酿的感伤。因此，音乐常用于渲染环境气氛，表达不同的故事情节，让观众在炫目的视觉和听觉形象中得到震撼的心理感受，产生身临其境的艺术效果。

2）调动观众的情绪，增强影片的感染力

音乐可以加强画面的可信度和临场感，可以对影片的节奏、色彩等产生影响，从而决定影片的情绪起伏。经典动画片《猫和老鼠》中大多是音乐贯穿，很少有演员配音。急速的钢琴声搭配猫和老鼠追逐和逃跑的情形；角色笨重、滑稽的时候就用大号演奏；汤姆猫悄悄跟踪杰瑞鼠，就用钢琴上的高音部分跳跃演奏；在表现杰瑞鼠打败汤姆猫，洋洋得意，自我陶醉地跳起舞蹈时，就用小提琴演奏；鼓声和镲声则出现在猫和老鼠剧烈撞击的时候，这一系列音乐喜剧手段的运用，足以调动观众的情绪，使得音乐与画面紧密结合，产生强烈而有趣的视听效果。

在美国动画片《狮子王》中，有一段运用得很好的背景情绪音乐。辛巴与娜娜在溪水边相互爱慕、共浴爱河的那场戏里，没有一句对白，但温馨浪漫的配乐却很好地烘托了角色情绪，表达了角色的心理，使观众受到了深深的感染。《海底总动员》中小丑鱼父亲和罗里在海底迷路的时候，大提琴短促的拨弦以及管乐吹奏的长音预示着潜伏的危机，为后面鲨鱼的出现做了铺垫。《千与千寻》中，开始就呈现了一段以钢琴为主奏乐器的略带忧伤的旋律，随着情节的发展，当千寻在白龙的陪伴下强忍悲痛吃下增强自己力量的馒头，泪水奔流而出的时候，钢琴再次演奏起了这段忧伤的旋律，这次音乐的再现把千寻在忍受巨大磨难后的那种痛苦和思念心理表现得淋漓尽致。白龙让千寻离开那座可怕的城市时，由木管乐器吹奏出的短促音型和不断加强加宽的长音，以及弦乐器演奏的紧张的颤音，共同把情节推到一个紧张的高潮。

动画片《三个和尚》运用不同的乐器音色准确塑造了 3 个形态各异的人物形象；《兰花花》中则用唢呐声代替了所有角色的语言交流，虽然无法确定唢呐旋律所表达的具体内容，但是它准确细腻地传递了其中的情感，把这个悲情故事深深地烙印在观众的心中。

3）确定节奏

动画节奏要比现实生活中的动作节奏快一些，动画会有意加快动作节奏，以产生幽默或戏剧化的效果。因此，动画片在音乐创作方面更加强调音乐的节奏性，常常利用音乐节奏的急缓张弛来表现动画片的夸张性。音乐要求节奏和速度，动画片制作也有着严格的时间要求，于是共同的时间尺度使得音乐和画面得以保持精确的同步，产生强有力的联系。在《猫和老鼠》中往往用弦乐拨奏或木管的顿音来描写老鼠蹑手蹑脚的形象，用一个音乐主题的重复，描写猫追老鼠时跑圈的画面，当画面上猫追老鼠的速度加快时，音乐的速度也不断加快；另外，在描写老鼠的往前跑后又向后退的动作时，往往使用相同音乐，然后是同一段音乐倒过来。又如在经典动画片《小鹿斑比》中，音乐使用铜管乐器由低到高、一次吹响的伴音用来表现鹿群争斗的场面，由单簧管和弦乐演奏的伴音快速下行来表现树叶飘落，由小提琴的拨弦来表现斑比在草地里蹦蹦跳跳的情景，由大提琴和中提琴演奏的振音来模仿鼹鼠钻地的声音，由小提琴演奏的一声高一声低的音乐来表现兔子的跳跃，由单簧管演奏的音乐来表现兔子们四腿不停地奔跑，等等。

4）刻画内心世界

音乐也常常用于塑造人物的性格，表现人物的思想感情和心理变化，体现内心潜台词等。这一类东西的塑造单靠画面较为困难，特别是性格，需要故事进行了一段时间才能完全表现出来。音乐往往表达了作曲家对特定人物的理解及爱憎态度，带有一定的评价意义。观众通过音乐的表现，可以进一步理解人物，并唤起对于人物的爱憎，这样就在丰富了人物形象的同时也加强了观众对人物的认识。针对不同的人物用符合他们性格的音乐来增强效果，让人实实在在地感受到特定人物出现时的真实气氛，也就使人物显得真实可感。这类例子很多，例如，妖怪出场时往往有让人压抑的音乐；幽灵出现会有诡异的音乐；仙人出现则往往有让人感觉悠扬空灵的音乐；开朗的人配有欢快的音乐；失落的人则有哀怨的音乐效果。这样的效果往往可以让人全方位地体验到身临其境的真实感受。

当动画片中的人物在沉思、没有动作或对白时，正是音乐发挥作用的时候，这时的音乐会使观众不由自主地把自己的视觉活动暂时让位给听觉活动，音乐所发挥的艺术感染力，能充分表现出动画人物的内心活动和环境气氛，它可以起到决定动画人物思想的作用。音乐有时候被用来代替对白和音响，借以渲染气氛，强调角色动作，解释画面内容。当人物对话的时候，它可以起到加强刻画人物内心活动的作用，甚至可以随着对话推动人物情绪的继续发展，使人物性格与故事情节呼应。音乐是通过乐音的起伏变化来表现某种意义的，特点是从内心的深层激起情感的共鸣，因此它具有比语言更为深刻的含义。音乐在表达和抒发细腻情感的同时，也在营造符合影片内容所需要的意境。

5）渲染出动画的整体风格

整体风格指整体剧情的连贯，也包括影片整体基调的渲染。在做后期剪辑时，可以在前后两个镜头的衔接处使用音乐来进行调节，在两段镜头之间进行调和。组接同一时间不同事件的若干组画面的交替或同一事件的若干个不同侧面的各组镜头的交替、动画时间空间的跳跃交错等，音乐的这种连贯作用又被称为“音乐的蒙太奇”。在很多动画影片中，我们都会听到优美的歌曲出现在转场上，有的用来精简时间的推移或岁月的变迁，如《狮子王》中辛巴成长的段落；有的用来精简空间的转移，如《白雪公主》中7个小矮人从矿地回家的段落；有的用来简化某个事件的过程，如《花木兰》中训练的段落；有的用来表现某件事情或某种情绪的变迁，如《玩具总动员》中安弟从喜爱胡迪到喜爱巴斯光年的段落等。这些音乐的安插在缓和节奏的同时，也有叙事的功能。

音乐可以参与影片的情节发展，刻画人物的内心矛盾，表现人物之间的外在冲突。音乐能够直接推动剧情发展，深化影片内容。音乐以自己的独特方式将画面贯穿起来，形成一种完整的形象。例如，画面是一组短镜头，描写时间过程、人物成长或脑海中回忆的各种片段时，音乐只写出一种情绪或着力刻画人物的内心世界，使画面的蒙太奇更为凝聚集中，以加深观众对影片的理解。故事情节的发展用画面配合音乐表达出来，它所表达的艺术效果有时甚至比人声更加完美。同样的音乐在影片中多次反复出现，在情节发展过程中可以起到纽带作用，既能使整部电影完整统一，又能使观众在心理上获得连贯的感受。影片《指环王》三部曲所呈现给大家的，除了视觉上的完美统一，还有一首贯穿电影始终的歌曲 *May it be*。随着影片中故事情节一步步推进，这首歌也一次次响起，让人不会觉得这是3部不同的影片。音乐也是动画整体风格的渲染要素。

这里所说的整体风格并不是单一的某种标准，可以是奇幻风格、写实风格这样的画面感知上的区分，也可以是民族性等的文化特性方面的风格。音乐可以通过某种特定音调、乐器音色、风格应用在影片的局部或整体中，作为表现时代特征、民族特点、地方色彩或强化特定的影片基调与气氛的手段。这时动画音乐加强了它的认知功能，把观众引入特定的情景之中。一些经典大片更是擅长运用背影音乐来烘托气氛，或者说是匹配其中宏大的历史场面或活动。例如，我国著名动画片《大闹天宫》利用戏曲作为配乐的元素，再加上国画风格以及装饰画风格的画面，极大地表现出了整部片子的风格。音乐和其他一些元素的辅助，可以统一整部片子的风格。所以这部片子是最具有中国特色艺术风格的动画片，堪称中国动画片不朽之作。

7.4　动画音乐和 MIDI 音乐

音乐是动画声音中的重要组成部分，它带有强烈的感情色彩。动画音乐在旋律、节奏、配器等各方面都更加突出动画的运动特性，在节奏上更注重与画面动作的协调统一。动画作品中的音乐可以分为背景音乐和主题音乐两种类型。在大型的动画作品中，主题音乐和背景音乐的作用毋庸置疑。音乐制作人员事前和导演沟通，了解原作者想要表现的世界观，然后开始制作试听带。一开始，试听带以录音带形式交给导演试听，现在多使用 MD 或 CD。导演听过试听带后再和作曲者和作词者修改音乐。大多数小型作品中都使用了现有的音乐素材做背景音乐，经过精心设计和编排，烘托气氛或抒发情感。要配合多样的动画情节，需要对各种音乐有广泛的了解才能创作出理想的动画音乐，所以担任动画音乐制作的作词作曲家们或音效师绝大部分是音乐界人士。本节简单地介绍一下动画音乐和 MIDI 音乐的相关内容。

7.4.1　动画音乐的分类

动画音乐的基本分类主要有：

- OP(Opening)，即片头曲；
- ED(Ending)，即片尾曲；
- IN(Interlude)，即插曲；
- BGM(Background Music)，即背景音乐；
- OST(Original Sound Track)，即原音带；
- CS(Character Song)，即角色歌。

1. 片头曲

片头曲也称主题曲或主题歌，是在电影、电视剧、动画、舞台戏剧等作品中，用来代表作品的主要乐曲或歌曲。作曲家常将片头音乐创作为概括性序曲，用以概括影片的主题思想、人物性格或戏剧性矛盾冲突等。也有些影片采用具有概括性的歌曲作为片头音乐。

2. 片尾曲

片尾曲一般在剧末出现，具有给人联想与回味的作用。一首好的片尾曲能让观众的兴趣保持下去，甚至也会拉动作品的人气，可谓是点睛之笔。

3. 插曲

插曲是配置在话剧或电影等中的歌曲，一般用来衬托事情发展中插入的特殊片段，用来渲染作品人物的特定情绪。

4. 背景音乐

背景音乐也称配乐，通常是指在电视剧、电影、动画中用于调节气氛的一种音乐，插入对话之中，能够增强情感的表达，让观众有身临其境的感受。

5. 原音带

原音带，即作品原声大碟，一般收录动画、电影、游戏等的主题曲、主要插曲及配乐等。

6. 角色歌

角色歌就是针对动画、游戏中角色的形象以及个性创作的歌曲，通常由该角色的声优以角色的身份演唱。在其他情况下，CS还有Commercial Song的意思，即用于广告的歌曲。

7.4.2 MIDI音乐概述

1. MIDI定义和文件实质

MIDI是乐器数字接口(Music Instrument Digital Interface)的缩写，它是一个国际通用的标准接口。通过它，各种MIDI设备都可以准确传送MIDI信息。

MIDI文件不是一种音频文件，而是一种对声音类似描述性的控制信息，它只是把乐曲在演奏时较为重要的信息记录下来，如在什么时间，使用了什么乐器音色，是什么音符，有多大的力度，有多长的时间，有没有加入合唱混响等。它并非像WAV文件那样记录着乐曲在每个时候声音的波形变化，因此，MIDI文件是包含许多控制信息内容的文件。真正用来发出声音的是音源，但是不同声卡，不同软波表，不同硬件音源的音色是不同的，所以相同的MIDI文件在不同的设备上播放结果会完全不一样，这是MIDI的基本特点。

2. MIDI的设备

MIDI音乐的合成一般需要用3种基本设备：音源、音序器和输入设备。

1）音源

MIDI音乐是运用音色采样与合成的原理来再现音乐的，采样就是对真实的乐器的音色进行数字采样，这样获取的数据成为后面合成音乐的重要来源。音源就是一个装了很多音色的音色库，所谓装了很多音色就是指在一个音源内部有很多不同音色的样本波形，如钢琴就有钢琴的音色样本，吉他就有吉他的音色样本。但是音源不知道在什么时候该用什么音色发怎样的声音，它好比只是一个资源库，至于如何调用资源不是音源的工作，这项任务是由MIDI制作的心脏——音序器来完成的。

音源分为软音源和硬音源。所谓"软"音源实质上是一个软件，必须在计算机上安装后才能使用，常见的有Yamaha S-YXG100、Roland VSC88等；而"硬"音源是一个实际存在的设备，大一点的和一个家用VCD机差不多大小，小一点的比一个光驱大不了多少，把它和音序器连接以后就可以使用了。事实上，音源可以做得很小，普通家用声卡上就有一个小小的音源，而它只是一块芯片，人们能直接用声卡听MIDI音乐就是用它作为音源的。在目前的专业MIDI领域中，硬件音源还是不可缺少的，比较有名的硬件音源有Roland JV1080、JV2080、Yamaha MU90(如图7-1所示)、MU100、TG500等。

图7-1　硬件音源设备

2）音序器

音序器也叫编曲机，其作用就是把作曲者的音乐转换成数字的控制信息，再用控制信息去操纵音源调动音色，最后通过声卡转换成声音。也就是说，音序器是以数字的形式记录下一首曲子所需的音色、音高、节奏、音符等基本要素，让音源发声。MIDI 文件的本质内容实际上就是音序内容。

音序器有硬件和软件两种形式，其中软件音序器必须在计算机上安装以后通过计算机才能使用。人们应用的很多 MIDI 制作软件实际上就是音序器软件，如 Cakewalk、Cubase VST、Logic Audio、ProTools 等，这些软件提供给作曲者的数据编辑界面有五线谱、模拟键盘、图形或数字等方式，其编辑界面模式相当丰富而且便捷，不但具有基本的 MIDI 音序器功能，还能对数字音频进行编辑和处理。硬件音序器和硬件音源一样，也是一个实际存在的东西，体积一般都很小，比一个硬盘大不了多少，和音源连接以后就可以控制音源发声了。现在用计算机制作 MIDI 音乐成为主流方式，软件音序器很快就取代了硬件音序器。

3）输入设备

MIDI 输入设备是产生 MIDI 数据的设备，它通过声卡中的 MIDI 接口与计算机相连。音乐创作者可以采用专用 MIDI 键盘或带 MIDI 接口的电子琴作为 MIDI 输入设备，这样演奏的内容便可以通过 MIDI 接口被音序器接收并存储为音序内容。如果没有这些设备，也可以直接采用音序器软件模拟电子琴进行音乐创作。MIDI 键盘及信号传输过程如图 7-2 所示。

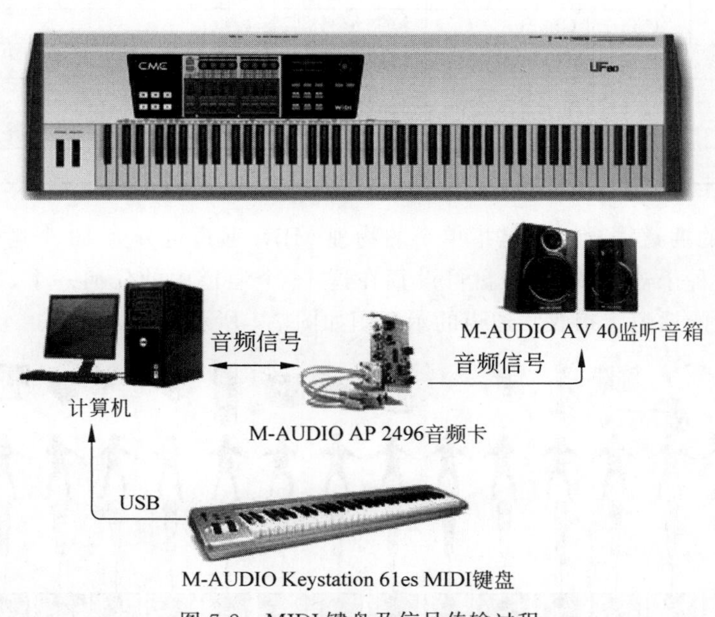

图 7-2　MIDI 键盘及信号传输过程

总之，可以这样理解：制作 MIDI 音乐就是在音源上选择一个音色，在输入设备上演奏一段音乐，同时让音序器录制这段音乐，之后，演奏就被转化为音序内容存储在音序器里，音源会根据音序文件控制音色库播放这段音乐。

7.4.3 MIDI 文件结构

1. 数据结构

MIDI 的数据结构包括两部分,分别是状态单元和数据单元。这里主要对状态单元进行阐述。

状态单元主要包括的内容如图 7-3 所示。

状态单元中的系统信息主要包括以下内容。

- 系统一般信息:MIDI 系统的整体性设定,每个 MIDI 设备都受其影响,是与 MIDI Time Code 有关的 MIDI 命令。
- 系统实时信息:和同步功能有关的 MIDI 命令。
- 系统专用信息:同厂牌的 MIDI 设备间互相交换信息,传输音色资料,音色资料共享。

X XXX

Channel ID
指定选定的通道

Command/Message ID
表示MIDI Message的命令种类

Byte ID, 1=status byte

图 7-3 MIDI 文件的状态单元

状态单元主要的命令种类如表 7-1 所示。

表 7-1 状态单元主要的命令种类

命令 ID	命 令	命令含义
000	Note Off	停止发音命令,后接音高、音量
001	Note On	开始发音命令,后接音高、音量
010	PKPAftertouch	PKP 全名为 Polyphonic Key Pressure,即多音琴键触压值。后接音高、音量,可设置弹奏的响度、亮度及颤音
011	Control Change	控制编号,后接数据
100	Program Change	切换音色,后接音色编号
101	ChannelAftertouch	通道触压值,后接触压值
110	Pitch Wheel/Bender	音高转轮,用于发音的音高变调,模拟滑音的动作
111	System	系统

MIDI 文件的通道概念主要是指单个的物理 MIDI 通道可分为 16 个逻辑通道,每个逻辑通道可指定一种乐器。MIDI 键盘可设置在这 16 个通道中的任何一个,MIDI 合成器可以被设置在指定的通道上接收。通道的示意图如图 7-4 所示。

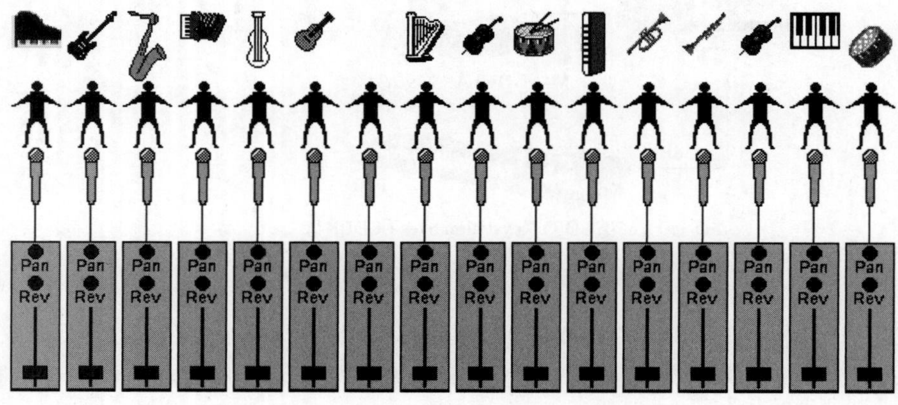

图 7-4 MIDI 文件的通道示意图

通道的主要模式如下。

- All Sound Off：关闭所有声音。
- Reset All Controller：所有项目重新设为初始状态。
- Local Control：设定音源模组发声的开关。
- All Note Off：停止所有在发声的音符。
- Omni On：表示接收全部 MIDI In Port 的数据。
- Omni Off：此为标准模式，只接收属于本机 Channel 的数据。
- Poly：表示可以同时发一个以上的音，可以弹和弦。
- Mono：仅能单音发声。

2. 文件结构

MIDI 文件由头块（Header Chunk）及轨道块（Track Chunk）组成。一个 MIDI 文件只有一个头块，用来记录基本格式信息，其后可以接一个或数个轨道块，用来记录音符信息及 MIDI 命令信息。

1）头块信息

（1）识别码：4B。

（2）长度：头块的长度，4B。

（3）格式：2B。

- 格式 0：单轨格式，在头块后仅接一个轨道块。
- 格式 1：同步多轨格式，在头块之后可以接多个轨道块，并且在播放时多轨同时处理。
- 格式 2：非同步多轨格式，可包含多个轨道块，且每一个音轨拥有自己的速度值。

（4）轨道数：记录 MIDI 文件中有多少个轨道块。

（5）区隔：指定计时的方式，分为两种格式：随时间计时（属于 MIDI 格式）和定制的时间码（SMPTE Time Code 格式）。

2）轨道块信息

（1）识别码：4B。

（2）长度：轨道块的长度，4B。

（3）轨道事件：相关音符的信息，包括 Delta Time 和 Event。

（4）Delta Time：下一个 Event 与前一个 Event 的时间间隔，并没有固定长度，其单位为 tick。

（5）Event：可分为 Meta Event、MIDI Event 及 SysEx Event。

- Meta Event：非 MIDI 数据的重要信息。
- MIDI Event：任何一个 MIDI 信息码。
- SysEx Event：MIDI System Exclusive 信息。

7.5　动画片《狮子王》声音赏析

《狮子王》作为迪士尼的经典之作，堪称动画电影史上的奇迹。自 1994 年 6 月 24 日在美国上映以后，《狮子王》一直以其活泼可爱的动画形象、震撼人心的壮丽场景、感人至深的优美音乐，以及其描述的爱情与责任的故事内容，深深地打动着广大观众。《狮子王》不仅取得了票房上的巨大成功，也重新定义了动画电影。在 1995 年的第 67 届奥斯卡颁奖晚会上，《狮子王》荣获最佳电影配乐及最佳电影主题曲两项大奖。片尾曲是由艾尔顿·约翰演唱的《今晚感觉我的爱》，这首歌在此处是一次完美的体现。没有影片中的情节和效果声音的干扰，加上原汁原味的摇滚乐的伴奏，让观众领略到艾尔顿·约翰淳朴的演唱魅力。《狮子王》这部动画片的音乐写得非常成功，因此荣获了 1995 年奥斯卡奖和金球奖最佳原著音乐和最佳电影歌曲两项大奖。本节将对该片的语言、音效和音乐进行赏析。

7.5.1 语言特点

影片中，狮子、土狼、猴子、鸟等角色举手投足间都像是个思维活跃、情感丰富的人。例如，狮王穆法沙的配音具有男性特征，坚定有力的磁性音色恰如其分地表现了剧中角色的思维和情感；小狮子辛巴的配音选择具有童真的声音，反映了好奇、逞强、寻求刺激、大胆无畏的角色形象；辛巴母亲的配音充满了温情，亲切地体现了人类般的母爱情感。正是因为角色语言塑造得出神入化，使影片中的动物形象很快深入人心，把人类与动物的关系拉得更近了。影片的配音大量运用了隐喻手法来表现动物形象。例如表现鹦鹉时，配音演员从发音的方式、发音的韵律、发音的节奏上去靠拢现实中鹦鹉的叫声，以及鹦鹉模仿人类的发音，这就是明显的韵律隐喻和节奏隐喻。在 3 只与刀疤狼狈为奸的土狼中有一只叫艾德的，是个哑巴，整部影片中它只出现过若干次吃吃的笑声，但土狼龌龊而凶狠的形象通过这样简单的声音与画面一起完美体现了出来。

7.5.2 音效特点

影片一开始就配有表现非洲草原自然环境的音效，紧接着，配有电子合成、带有较高频率的声音给人以紧张不安的情绪，再配上狮子特有的混音采集音效，一下子就把观众带入剧中场景。这里的声音处理手法简洁，恰到好处。在激情高昂的片头音乐《生生不息》中配上非洲原野大自然的鸟鸣声及狮子、大象等动物吼叫声的音效，将音效与音乐巧妙地融合，表现了在非洲大草原壮丽的背景中的生命轮回，万物盛衰，生生不息。在影片 7 分 9 秒～11 分 34 秒，音乐配合画面上出现的电闪雷鸣的音效，表现大自然的场景。在影片 27 分 56 秒～30 分 58 秒，在歌曲《快准备》结束之处运用特殊的电子合成音效把全片推向高潮，是音乐与音效完美结合的典范之一。

7.5.3 音乐特点

影片由世界顶级音乐制作人艾尔顿·约翰和著名配乐大师汉斯·季默配乐，具有浓厚的世界音乐风格，流露出非洲大地原生态音乐的韵律。

片头音乐在一声具有非洲风格的呐喊声中开始，在非洲土语的歌声的伴唱下引出了充满激情的主题曲《生生不息》。画面上，非洲大草原上，狮王穆法沙和王后色拉碧产下了小王子辛巴，所有的动物都前来庆祝，发出欢呼声。在非洲大草原日出的壮丽背景中，万兽聚首，朝拜小王子的诞生，在非洲鼓乐的伴奏中配以和谐动听的合唱，整个音乐热烈奔放，给人以极大的震撼力。音乐与画面极其吻合，每一次镜头的转换，音乐都步步跟进。这一段音乐起到描绘画面的作用，属于“音画同步”的表现形式。

接下来的画面(影片7分9秒~11分34秒)由几组镜头构成:雨季来临,电闪雷鸣,斗转星移,季节交替,长大的小王子辛巴在父母身边撒娇,要求父亲陪他出去玩,穆法沙和辛巴谈话,这时沙祖飞来向穆法沙报告。这一部分的音乐素材是《荣耀大地》,演奏形式与风格的对比反差非常强烈。先是长笛独奏的旋律进入,随后展现弦乐群的优美旋律,音乐起伏跌宕,抒情柔和,接着又一次出现长笛独奏,情绪转为活泼,辛巴调皮地扑向父母。然后弦乐演奏着抒情的旋律,衬托着画面中穆法沙和辛巴的谈话。这时,犀鸟沙祖飞来了,音乐转向活泼热烈的拉丁风格和蓝调风格。沙祖唱起了歌,这段歌曲的旋律素材和演唱风格吸取了美国音乐剧中的各种元素,把沙祖那种开朗、幽默的性格表现得淋漓尽致。每一次画面的转换,音乐都同步转换。

在影片15分30秒~18分11秒,辛巴想去大象墓地探险,他想约娜娜一起去。辛巴的母亲和娜娜的母亲同意辛巴的要求,但她们不放心两个孩子的安全,让沙祖伴随他们。路上,辛巴以欢快的舞台化形式演绎歌唱了《等我长大来当王》,这段无拘无束的歌声,表现了辛巴渴望长大的愿望和心境,为影片的时代特征、地方色彩、生活气息创造了特定的基调和背景气氛。在这一段前,有一段长笛吹奏的非常活泼的引子,描写了辛巴的调皮。全歌的旋律带有浓烈的拉丁音乐风格,使用了许多拉丁打击乐器,整首音乐充满热烈欢快的氛围。在辛巴独唱时还加入了沙祖说唱风格的伴唱,最后配合着许多动物一起加入的画面,独唱转换成了合唱,在合唱的高潮中结束全曲。

在影片19分40秒~22分40秒,辛巴和娜娜来到了大象墓地,危险也随即来到,3只凶狠的土狼正等着他们。土狼是受辛巴的叔叔刀疤的指使来杀害辛巴的。土狼紧紧追赶辛巴和娜娜,沙祖不幸被土狼抓住,辛巴和娜娜也被逼到了绝路。突然,狮王穆法沙出现,土狼逃走了,辛巴、娜娜和沙祖得救了。这段音乐由电子合成器的音色合成制作,增强了恐怖的气氛,长号在低音区吹奏旋律,弦乐在高音区演奏快速的固定音型,音乐的情绪渐渐推进,是现代电子音乐与交响音乐的完美跨界结合。

在影片24分1秒~26分6秒,狮王穆法沙和辛巴进行谈话。映衬画面的是主题音乐《荣耀大地》,开始由弦乐在低音区轻轻奏响,忧郁的情绪表明了穆法沙对儿子的关爱与担忧,同时也预示着辛巴的前程将遇到磨难。音乐起伏对比很大,突然到达高潮,又急转而下,暗示了辛巴今后大起大落的命运。

在影片27分56秒~30分58秒,刀疤和土狼在一起密谋杀害穆法沙,篡夺王位。刀疤把穆法沙推下山谷,这一段画面的音乐先由电子合成器塑造出恐怖而宁静的气氛,预示着大难即将来临。刀疤做起了当国王的梦,唱起了歌曲《快准备》。这首歌由男声独唱与合唱构成,男声独唱部分的音乐完全运用现代流行说唱音乐和拉丁摇滚风格,带有狂妄和野性的情绪。

在影片36分49秒~40分10秒,辛巴发现了父亲的尸体,他既伤心又害怕,以为是自己害死了父亲。别有用心的刀疤一边极力怂恿辛巴逃走,一边命令3只土狼追杀辛巴。辛巴靠荆棘丛的掩护艰难地逃脱了。这段音乐的开始部分是《荣耀大地》的变奏,逐渐过渡成为由弦乐器与合唱队合作的一首慢速的葬礼进行曲,突然,音乐的速度和形象改变成快速的急板,在管弦乐队的演奏下,土狼追杀辛巴的紧张场面得到极大的渲染,音乐的对比非常强烈。

在影片42分9秒~48分51秒,故事描述了危难之中的辛巴得到了两个好心朋友丁满和彭彭的救助。丁满和彭彭劝告辛巴对待生活要无忧无虑,只要奉行"为今天而活就可以"的消极哲学。他们唱起了歌曲《哈库纳·马塔塔》。这首歌的音乐与表演完全借鉴了美国音乐剧的形式，即把唱、说、表演融为一体，说唱似的吟诵使得音乐诙谐活泼，表达了无忧无虑的生活态度。

在影片 50 分 39 秒～52 分 56 秒，辛巴、丁满和彭彭躺在草地上闲聊。忽然，辛巴想起了父亲的话，心情无比难过，他独自走到山崖旁，对着天空叹息。这段音乐使用主题音乐《荣耀大地》的音乐素材，木管乐器轻轻地演奏着，弦乐渐渐加入，深情而忧伤，突出了角色的内心世界。

影片的戏剧情景也随即发生了变化，为配合画面，音乐的处理也具有强烈的戏剧性。在影片 53 分 48 秒～58 分 27 秒，开始时，配乐比较平淡，情绪轻巧灵敏，基本上都是用木管乐器，紧紧配合彭彭抓昆虫的画面。这也是为音乐的展开做的铺垫，表现激战前的宁静。突然，娜娜出现，追杀着彭彭，音乐由此变成快板，在弦乐器和木管乐器高声部固定音型的支撑下，铜管乐器齐鸣，烘托出紧张的气氛。辛巴认出了娜娜，音乐的速度顿时转慢，随后情绪变得活泼轻快。当娜娜对辛巴讲到他母亲及家乡的情况时，音乐的情绪又转为缓慢而忧伤。整段音乐的速度与情绪对比非常大。

在影片 58 分 35 秒～1 小时 1 分 21 秒，辛巴与娜娜在夜色笼罩的森林里互相表达爱慕之情，歌曲《今夜感觉我的爱》优美抒情，恰到好处地烘托出剧中角色的情绪和心理活动，歌曲运用流行歌谣的曲风，完美地表达了画面温馨浪漫的意境，使观众受到深深的感动。

在影片 1 小时 6 分 20 秒～1 小时 9 分 19 秒，辛巴在巫师拉飞奇的带领下来到一条河边，听到了父亲的声音，父亲要他夺回国土。这时音乐响起，管弦乐队和合唱队一起鸣响，主题音乐《荣耀大地》的旋律再次响起。这里的情绪变得充满激情和信心，辛巴的新生活就此开始了。辛巴回到故土，黑暗的天空中传来隆隆的雷声，暴风雨就要来了。这段音乐是主题音乐的变奏，此刻的《荣耀大地》被放慢了速度，如一首哀乐，表达了辛巴沉痛的心情。忽然，转为拉丁节奏诙谐风格的歌曲，这是丁满和彭彭唱着歌引诱土狼。

在影片 1 小时 14 分 3 秒～1 小时 24 分 37 秒，辛巴回来复仇，被他打败的刀疤滚下山崖，凶残的土狼咬死了身受重伤的刀疤，辛巴当上了国王。这段音乐开始由英国管与弦乐器在低声部奏出低沉而恐怖的旋律，紧接着由弦乐器奏出主题音乐，乐器之间的音色对比强烈，音乐随着情节逐步推向高潮，最后在交响乐队与合唱队合奏声中结束。尾声的音乐转换成拉丁音乐风格，合唱队用非洲土语唱起了和声伴唱，一首带有非洲民谣风格的男声独唱，一次次地把音乐推向高潮。

艾尔顿·约翰和汉斯·季默的合作可以说是珠联璧合，他们发挥各自的特长，把气势宏大的交响乐和富有时代气息的摇滚乐完美结合在一起，使得这部影片无论是在风格上，还是形式上都独具一格，成为动画史上的一部经典之作。

7.6 本章小结

本章主要介绍了动画的配音配乐，包括配音的概念和发展历史、动画配音的类型以及流程，然后介绍了动画声音的构成元素，主要有语言、音效、音乐及其在作品中的作用，接着介绍了动画音乐的分类、MIDI 音乐概述及其基本文件结构，最后进行了动画片《狮子王》的声音赏析。

第 8 章

数字音频处理实例

本章主要介绍了 10 个常见的 Adobe Audition 软件的制作实例，介绍了各个实例的制作步骤和流程。

【本章学习目标】

- 掌握 Adobe Audition 软件的操作。
- 熟悉掌握各个实例的制作步骤和流程。

实例一　音频的基本编辑和穿插重录

【目的】

(1) 掌握音频的基本操作，熟悉对音频进行操作的工具及方法，并能对音频进行简单的处理。

(2) 熟练运用软件工具，对音频进行基本的处理操作。

(3) 实现穿插重录，并且调整重录以后的音量。

【内容和步骤】

(1) 单击文件项下的"打开文件"按钮，选择需要导入的音频文件，如图 8-1 和图 8-2 所示。

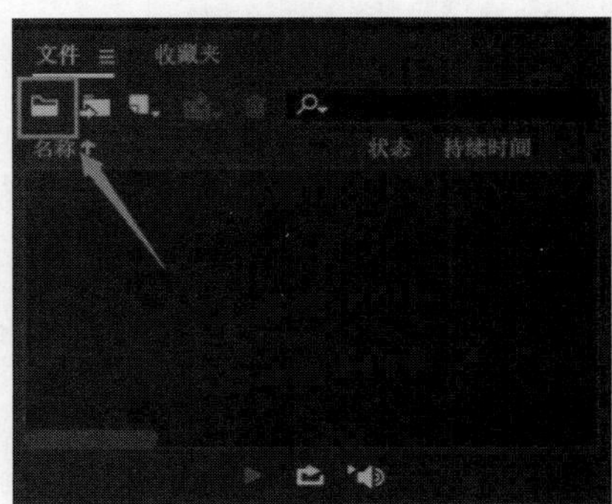

图 8-1　"文件"面板

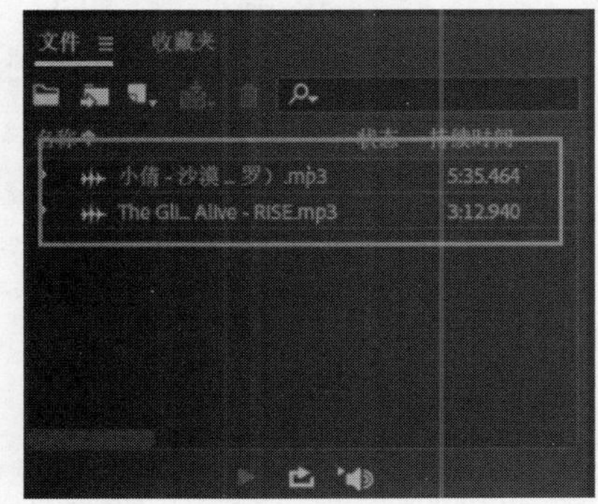

图 8-2　导入音频文件

（2）可在波形编辑界面对音频进行精准细化的处理，单击“多轨”按钮，调整“采样率”为44 100Hz，其他参数保持不变，创建多轨合成项目，如图 8-3 所示。

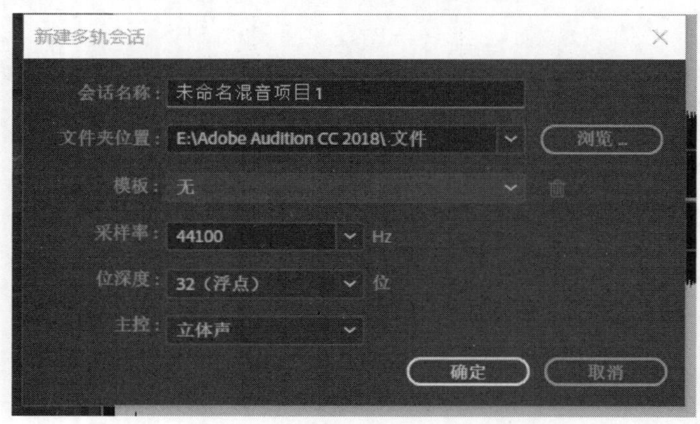

图 8-3　新建多轨会话

（3）将音频拖至编辑器中，由于音频过长，对其进行切割操作，选择工具栏下的切断所选剪辑工具，如图 8-4 所示。在想切割的部分单击，音频便会被切断，如图 8-5 所示。

图 8-4　选择切断剪辑工具

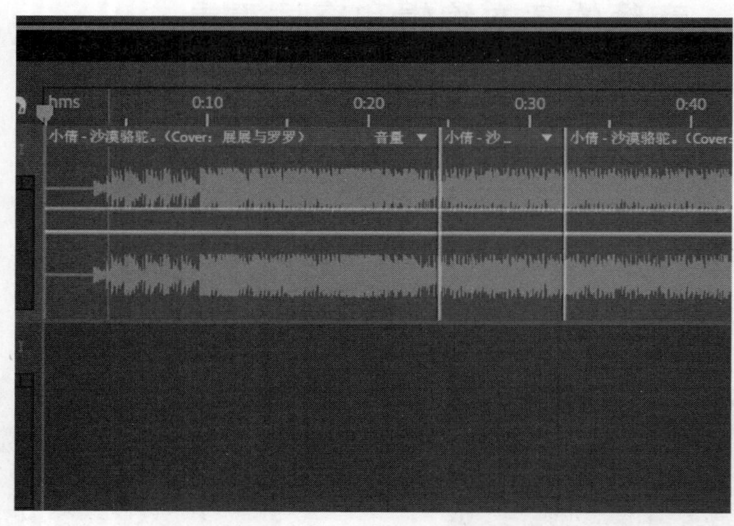

图 8-5　切断音频

（4）选择移动工具，如图 8-6 所示。选中多余音频部分按 Delete 键进行删除，如图 8-7 所示。

图 8-6　选择移动工具

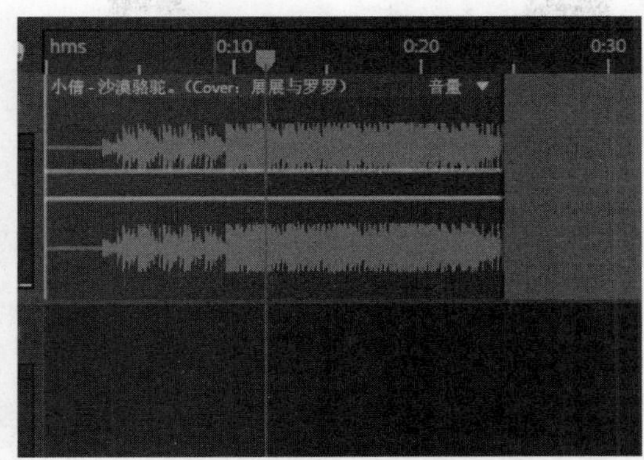

图 8-7　删除多余音频

(5) 对所留音频部分进行复制操作，选中音频右击，拖动至轨道 2 开始位置，后选择"复制到当前位置"命令，如图 8-8 所示。

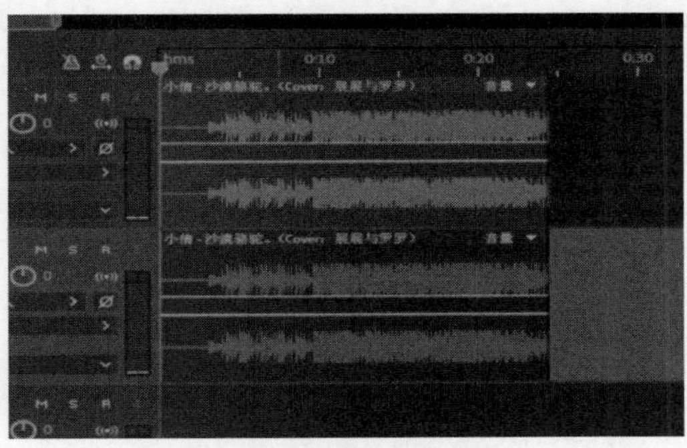

图 8-8　复制音频

(6) 同样也可右击，在弹出的快捷菜单中，选择"复制"命令，在轨道 3 右击，在弹出的快捷菜单中，选择"粘贴"命令，复制到游标处，如图 8-9 所示，剪切操作与此类似，故不重述。

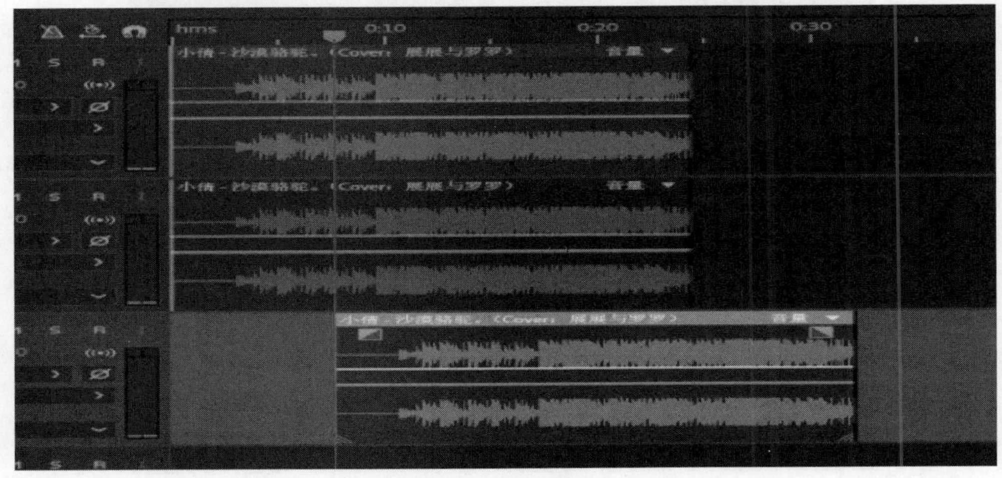

图 8-9　右击复制音频

(7) 可在轨道空白处按住鼠标左键进行多个音频波形的选择,如图 8-10 所示。

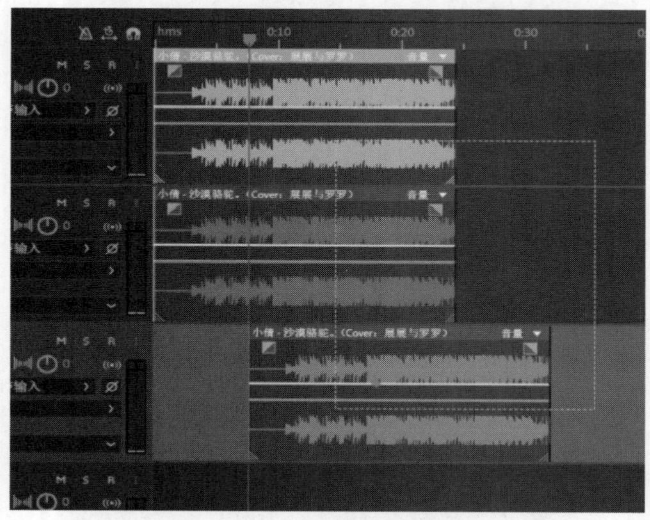

图 8-10　选中多个音频

(8) 选中轨道 1,依次选择工具栏中的"编辑"→"插入"→"静音"选项,在弹出的窗口中单击"确定"按钮,如图 8-11 所示,可在游标处生成 10s 的静音区,如图 8-12 所示。

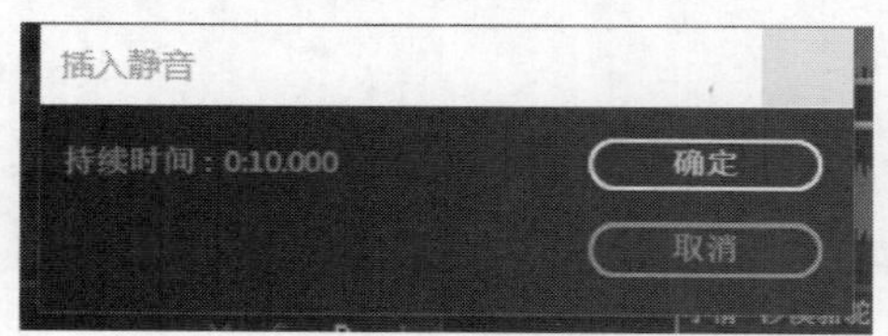

图 8-11　插入静音

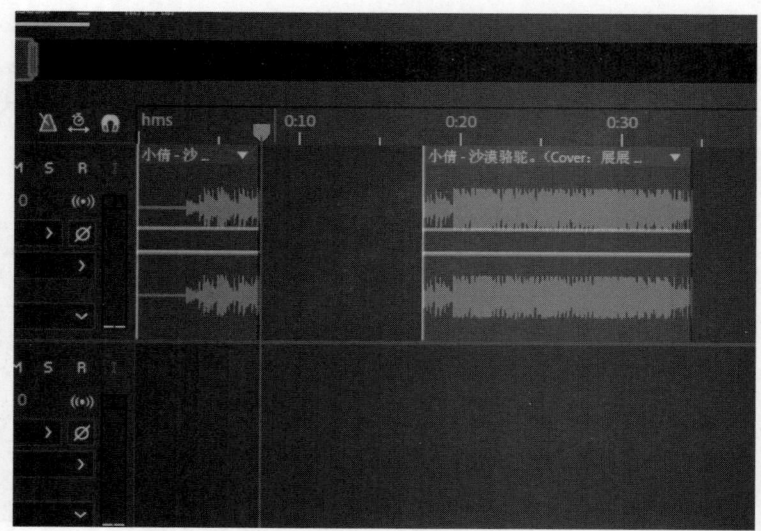

图 8-12　生成 10s 的静音区

(9) 全选所有的音频波形按 Delete 键删除，单击轨道 1 中的“录制准备”按钮，如图 8-13 所示。

(10) 准备完成后，单击“录制”按钮进行声音录制，如图 8-14 所示。

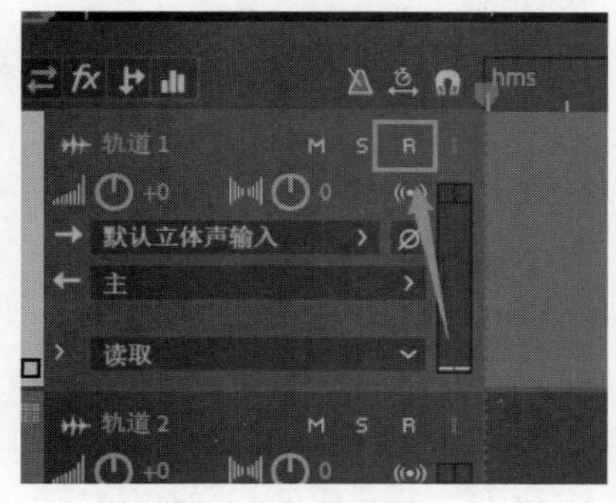

图 8-13　“准备录制”按钮

图 8-14　“录制”按钮

(11) 录制完成后，再次单击“录制”按钮完成录制，可在编辑器中看到录制声音的波形，如图 8-15 所示。

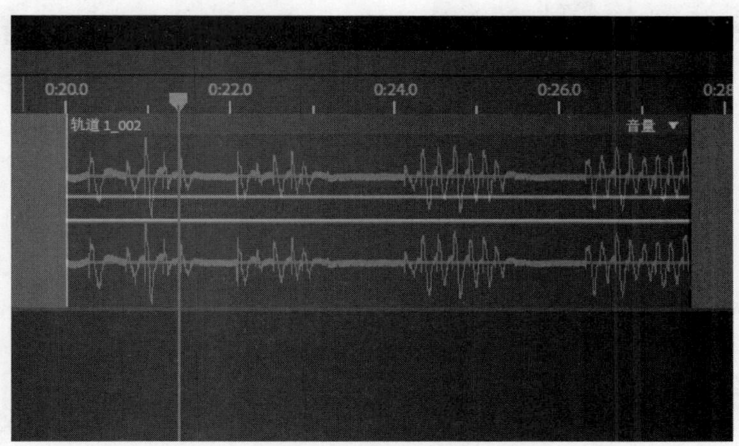

图 8-15　录制的音频波形(1)

(12) 由于第二段声音录制效果较差，对其进行重录操作。选择时间选择工具，如图 8-16 所示。

图 8-16　时间选择工具

(13) 根据波形起伏选择第二段波形，如图 8-17 所示，再次单击“录制准备”按钮及“录制”按钮，单独录制第二段声音。

(14) 双击波形，选中第二段声音波形，适当增加重录以后的音量，使其与其他部分声音相协调，如图 8-18 所示。

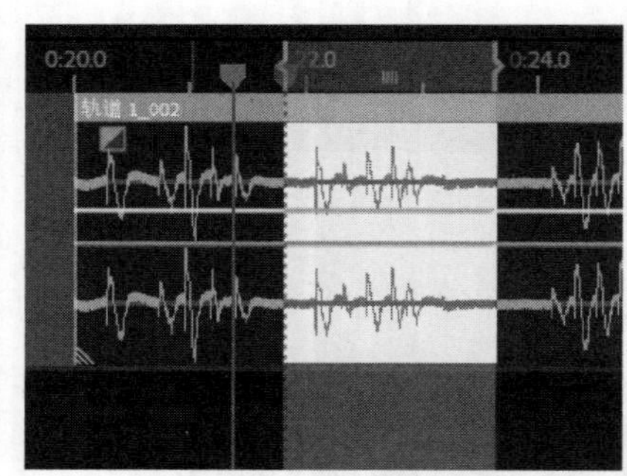

图 8-17　重新录制的波形

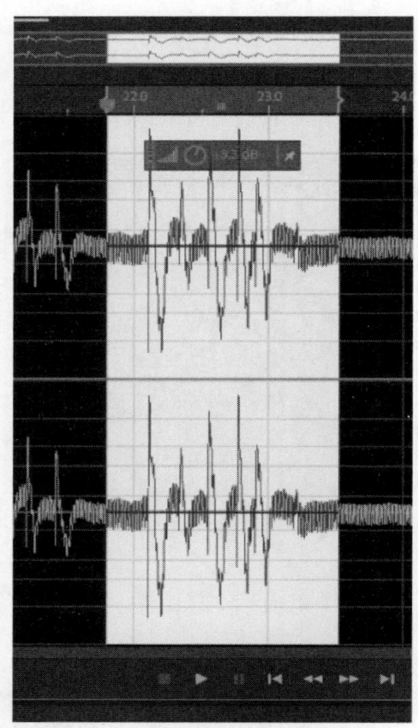

图 8-18　音量调整

实例二　制作多音乐串烧

【目的】

（1）运用 Adobe Audition 软件，制作一首音乐串烧的音频，熟练掌握音频的剪切、复制、粘贴和声音的淡入淡出处理。

（2）熟练掌握运用音频的基本操作。

【内容和步骤】

（1）双击启动 Adobe Audition 软件，单击“打开文件”按钮，如图 8-19 所示，打开准备好的 3 首音乐，如图 8-20 所示。

图 8-19　“打开文件”按钮

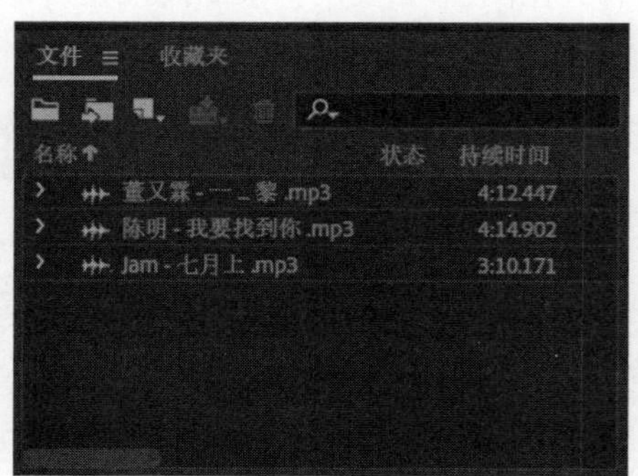

图 8-20　打开音乐文件

(2) 单击左上角的“多轨混音”按钮，如图 8-21 所示，或者在“文件”面板右击，在弹出的快捷菜单中，选择“新建”→“多轨混音”命令，创建一个多轨混音项目，修改混音项目名称为“歌曲串烧”，采样率与所使用的音频的采样率相匹配，这里使用的是 MP3 格式的音乐，故“采样率”选择 44 100Hz，单击“确定”按钮，如图 8-22 所示。

图 8-21 多轨混音

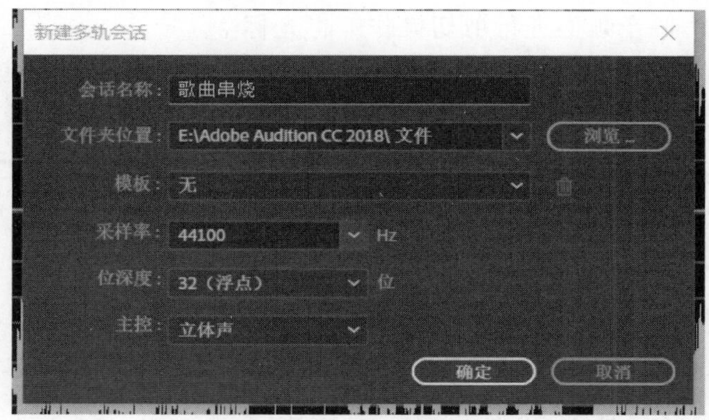

图 8-22 新建多轨会话

(3) 把导入的音频拖到不同的轨道上，进行音频的处理。当需要单独听一首音乐时，可以单击相应轨道上的 S 独奏按钮，其他音轨的音频颜色会变灰，播放的音乐就是刚才所选择的音乐，如图 8-23 所示。

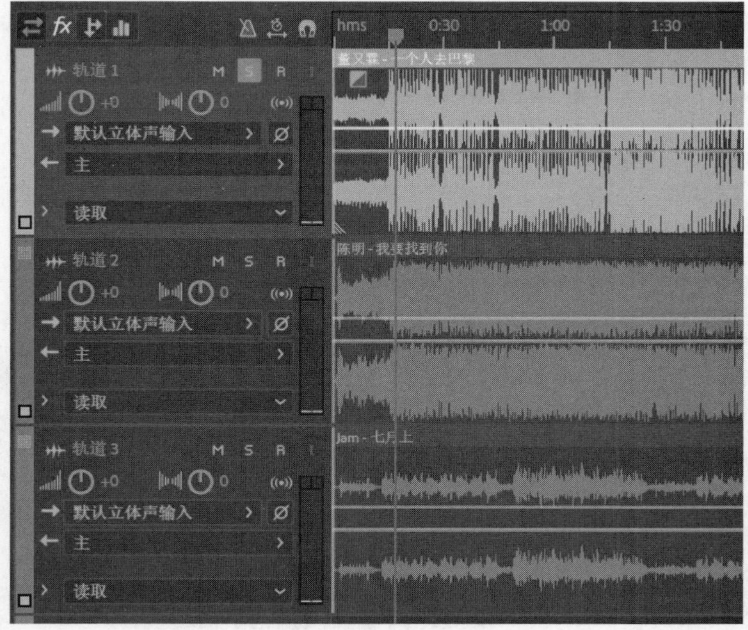

图 8-23 独奏

(4) 选择所需要的音频片段。将时间轴放到所要截取片段的开始的地方，按住 Shift 键，再单击音频上的所要截取片段结束的地方，则可以快速选择一段音频。也可以通过按住鼠标左键拖动的方式，选取音频。在此通过右下角的“选区/视图”面板，输入选区开始和结束的时间进行精细的选择，如图 8-24 所示。

选区 / 视图	开始	结束	持续时间
选区	1:00.000	1:30.000	0:30.000
视图	0:00.000	4:12.447	4:12.447

图 8-24 “选区/视图”面板

(5) 选择好需要的音频片段，可以通过复制、删除、粘贴操作仅保留所选取的部分。也可以使用“选择素材剃刀工具”，在选取的音频两端切一刀，将其余部分删掉。还可以在原轨道音频上进行剪切操作。将光标放到音频的两端，光标会变成一个红色的半边小方框，这时可按住鼠标左键进行拖动，音频会自动剪切。在此通过复制命令进行操作，如图 8-25 所示。

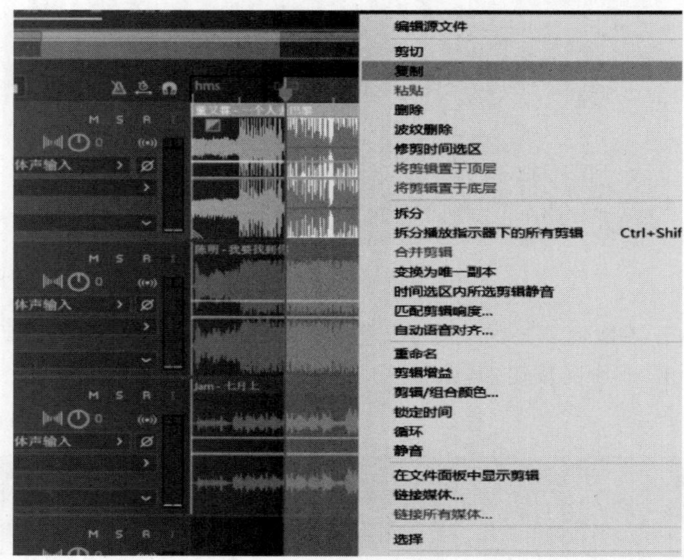

图 8-25 复制音频

(6) 在轨道 4 上调整游标位置，右击，在弹出的快捷菜单中，选择“粘贴”命令，将复制的轨道 1 中的部分音频波形粘贴到轨道 4，如图 8-26 所示。

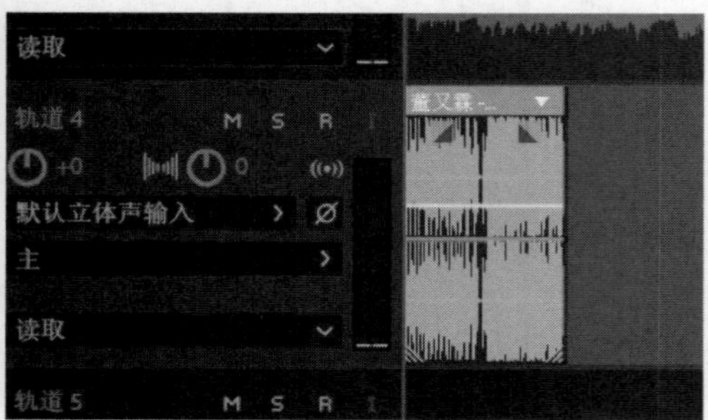

图 8-26 粘贴音频

(7) 对轨道 2 和轨道 3 中的音频做相同的处理，分别截取 30s 的音频波形，如图 8-27 所示，与步骤(6)中的操作完全相同，在轨道 4 中调整游标位置，并分别粘贴两段音频。

图 8-27 选取两段 30s 音频

(8) 将素材按顺序排列好后，为了不使音频切换过于生硬，对音频进行淡入淡出处理。方法一：可以单击音量这条黄色的线，添加一个关键帧，然后在末端再添加一个关键帧，用鼠标进行拖动，改变音量的大小，如图 8-28 所示，如果感觉变化过于生硬，可以选中关键帧右击，选择“曲线”，使其变圆滑。方法二：可以直接运用自带的淡入淡出效果，将光标放在两端的透明小方框上，按住鼠标左键进行左右拖动，调节淡入淡出的幅度大小，如图 8-29 所示。将 3 段音频相连并添加淡入淡出效果后的结果如图 8-30 所示。

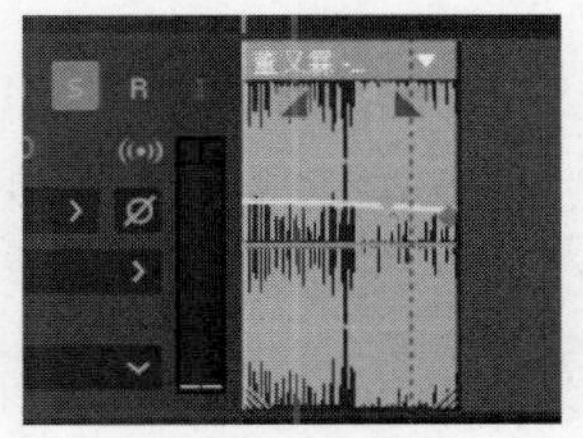

图 8-28 改变音量

图 8-29 淡入淡出

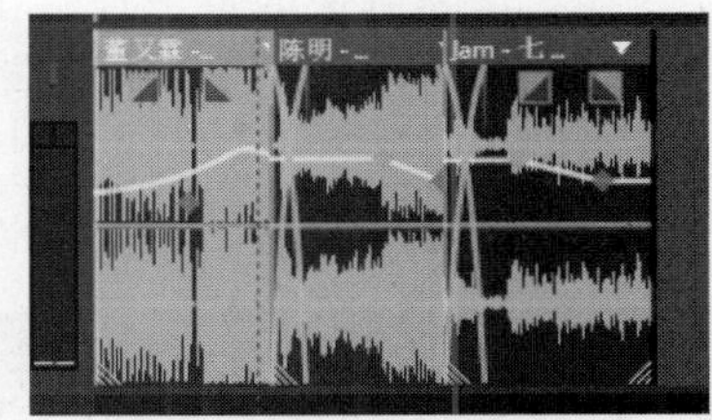

图 8-30 最后效果

实例三 配乐诗朗诵制作

【目的】

(1) 了解处理数字音频录音的基本流程及所需的基本软硬件。

(2) 了解使用软件进行录音的基本过程。

(3) 对朗诵音频文件进行振幅、音量的调节和杂音的处理。

(4) 能够给朗诵文件进行配乐，并进行相关处理。

【内容和步骤】

(1) 右击任务栏中的扬声器按钮，在弹出选项中选择“录音设备”，在“录制”项下右击选择“显示禁用的设备”命令，如图 8-31 所示。

(2) 右击“立体声混音”，在弹出的快捷菜单中选择“启用”命令，分别双击“麦克风阵列”和“立体声混音”，在各自的“级别”项下适当调整参数，如图 8-32 所示。

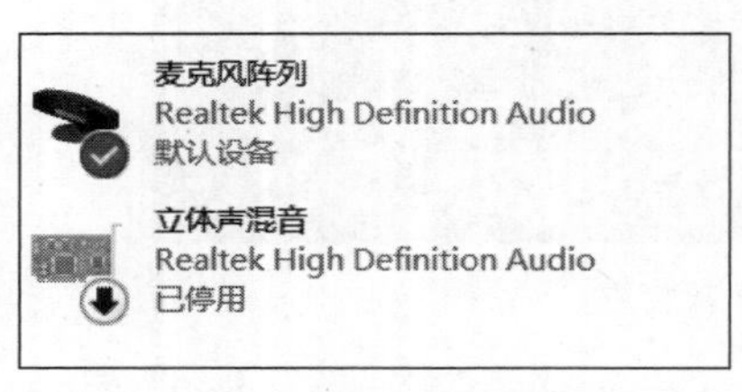

图 8-31　录音设备

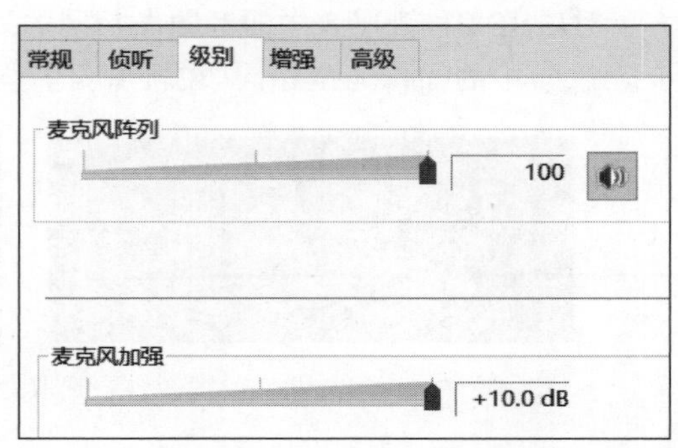

图 8-32　调整参数

(3) 打开 Adobe Audition 软件后，依次选择工具栏中的“编辑”→“首选项”→“音频硬件”选项，进行相关参数调整后，单击“确定”按钮，如图 8-33 所示。

(4) 设置好后，单击“多轨”按钮，在“新建多轨会话”对话框中修改会话名称为“诗歌配乐”，“采样率”为 44 100Hz，其余参数保持不变，单击“确定”按钮。

(5) 单击轨道 1 中的“录制准备”按钮，之后单击“录制”按钮，开始录制声音，录制完成后单击“停止”按钮，结束录制。

(6) 单击“打开文件”按钮，选择配乐音频，单击“打开”按钮。

(7) 将配乐音频拖到编辑器的轨道 2 中，由于配乐较长，故对其进行裁剪操作。选择工具栏中的“切断所选剪辑工具”，在轨道 2 中对齐轨道 1 的结束位置处单击。

(8) 按快捷键 V 切换为移动工具，选中切开的第二部分按 Delete 键删除，如图 8-34 所示。

图 8-33　音频硬件设置

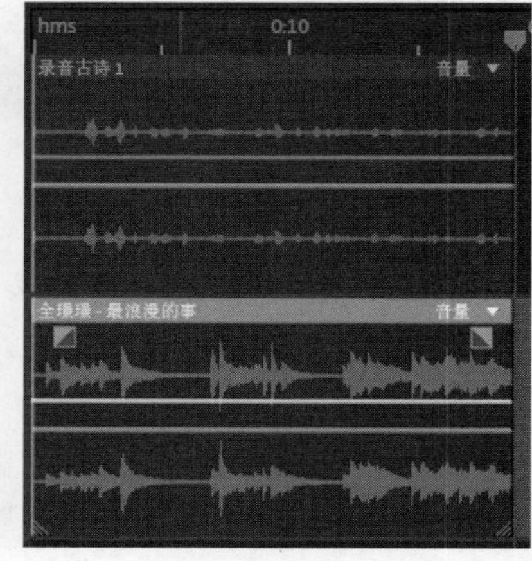

图 8-34　删除第二段音频

(9) 由于录音文件开始有小部分杂音，须进行杂音的去除。双击轨道 1 中的波形进入波形编辑界面，选中开始的小部分杂音(开始位置存在一小段波形)，如图 8-35 所示。

(10) 右击，在弹出的选项中选择“静音”，可观察到开始的小部分杂音已消失，如图 8-36 所示。

(11) 同样在波形编辑界面，进行音量的适当增大。依次选择工具栏中的“效果”→“振幅与压限”→“标准化(处理)”选项,在弹出的窗口中勾选“标准化为：”,并调整参数为100%,同时选中“平均标准化全部声道”复选框,单击“应用”按钮,如图 8-37 所示。

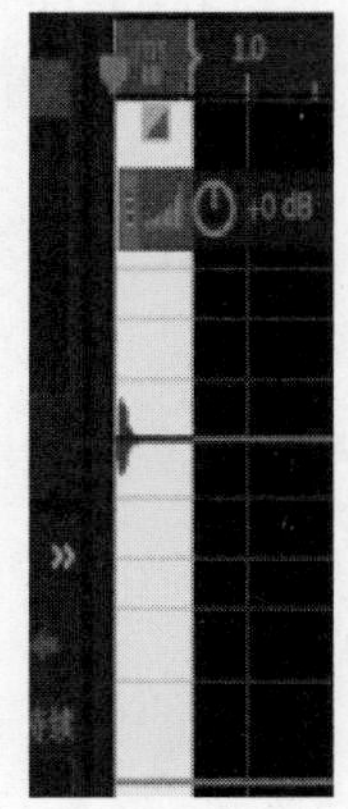

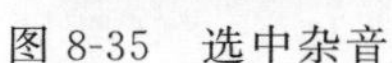

图 8-35　选中杂音

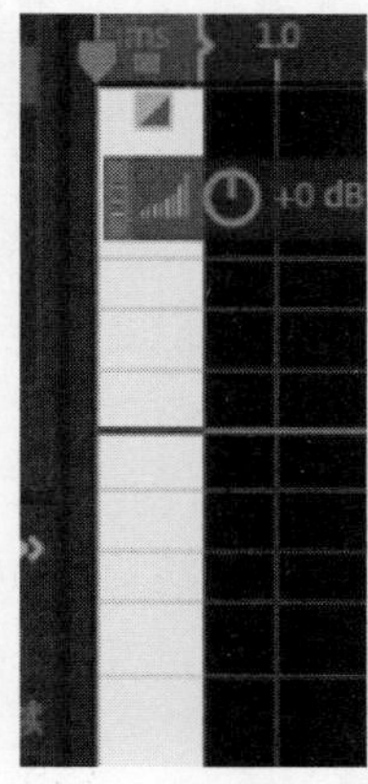

图 8-36　去除杂音

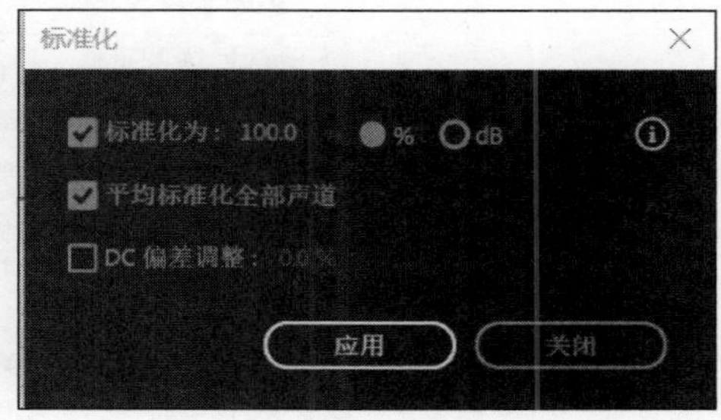

图 8-37　标准化

(12) 可观察到调整后的波形振幅有所增大,返回到多轨编辑界面,双击轨道 2 中的波形,进入其波形编辑界面,同样选择工具栏中的“效果”→“振幅与压限”→“标准化(处理)”选项,在弹出的窗口中勾选“标准化为：”,并调整参数为 30%,同时勾选“平均标准化全部声道”选项,单击“应用”按钮,可观察到波形振幅有所减小。

(13) 调整完成后返回到多轨编辑界面,将游标拖到轨道开始位置后,按下空格键进行播放,可听到调整后录音与配乐的效果,波形如图 8-38 所示。

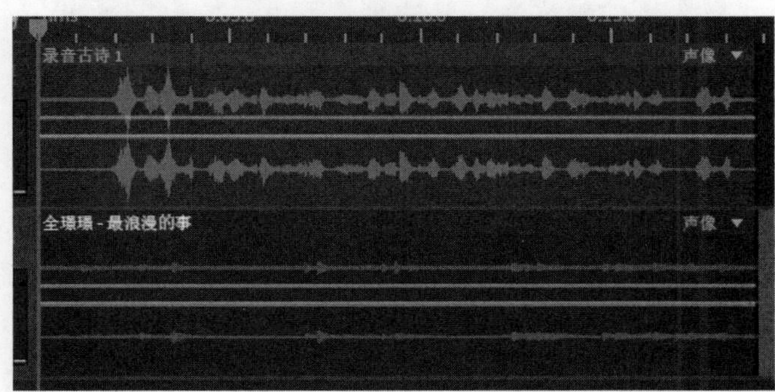

图 8-38　录音与伴奏

实例四　降噪和回声

【目的】

(1) 了解处理数字音频的基本流程及所需的基本软硬件。

(2) 自己制作一个作品,体验多媒体作品的创作过程。

(3) 能够使用 Adobe Audition 软件进行基本的音频降噪、回声效果处理。

(4) 能够有目的、有计划地进行音频的简单加工以及合成。

【内容和步骤】

(1) 右击任务栏右侧的小喇叭,在弹出的快捷菜单中选择“录音设备”命令,在“播放”下双击扬声器,在弹出对话框的“高级”项下设置默认格式为“2 通道 16 位,44 100Hz(CD 音质)”,关闭对话框后,依次对“录制”项下的麦克风和立体声混音进行相同参数的设置,如图 8-39 所示。

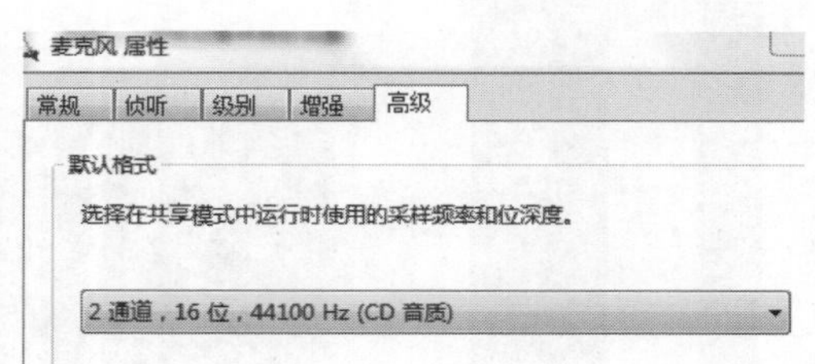

图 8-39　麦克风属性

(2) 打开 Adobe Audition 软件,依次选择菜单栏中的“编辑”→“首选项”→“音频硬件”选项,选择默认输入为“麦克风阵列”,默认输出为“扬声器”,其余参数保持不变,如图 8-40 所示,单击“确定”按钮。

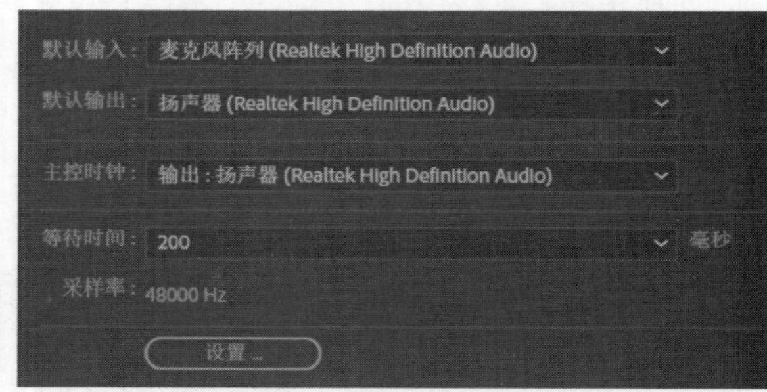

图 8-40　音频硬件选择

(3) 单击“录制”按钮,通过输入设备开始录制声音。

(4) 录制完成后,单击“停止”按钮,录制的音频如图 8-41 所示,可观察到在真正的朗读部分之间存在一段段的噪声,需对此进行降噪处理。

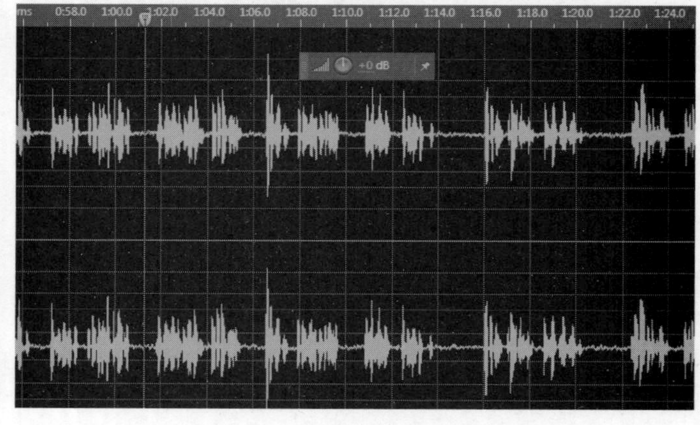

图 8-41　录制的音频波形(降噪和回声)

(5) 在编辑器中选择一段噪声样本(需保证该样本中只含有噪声,不含有效音频,可通过多次播放所选噪声样本进行确定),最终选择噪声样本如图 8-42 所示。

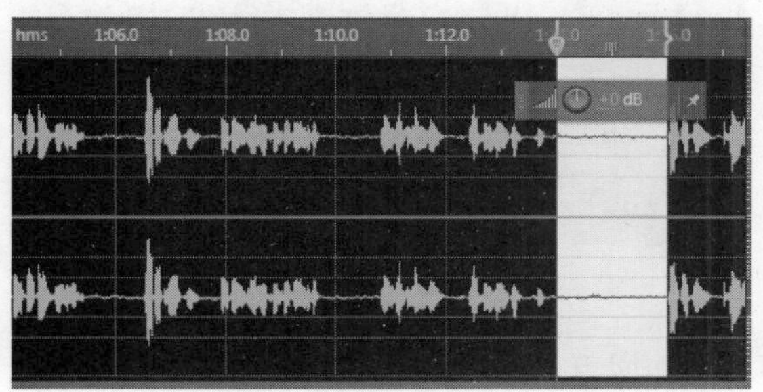

图 8-42　选中噪声样本

(6) 依次选择菜单栏中的“效果”→“降噪/恢复”→“捕捉噪声样本”选项,在弹出的窗口中单击“确定”按钮,进行对噪声样本的捕捉操作。

(7) 之后再依次单击菜单栏中的“效果”→“降噪/恢复”→“降噪(处理)”选项,弹出如图 8-43 所示的对话框,保持默认参数设置不变,单击“应用”按钮,可观察到降噪处理后的音频波形中,原本为噪声的位置现已成为一条直线,说明降噪处理成功,降噪后的结果如图 8-44 所示。

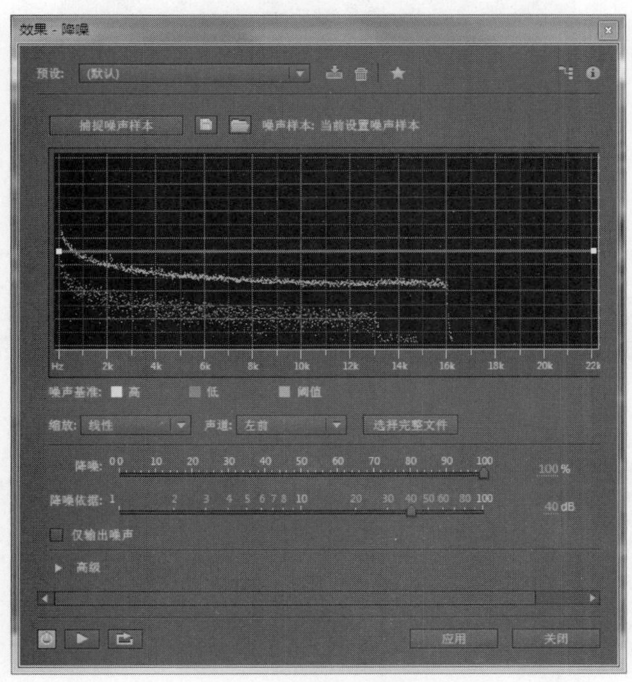

图 8-43　“效果-降噪”对话框

(8) 进行回声的添加操作。依次选择菜单栏中的“效果”→“延迟与回声”→“模拟延迟”选项,在弹出的对话框中的“预设:”下拉列表中选择 Dub Delay 选项,单击左下角的“试听”按钮,如图 8-45 所示,并不断调整相应参数,调整合适后再次单击“试听”按钮停止试听,单

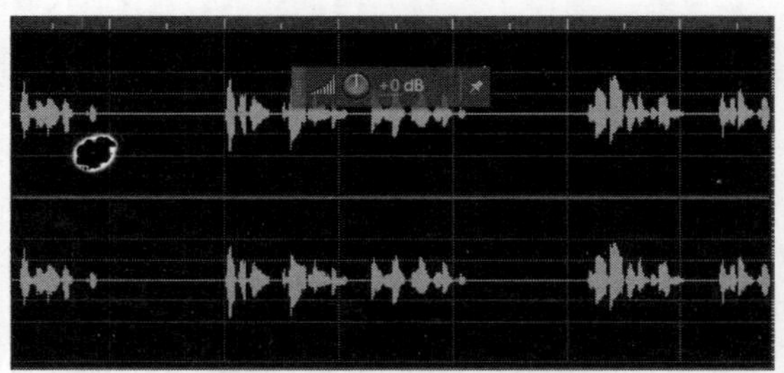

图 8-44 降噪后波形(降噪和回声)

击"应用"按钮,可观察到添加回声效果后的音频波形如图 8-46 所示。

(9) 此时对音频的降噪与回声添加处理已完成,将处理后的音频文件进行保存即可。

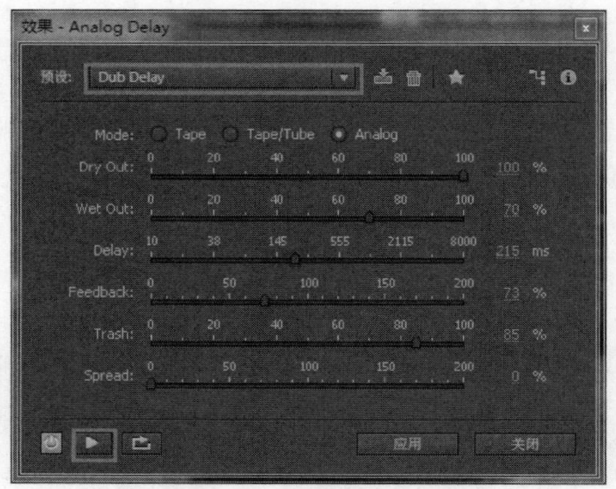

图 8-45 调整 Dub Delay 参数

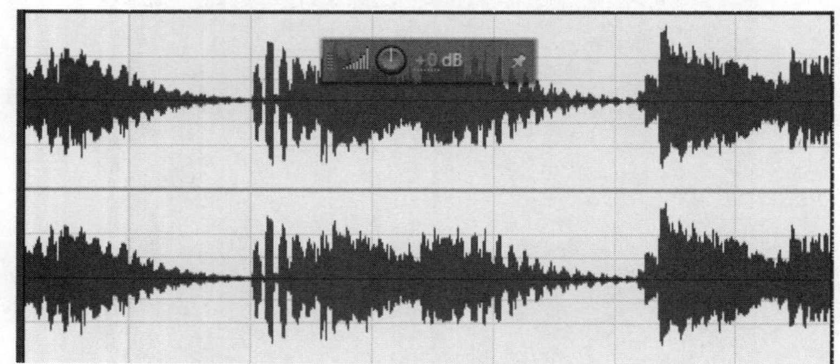

图 8-46 添加回声效果后的音频波形

实例五 多角色配音

【目的】

(1) 了解处理数字音频的基本流程及所需的基本软硬件。

(2) 能够使用 Adobe Audition 软件进行基本的音频标准化、降噪和变调效果处理。

(3) 能够有目的、有计划地进行音频的简单加工以及合成。

【内容和步骤】

(1) 右击任务栏右侧的小喇叭,在弹出的快捷菜单中选择“录音设备”命令,在“播放”下双击扬声器,在弹出对话框的“高级”项下设置默认格式为“16 位,44100Hz”,关闭对话框后,依次对“录制”项下的麦克风和立体声混音进行相同参数的设置。

(2) 打开 Adobe Audition 软件,依次选择菜单栏中的“编辑”→“首选项”→“音频硬件”选项,选择默认输入为“麦克风阵列”,默认输出为“扬声器”,其余参数保持不变,单击“确定”按钮。

(3) 进入单轨界面,新建一个音频文件,在弹出的“新建音频文件”对话框中修改相应参数,如图 8-47 所示,单击“确定”按钮。

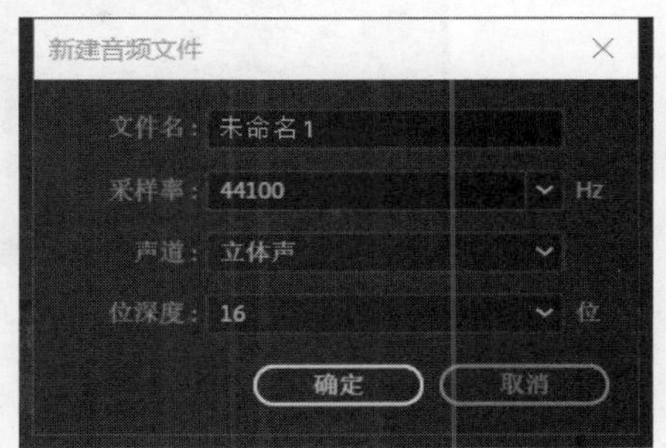

图 8-47 新建音频文件(多角色配音)

(4) 单击“录制”按钮开始录制声音,录制完成后按空格键终止录音,录制后的音频波形如图 8-48 所示。

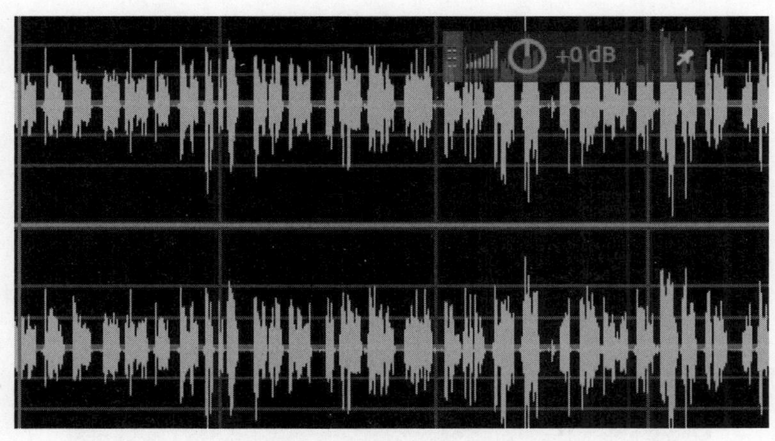

图 8-48 录制后的波形(多角色配音)

(5) 调整音量,全选音频波形,依次选择菜单栏中的“效果”→“振幅与压限”→“标准化(处理)”选项,在标准化窗口中保持默认值,单击“应用”按钮,如图 8-49 所示,可观察到调整后的音频波形振幅增大,音量增大。

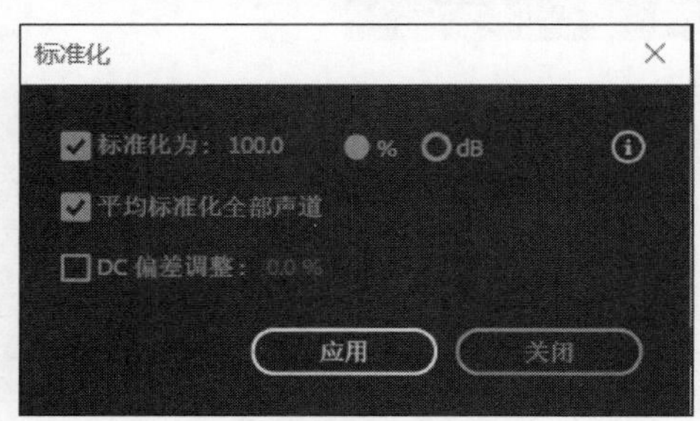

图 8-49 标准化

(6) 选择一小段噪声波形(需保证该样本中只含有噪声,不含有效音频,可通过多次播放所选噪声样本进行确定),执行“效果”→“降噪/恢复”→“捕捉噪声样本”选项,在弹出的“捕捉噪声样本”对话框中单击“确定”按钮。

(7) 选择全部波形,执行“效果”→“降噪/恢复”→“降噪(处理)”选项,在弹出的对话框中保持默认值,单击“应用”按钮,可观察到噪声位置已成为一条直线，降噪效果如图 8-50 所示。

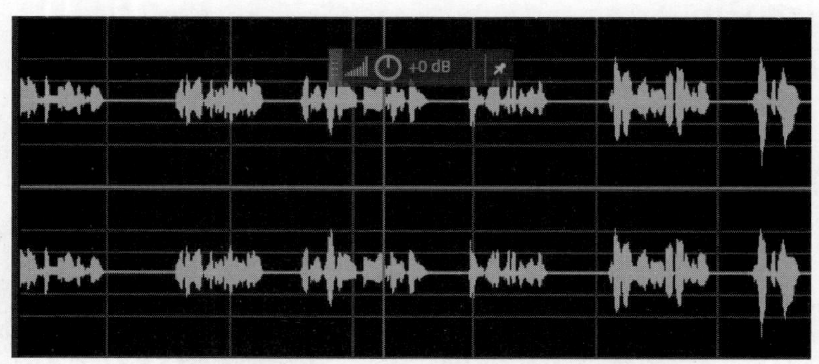

图 8-50　降噪后波形（多角色配音）

（8）改变音调，将小老鼠的对白内容处理成儿童声音效果，将小猪的对白内容处理成男孩声音效果，旁白部分不做任何改变，选择小老鼠说话的波形，执行“效果”→“声音与变调”→“伸缩与变调(处理)”选项，在弹出的窗口中的“预设：”下拉列表中选择“升调”，单击“应用”按钮，如图 8-51 所示。

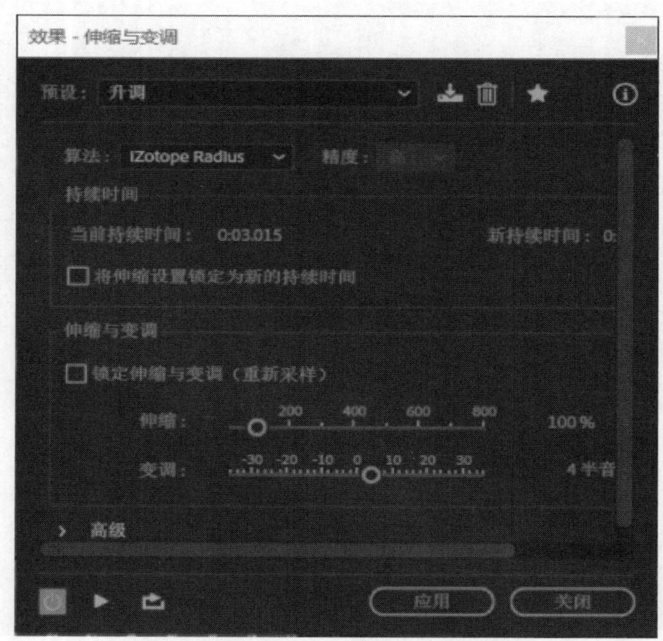

图 8-51　升调处理

（9）按照步骤(7)的方法将小老鼠其他部分的说话波形做相同的处理，均修改为儿童声音效果。

（10）选择小猪说话的波形，执行“效果”→“声音与变调”→“伸缩与变调(处理)”命令，在弹出的窗口中“预设：”下拉列表中选择“降调”，单击“应用”按钮，如图 8-52 所示。

（11）最后将制作完成的多角色配音文件进行保存即可。

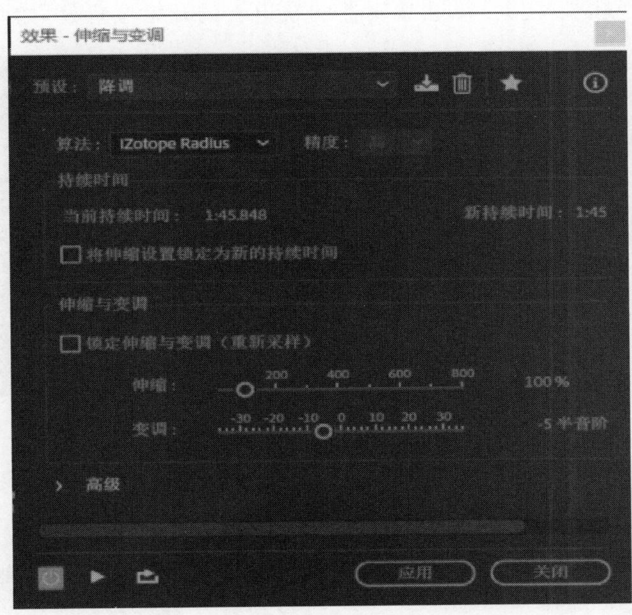

图 8-52　降调处理

实例六　制作手机铃声

【目的】

运用多轨混音，制作手机铃声、快曲铃声和幽默歌曲。

【内容和步骤】

(1) 打开 Adobe Audition 软件，单击菜单栏下方的“多轨”按钮，在弹出的“新建多轨会话”对话框中，设置项目名称为“快曲”，其余参数保持不变，如图 8-53 所示，单击“确定”按钮。

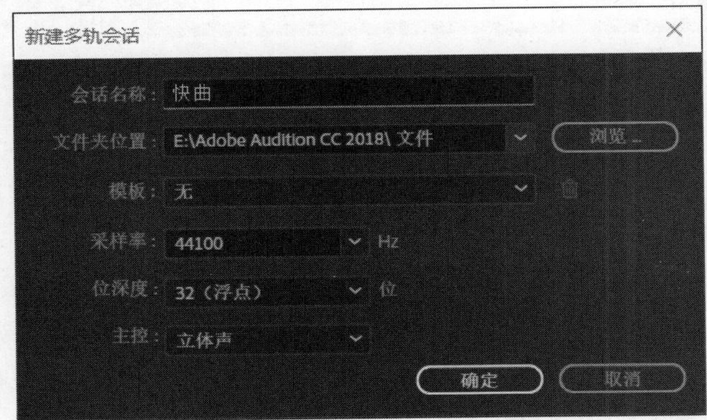

图 8-53　新建多轨会话（快曲）

(2) 依次单击菜单栏中的“文件”→“导入”→“文件”选项，选择音频后，单击“打开”按钮。

(3) 将导入的音频文件拖至多轨编辑器的轨道 1 的开始位置处，如图 8-54 所示。

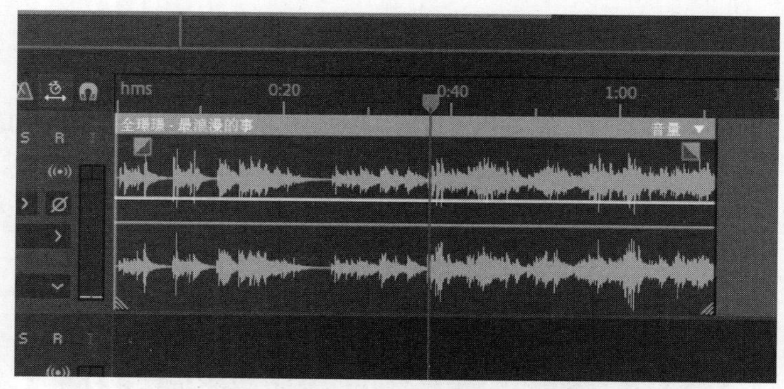

图 8-54　拖入音频文件到轨道 1

(4) 在音频块上右击，在弹出的快捷菜单中依次选择“伸缩”→“伸缩属性”，如图 8-55 所示。

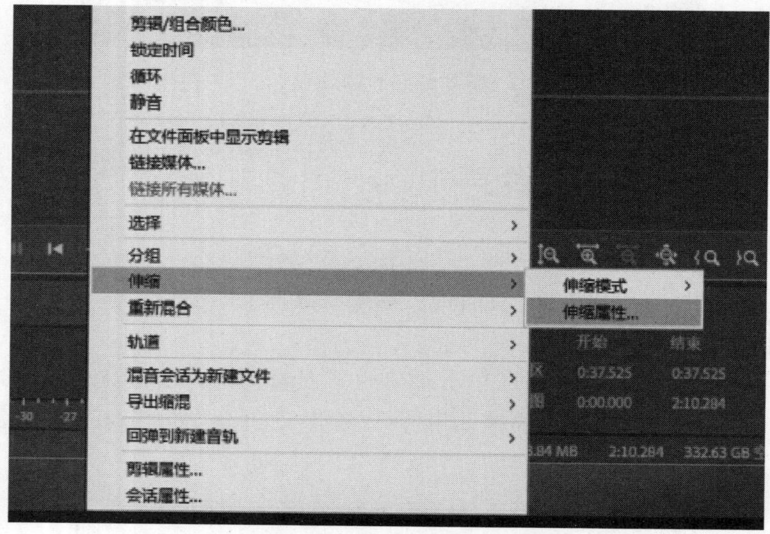

图 8-55　伸缩-伸缩属性

(5) 窗口默认显示在左侧，可单击“浮动面板”选项，将窗口浮动在中央位置，在“伸缩”项下将伸缩模式设置为“已渲染(高品质)”，伸缩百分比设置为 50%，如图 8-56 所示，关闭窗口。

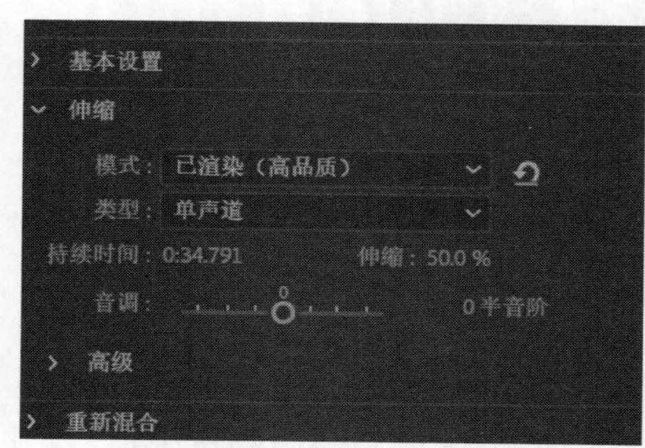

图 8-56　浮动面板

(6) 可观察到伸缩后的音频波形明显变短，按下空格键试听修改后的音频，不满意可再次修改伸缩百分比，直至满意后保存快曲文件即可。

(7) 制作一个幽默铃声音频。删除前面添加的音频以及多轨合成文件，与步骤(1)完全相同，再次新建一个多轨合成项目，设置项目名称为“幽默手机铃声”，其余参数保持不变，如图 8-57

所示，单击“确定”按钮。

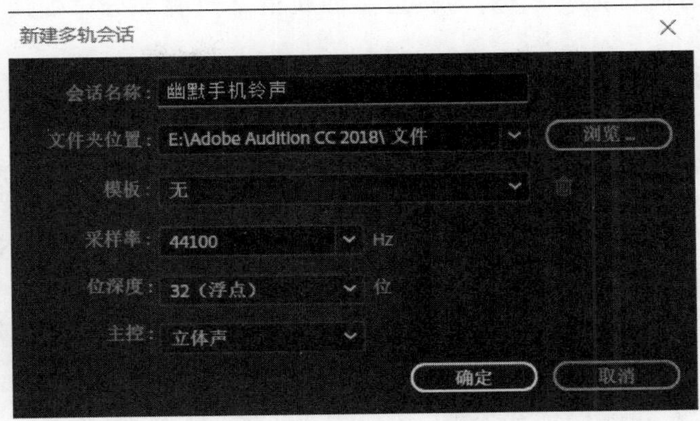

图 8-57　新建多轨会话(幽默手机铃声)

(8) 单击“打开文件”按钮，将选好的音频导入 Adobe Audition 软件，如图 8-58 所示。

(9) 将“龙猫主题曲”音频拖至多轨编辑器中轨道 1 的开始位置处，可按下空格键试听，如图 8-59 所示。

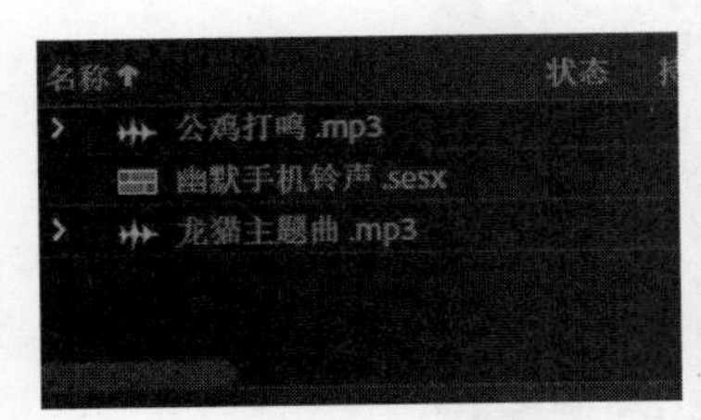

图 8-58　导入音频文件(幽默手机铃声)

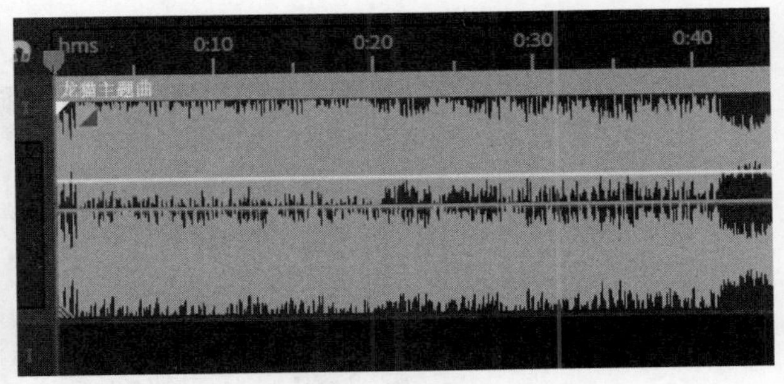

图 8-59　将“龙猫主题曲”拖入轨道 1

(10) 将其中喜欢的部分音频裁剪出来，在右下角“选区”值后设置开始值为 28s，结束值为 40s，如图 8-60 所示，并按下快捷键 Alt+T 将这段波形裁剪出来。

(11) 切换至移动工具，将该波形移动至轨道 1 的开始位置处。

(12) 将“公鸡打鸣”音频拖至多轨编辑器的轨道 2 的开始位置处，按下“独奏”按钮，如图 8-61 所示，进行监听，按照与步骤(10)和步骤(11)相同的方法，进行该音频波形喜欢部分的裁剪。

图 8-60　设置选区

图 8-61　“独奏”按钮

(13) 将轨道 1 的音频波形向后适当移动，进行波形的水平放大后，在音频块的左上角找到淡变标志，然后向右拖动鼠标，为轨道 1 和轨道 2 重叠部分添加淡入效果，如图 8-62 所示。

(14) 相同的方法为轨道 1 的音频块尾部添加淡出效果，如图 8-63 所示。

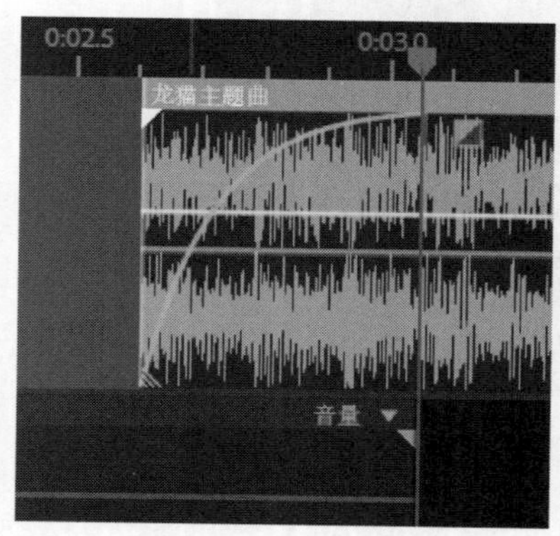

图 8-62 淡入效果

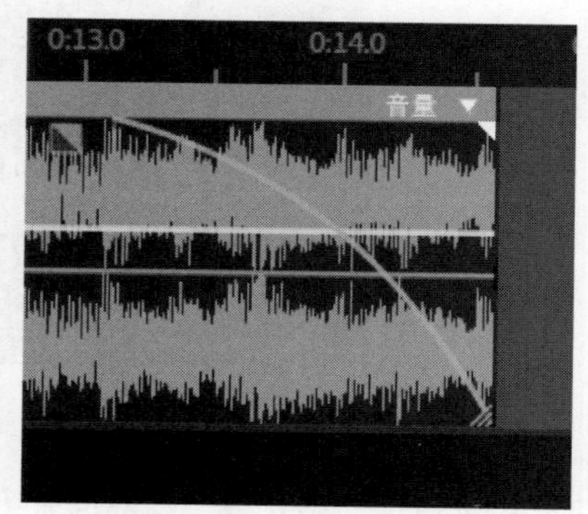

图 8-63 淡出效果

(15) 在轨道 2 的音频块上右击，在弹出的选择菜单中选择"复制"命令，调整游标至合适位置处，在轨道 2 中右击，选择"粘贴"命令，如图 8-64 所示。

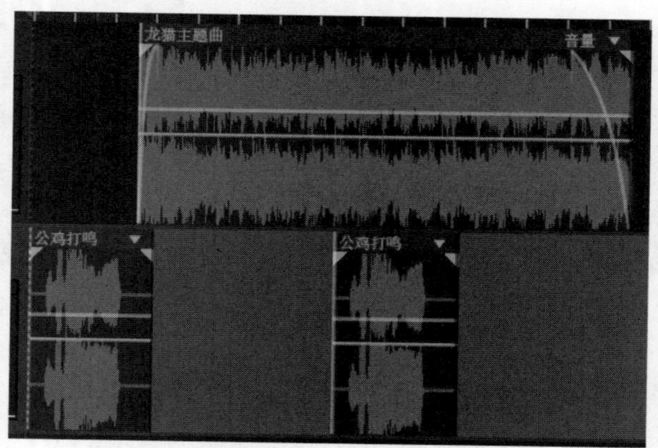

图 8-64 复制粘贴音频

(16) 将游标移动至开始位置处，按下空格键试听音频，然后保存音频文件即可。

实例七　卡拉 OK 伴奏带制作

【目的】

(1) 熟练掌握 Adobe Audition，并学会用该软件制作卡拉 OK 伴奏带。
(2) 对卡拉 OK 伴奏带的音调进行升降处理。
(3) 对卡拉 OK 伴奏和原唱进行缩混输出。

【内容和步骤】

(1) 启动 Adobe Audition 软件，打开准备的歌曲文件，将其导入。

(2) 进行伴奏的提取。将音频文件拖至编辑器中，依次选择菜单栏中的“效果”→“立体声声像”→“中置声道提取”选项，如图 8-65 所示。

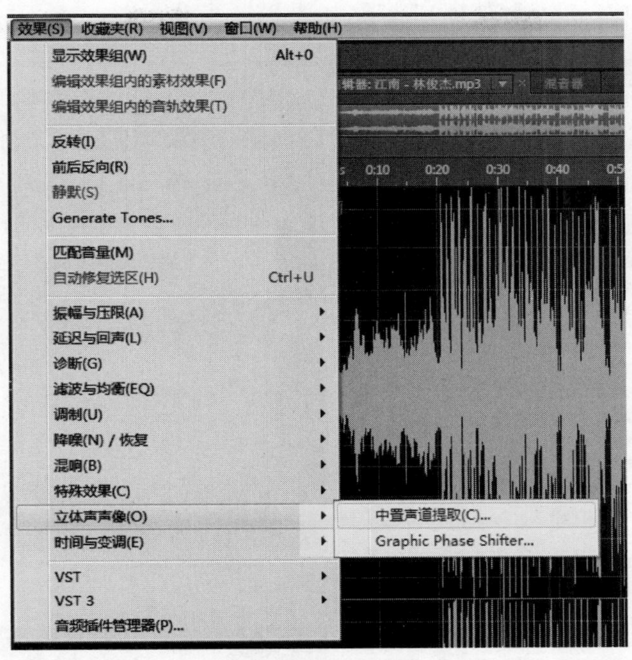

图 8-65 立体声声像

(3) 在弹出的对话框中设置“预设：”为“人声移除”，单击左下角的“预听”按钮，边预听边调整中置声道电平和侧边声道电平参数，如图 8-66 所示。

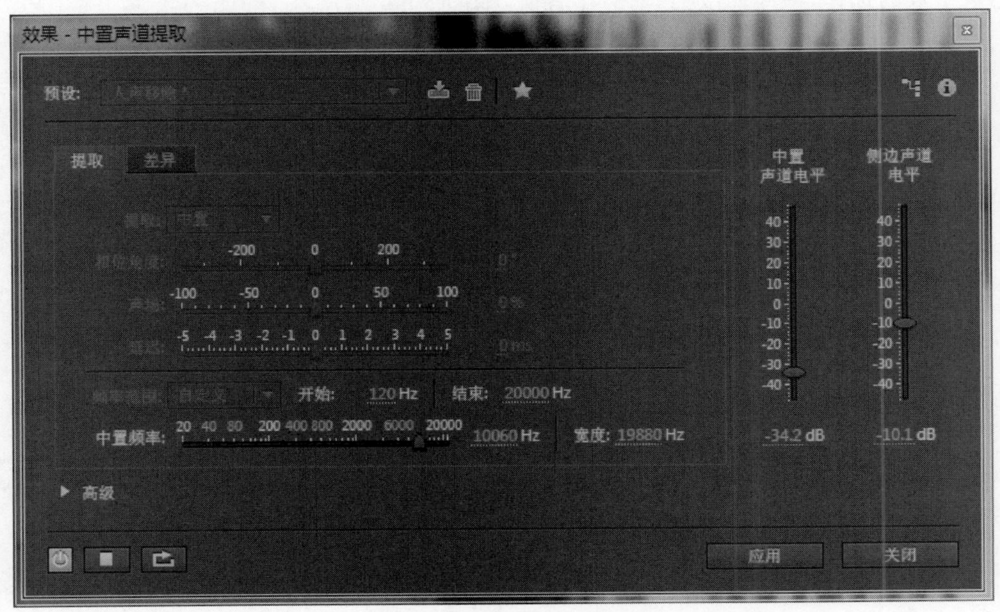

图 8-66 人声移除

(4) 达到预期效果后单击“应用”按钮,并通过单击“播放”按钮,监听调整后的音频。

(5) 选择部分音频波形(避免对整个音频波形的损坏),依次选择菜单栏中的“效果”→“时间与变调”→“伸缩与变调(处理)”选项,如图 8-67 所示。

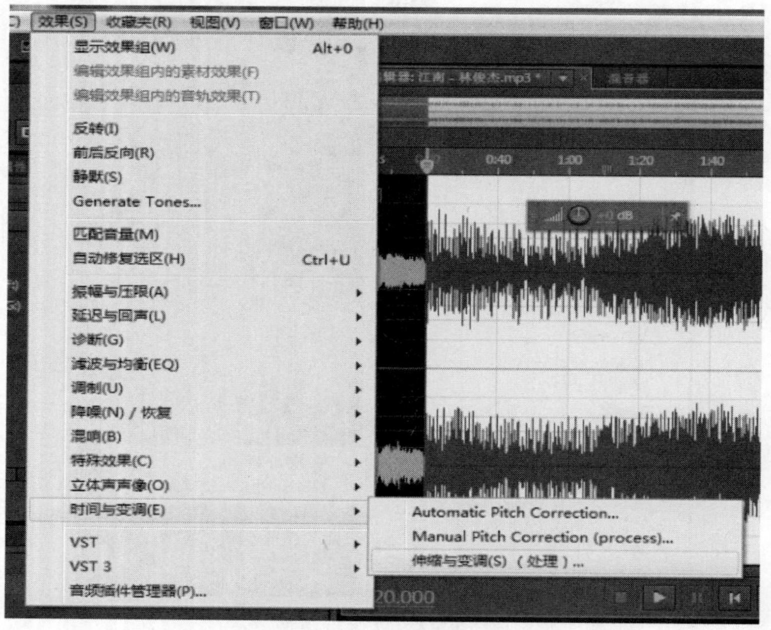

图 8-67 时间与变调

(6) 在弹出的“效果-伸缩与变调”对话框中,修改伸缩与变调项下的变调值,通过不断调整该参数的选择,最终修改为“-3”半音阶,如图 8-68 所示。

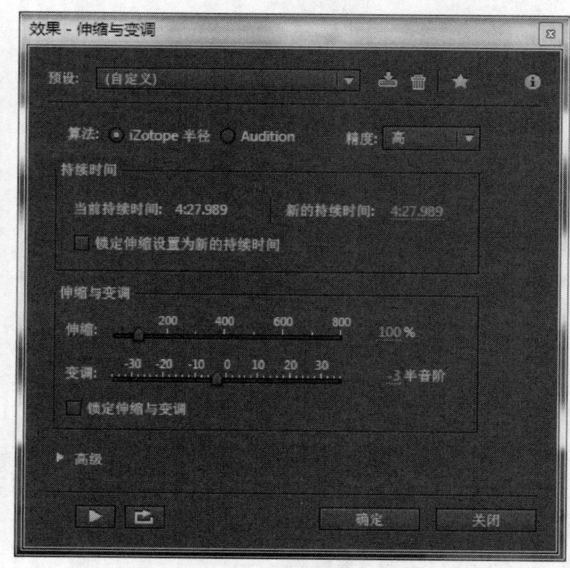

图 8-68 “效果-伸缩与变调”对话框

(7) 确定好参数值后，单击“关闭”按钮，按快捷键 Ctrl＋A 全选波形后，重复上述操作，调整变调参数值为“－3”半音阶，单击“确定”按钮，调整后的音频波形如图 8-69 所示。

(8) 单击“多轨混音”按钮，新建多轨合成项目，保持默认设置不变，如图 8-70 所示，单击“确定”按钮。

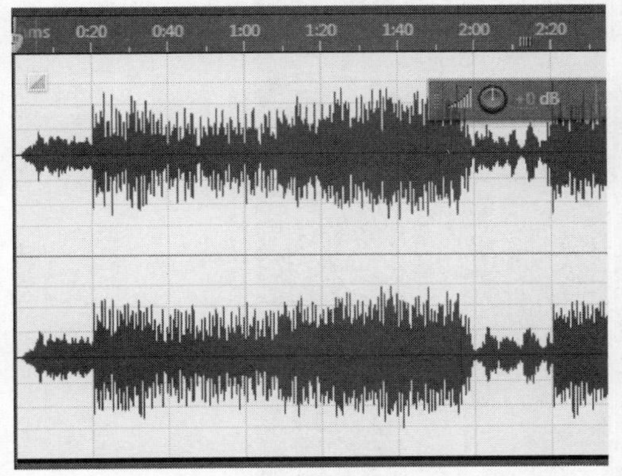

图 8-69　调整后的音频波形

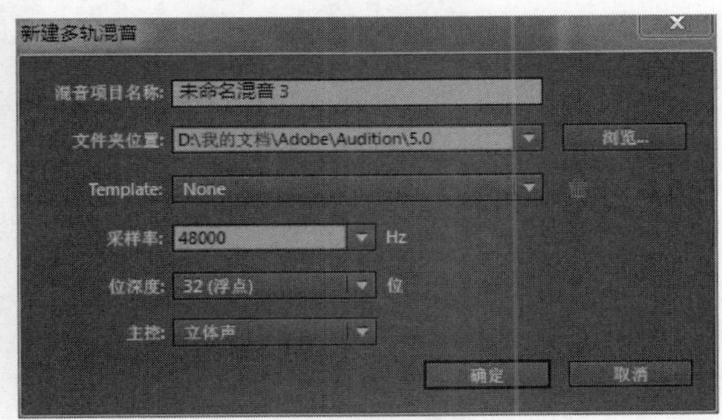

图 8-70　新建多轨混音

(9) 将伴奏和原唱分别拖至多轨编辑器的轨道 1 和轨道 2 中，依次选择菜单栏中的“文件”→“导出”→“多轨混缩”→“完整混音”选项，如图 8-71 所示。

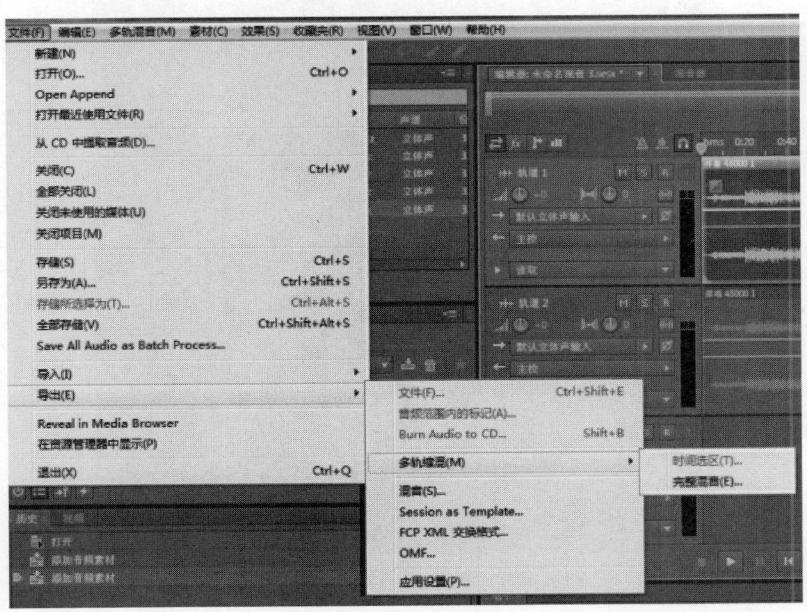

图 8-71　完整混音

(10) 在弹出的“导出多轨缩混”对话框中单击 Mixdown Options 后面的“更改”按钮，如图 8-72 所示。

(11) 在弹出的 Mixdown Options 对话框中勾选 Master 项下的 Mono，取消 Stereo 选项的勾选后，如图 8-73 所示，单击“确定”按钮。

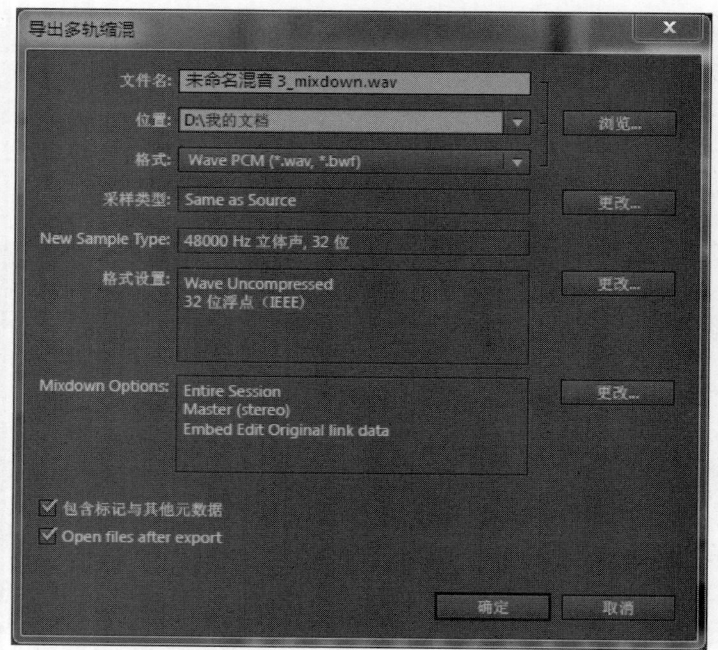

图 8-72　导出多轨缩混

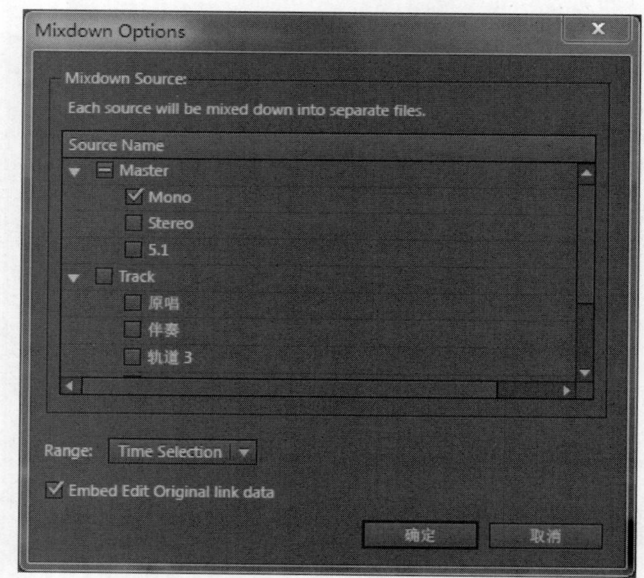

图 8-73　Mixdown Options(Mono)

(12) 按与前面相同的方法导入刚刚导出的单声道音频文件,并拖至多轨编辑器的轨道1开始位置处,如图 8-74 所示。

(13) 选择编辑器后面的“混音器”,为避免混淆,分别修改轨道 1 和轨道 2 的显示名称为“原唱”和“伴奏”,如图 8-75 所示。

(14) 可按空格键播放试听,或者单独监听某一轨道,并修改原唱立体声平衡值为 L100,伴奏立体声平衡值为 R100,如图 8-76 所示。

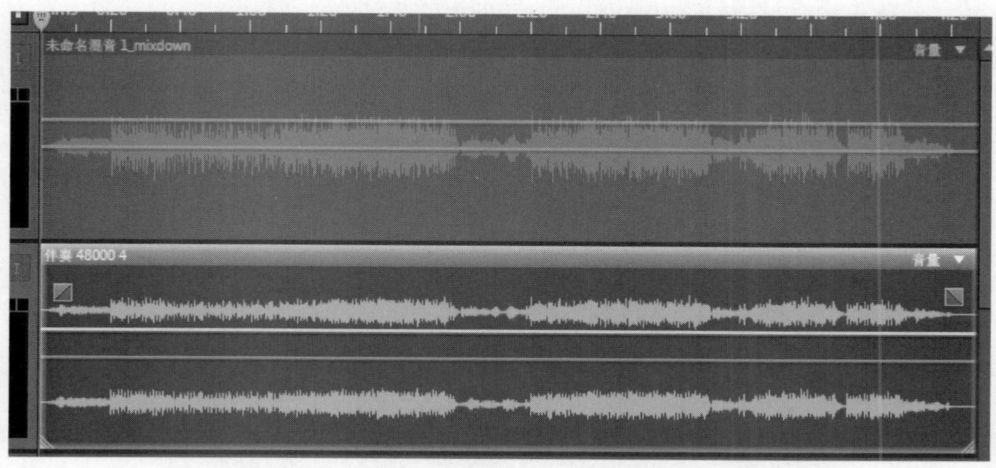

图 8-74 将音频文件拖入多轨

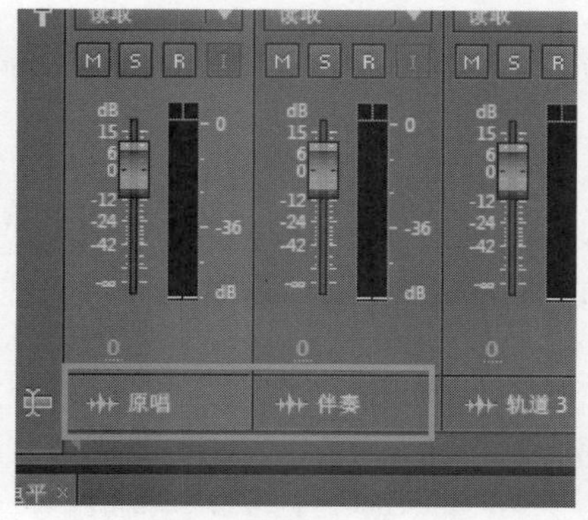

图 8-75 混音器

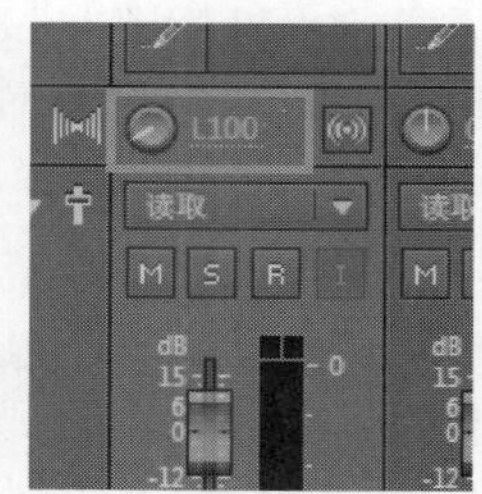

图 8-76 原唱立体声平衡值为 L100

(15) 为伴奏添加效果器，单击第一行后面的小三角，依次选择“振幅与压限”→“声道混合”选项，如图 8-77 所示。

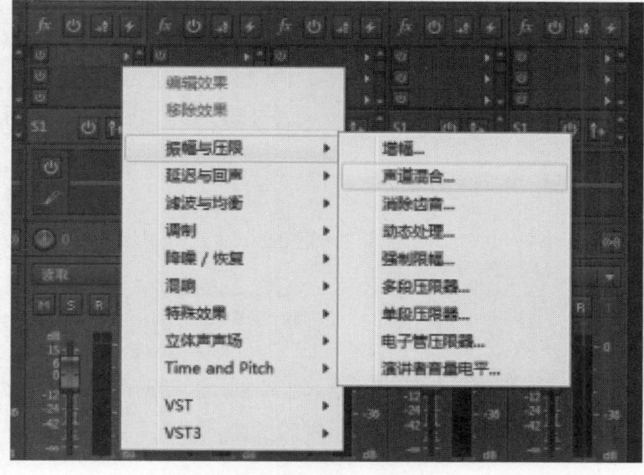

图 8-77 声道混合

(16) 在弹出的“组合效果-声道混合”对话框中修改“预设：”为“All Channels 50%”，其余参数保持不变，如图 8-78 所示，可单击左下角的“状态开关”进行监听，之后单击“关闭”按钮。

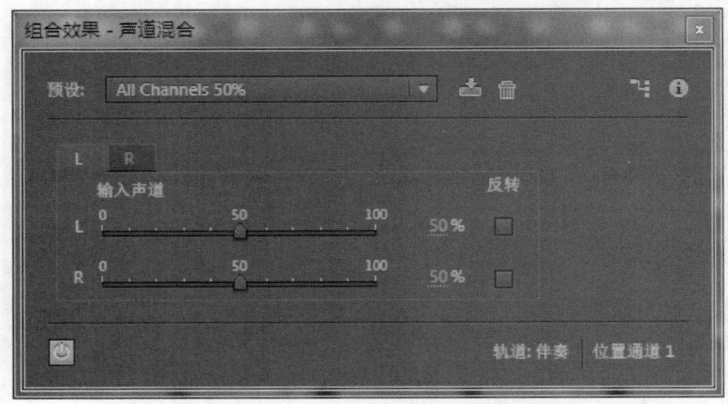

图 8-78 “组合效果-声道混合 ”对话框

(17) 确定原唱与伴奏是否为同步关系，若不同步可进行波形的适当移动，保证同步后选择工具栏中的“时间选区工具”，并拖动选区选择所有的音频波形。

(18) 依次选择菜单栏中的“文件”→“导出”→“多轨混缩”→“时间选区”选项，如图 8-79 所示，在弹出的“导出多轨缩混”对话框中，修改文件名为“卡拉 OK 音频”，并单击 Mixdown Options 后面的“更改”按钮，在弹出的对话框中仅勾选 Stereo，如图 8-80 所示，单击“确定”按钮。

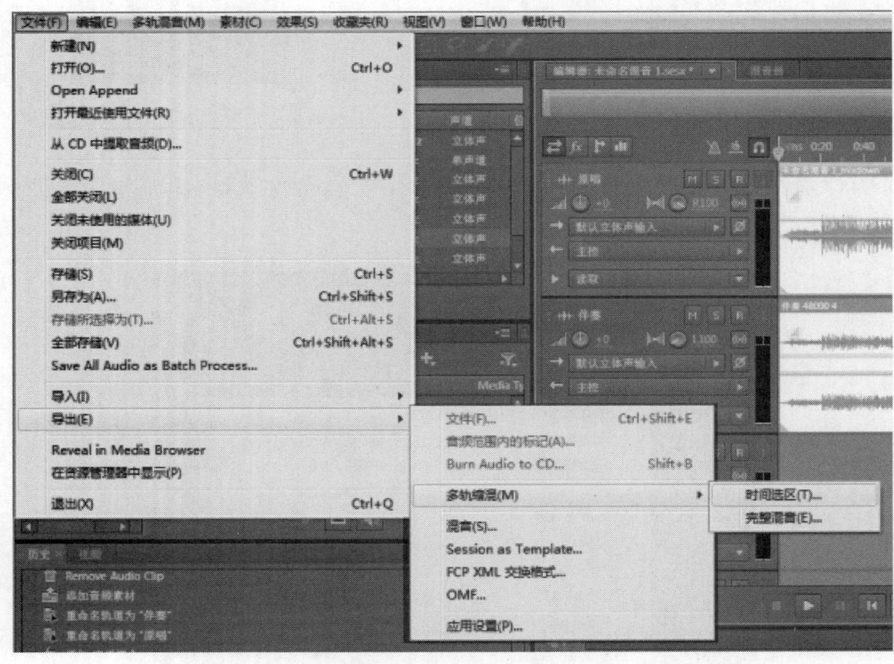

图 8-79 时间选区

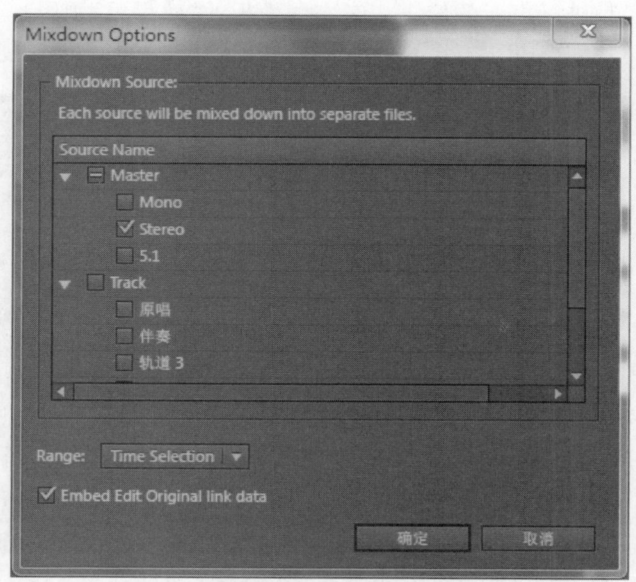

图 8-80　Mixdown Options(stereo)

(19) 对调整后的音频文件进行保存即可。

实例八　人声音高修正和均衡器

【目的】

(1) 熟练掌握 Adobe Audition，并学会用该软件对人声音高进行修正。

(2) 熟悉软件自带均衡器的使用。

【内容和步骤】

(1) 打开 Adobe Audition 软件，单击“录制”按钮，进行声音的录制，由于未创建音频文件，将弹出“新建音频文件”对话框，保持默认参数设置不变，单击“确定”按钮。

(2) 再次单击“录制”按钮开始真正录制声音，录制完成后单击“停止”按钮或按下空格键终止录制，录制的音频波形如图 8-81 所示。

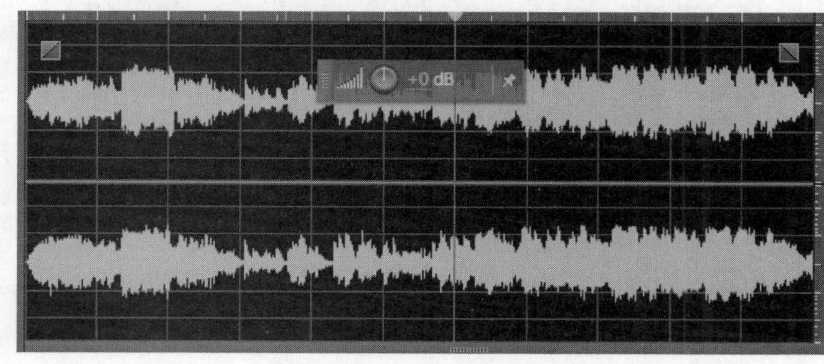

图 8-81　录制的音频波形

(3) 对录制的音频进行声音的修正。在左侧面板的“效果组”项下单击第一行后面的小三角按钮,依次选择 Time and Pitch→Automatic Pitch Correction 选项,如图 8-82 所示。

图 8-82 Automatic Pitch Correction

(4) 在弹出的“组合效果-Automatic Pitch Correction”对话框中,Scale 选择 Major 默认选项,下面的 Key 选择 F,左右滑动滑块调整 Attack 和 Sensitivity 值,并观察右侧的波形显示,同时单击左下角的“状态开关”,边监听边调整,其余参数保持不变,如图 8-83 所示。

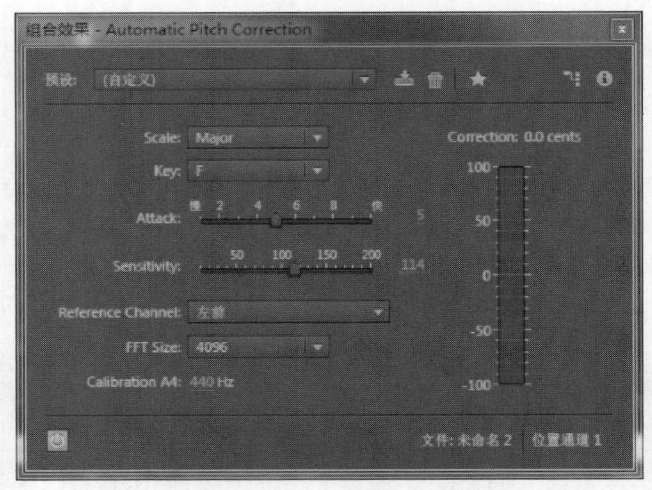

图 8-83 “组合效果-Automatic Pitch Correction”对话框

(5) 调整完成后单击“关闭”按钮即可。

(6) 在左侧面板的效果项下单击第二行后面的小三角,依次选择“滤波与均衡”→“图示均衡器(10 段)”选项,如图 8-84 所示。

(7) 在“组合效果-图示均衡器(10 段)”对话框中可观察到频率分成 10 段,可在相应的频段做适当的调整(进行调高或调低),并且可调整“范围”值,“精度”值保持默认即可。

图 8-84 图示均衡器(10 段)

(8) 对录制的声音进行相应频段的调整,并打开左下角的"状态开关"监听调整的声音,同时适当向左调整"主控增益"值(频段调整多为增益,故该值为负值),如图 8-85 所示。

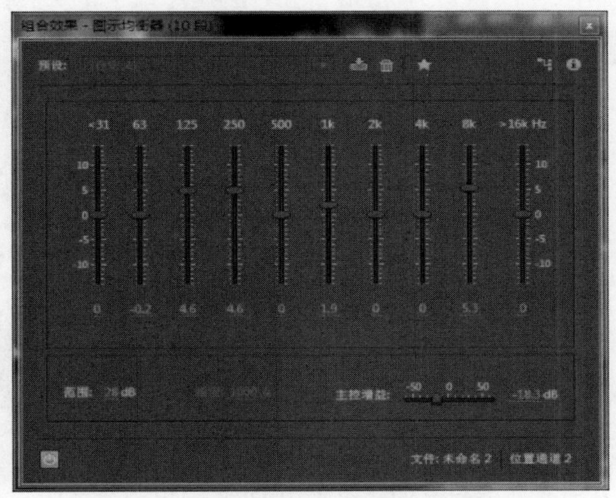

图 8-85 "组合效果-图示均衡器(10 段)"对话框

(9) 同时可通过"图示均衡器(20 段)"或"图示均衡器(30 段)"进行更加细致的声音频率调整,对调整完成的音频文件进行保存即可。

实例九 模拟电影原声和一段音乐的制作

【目的】

(1) 熟练掌握 Adobe Audition,并学会用该软件对音乐进行混合编辑。

(2) 使用大小不同的素材制作一段音乐。

【内容和步骤】

(1) 根据影片中的旁白录制一段语音,保存为"语音旁白-天使爱美丽. mp3"文件,并从

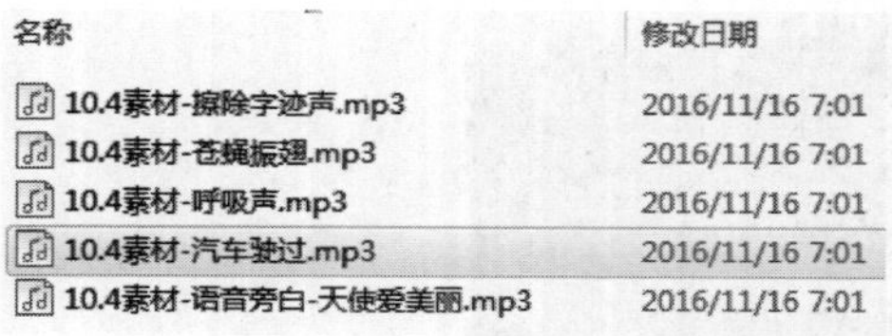

名称	修改日期
10.4素材-擦除字迹声.mp3	2016/11/16 7:01
10.4素材-苍蝇振翅.mp3	2016/11/16 7:01
10.4素材-呼吸声.mp3	2016/11/16 7:01
10.4素材-汽车驶过.mp3	2016/11/16 7:01
10.4素材-语音旁白-天使爱美丽.mp3	2016/11/16 7:01

图 8-86 素材文件

网上下载一段轻柔的配乐，同时录制效果声（包括清除字迹声、苍蝇振翅声、汽车驶过声和呼吸声），准备的素材如图 8-86 所示。

（2）打开 Adobe Audition 软件，单击“多轨混音”按钮，创建多轨合成项目，在弹出的“新建多轨混音”对话框中保持默认设置不变，单击“确定”按钮。

（3）依次选择菜单栏中的“文件”→“导入”→“文件”选项，如图 8-87 所示，选择准备好的素材后单击“打开”按钮。

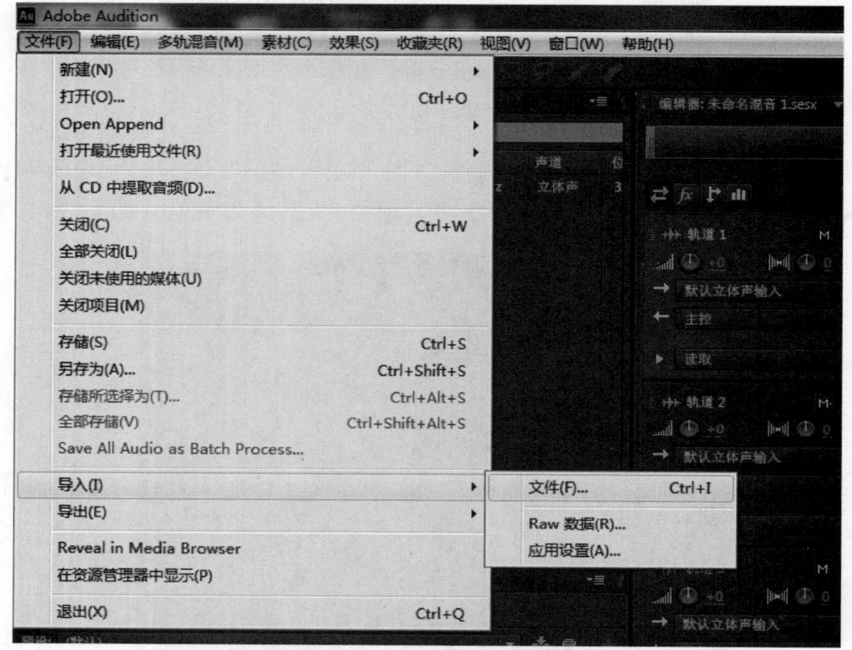

图 8-87 导入文件

（4）将配乐文件拖至多轨编辑器的轨道 1 中，并将输出音量降低 50%，用调整音量包络的方法，为配乐文件的开头处和结尾处分别制作淡入淡出效果，如图 8-88 所示。

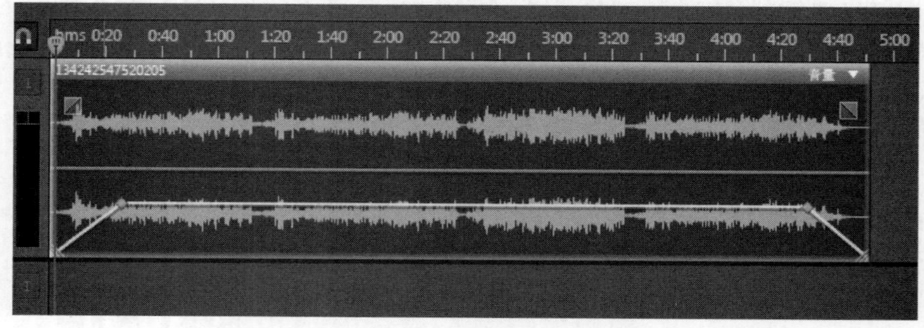

图 8-88 开头和结尾处淡入淡出效果

(5) 将“语音旁白-天使爱美丽.mp3”拖至多轨编辑器的轨道 2 中，并监听语音内容，如图 8-89 所示。

(6) 确定语音中提到苍蝇振翅的位置，将“苍蝇振翅.mp3”文件拖至多轨编辑器的轨道 3 中，并放在恰当的位置。

(7) 监听“苍蝇振翅”效果声，将其音量适当降低，如图 8-90 所示。

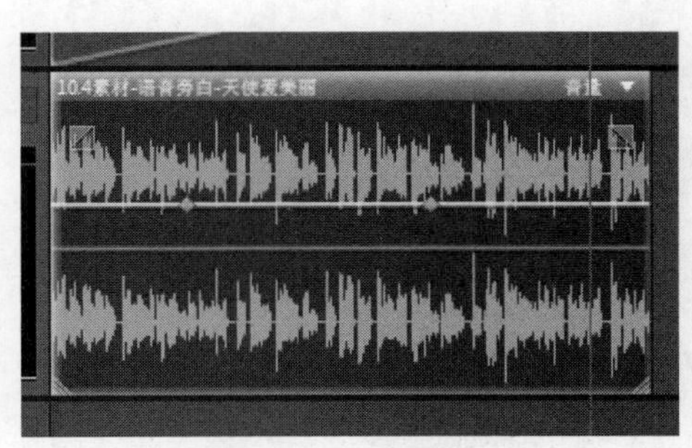

图 8-89　将“语音旁白-天使爱美丽”拖入轨道

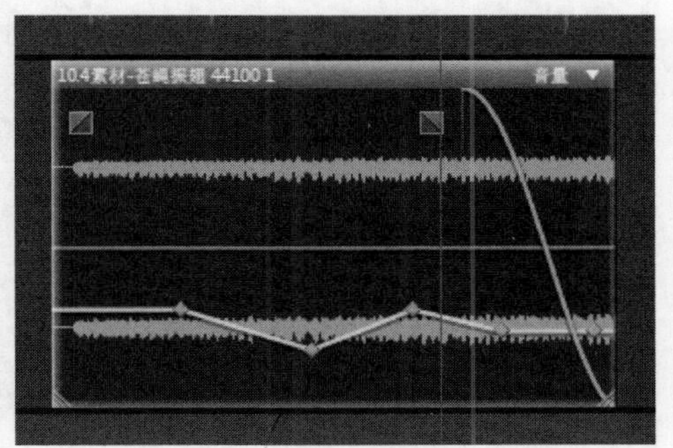

图 8-90　降低“苍蝇振翅”音量

(8) 将“汽车驶过.mp3”文件拖至多轨编辑器的轨道 4 中，并放置在恰当时间位置处，监听“汽车驶过”效果声，将其音量适当调整，如图 8-91 所示。

(9) 将“清除字迹.mp3”和“呼吸声.mp3”文件分别拖动至多轨编辑器的轨道 5 和轨道 6 中，并放置在恰当的时间位置上，进行音量的适当调整，如图 8-92 所示。

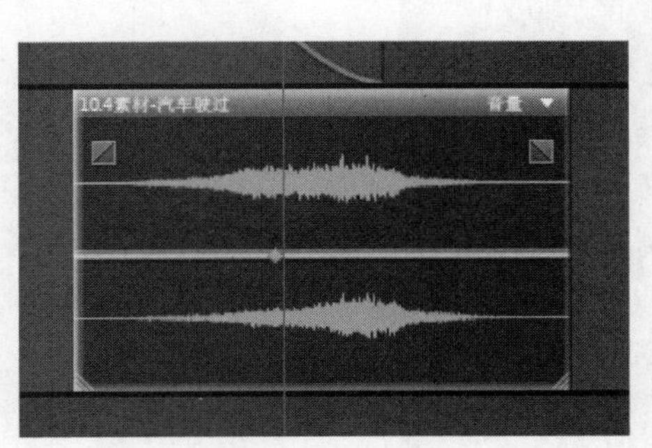

图 8-91　调整“汽车驶过”音量

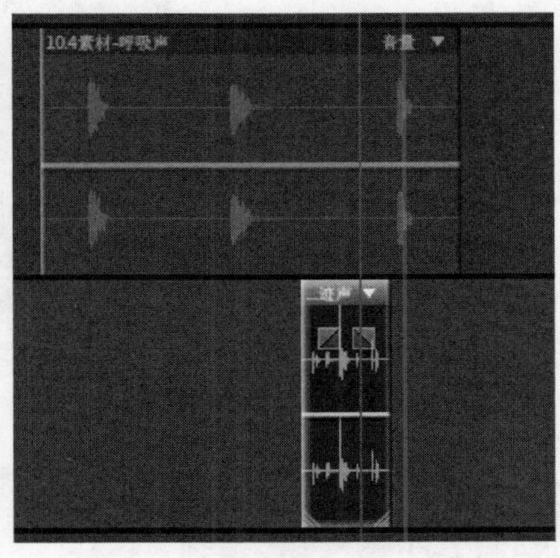

图 8-92　调整“清除字迹”和“呼吸声”音量

(10) 用调整音量包络的方法分别为添加的效果声增加淡入淡出效果，如图 8-93 所示。

(11) 监听全部轨道声音，并依次选择菜单栏中的“文件”→“导出”→“多轨缩混”→“整个项目”选项，如图 8-94 所示，对音频文件进行导出操作。

(12) 删除轨道编辑器中的所有音频波形，将准备好的素材导入进来，并将导入的音频文件分别拖动至多轨编辑器的不同轨道中，如图 8-95 所示。

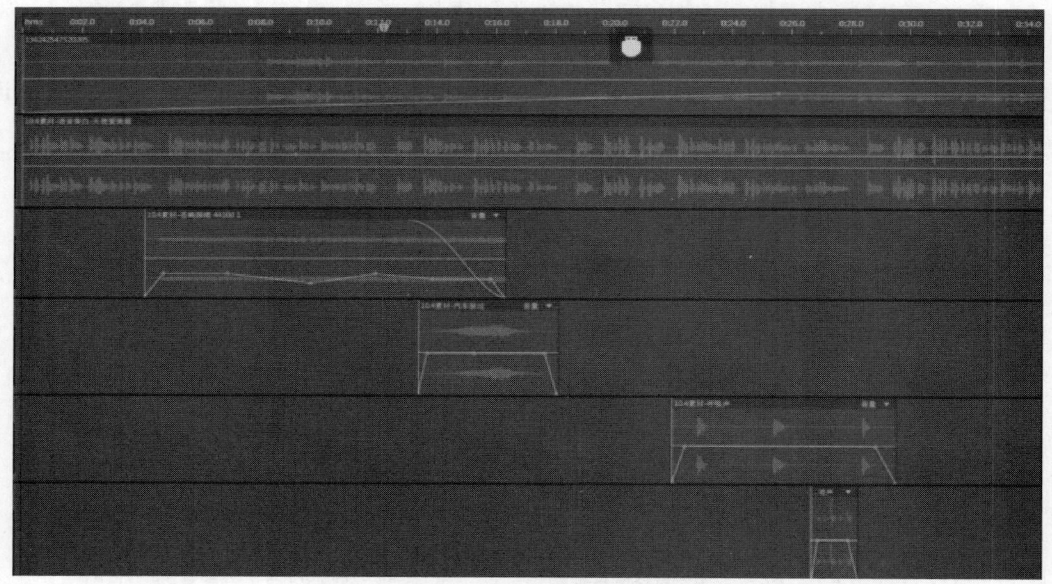

图 8-93　为效果声添加淡入淡出效果

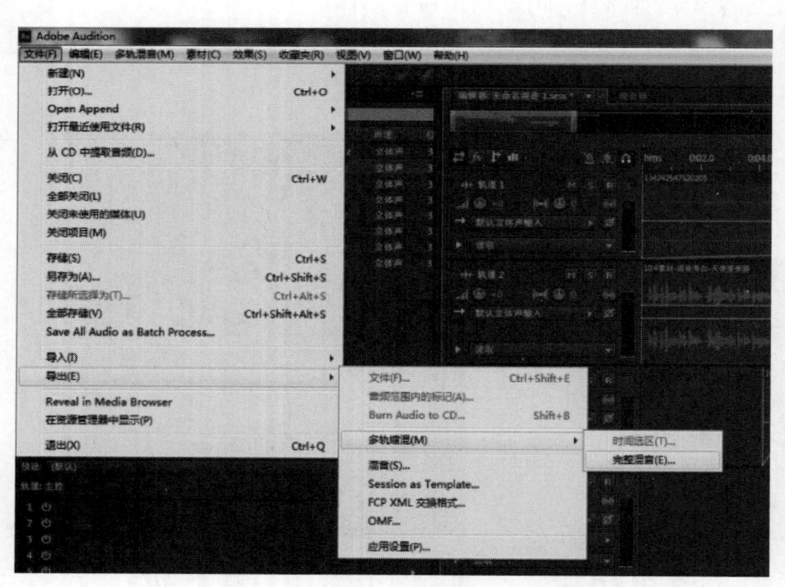

图 8-94　整个项目

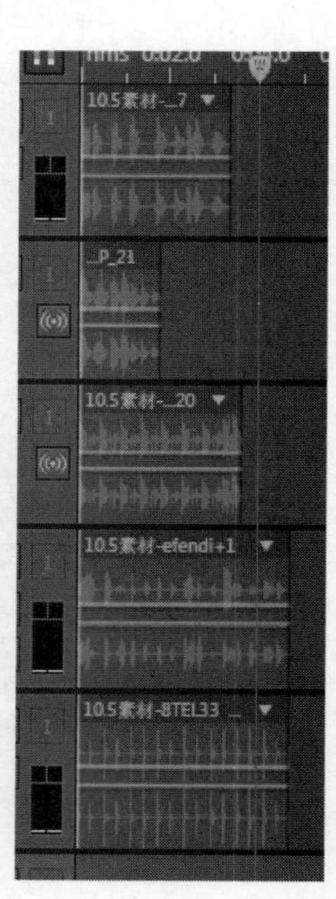

图 8-95　多个轨道

(13) 选择某一波形，在左侧的属性面板的 Basic Settings 选项下设置为循环，Stretch 选项下的 Mode 后面设置为 Rendered(High Quality)，如图 8-96 所示，并移动至波形尾部进行适当的拉伸。

(14) 对不同轨道的其他波形均做相同的处理，并拉伸到相同位置，同时对轨道 1 中的音频波形进行复制粘贴操作，并移动复制波形至时间合适位置，如图 8-97 所示。

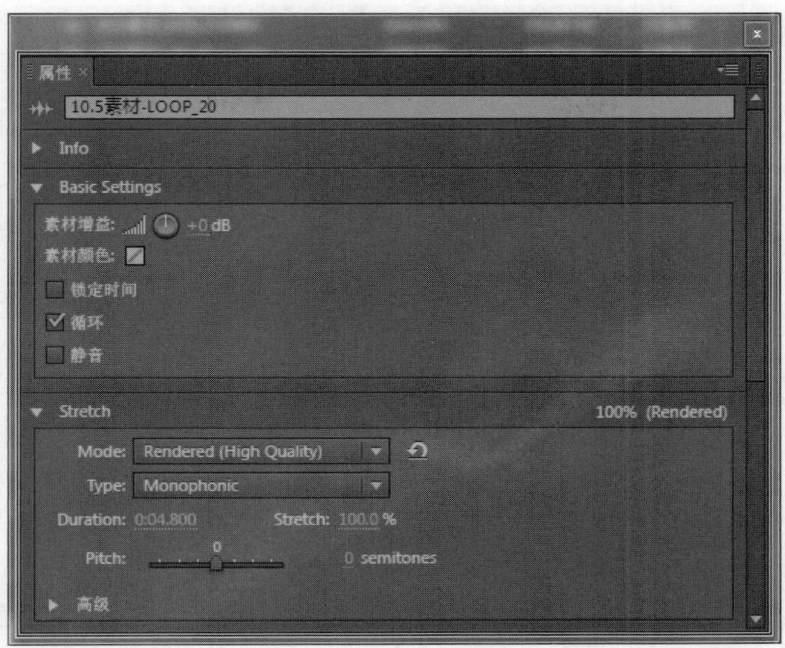

图 8-96 Rendered(High Quality)

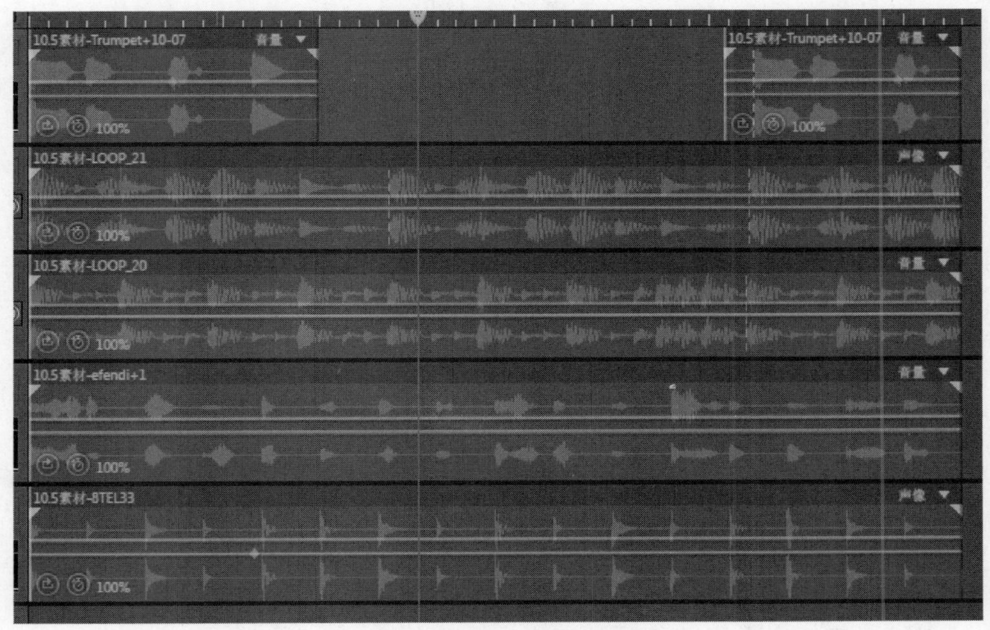

图 8-97 复制轨道 1 中的音频波形

(15) 监听所有轨道的音频,并依次选择菜单栏中的"文件"→"导出"→"多轨缩混"→"整个项目"选项,如图 8-98 所示,将音频文件进行导出保存。

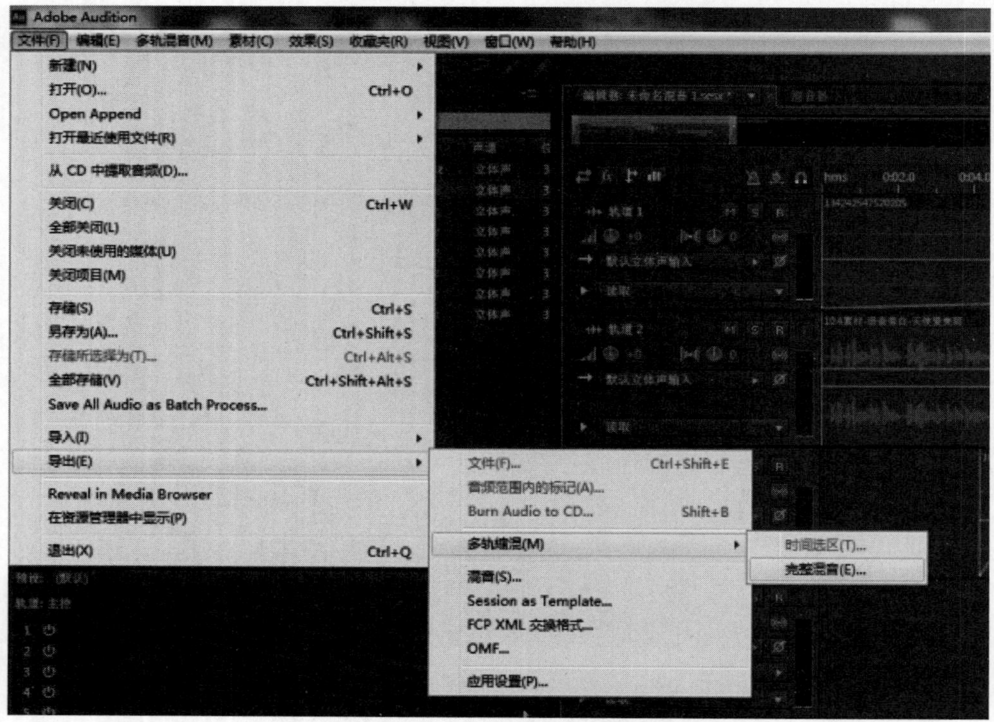

图 8-98　导出

实例十　扫频音和模拟电话音的制作

【目的】

(1) 熟练掌握 Adobe Audition,并学会用该软件对声音进行混合编辑。

(2) 运用软件制作两人电话通信的效果。

【内容和步骤】

(1) 准备一段二人对话的语音。

(2) 打开 Adobe Audition 软件,依次选择菜单栏中的"文件"→"打开"选项,选择准备的素材文件后单击"打开"按钮,可观察到该文件已在波形编辑器界面打开。

(3) 选择其中一人的语音波形,执行菜单栏中的"效果"→"滤波与均衡"→"FFT 滤波"选项,如图 8-99 所示。

(4) 在弹出的"效果-FFT 滤波"对话框中选择预设下拉菜单中的 Telephone-Receiver,如图 8-100 所示,然后单击"应用"按钮。

(5) 观察处理后的波形,发现被处理部分波形的振幅明显变小,如图 8-101 所示,故执行菜单栏中的"效果"→"振幅与压限"→"标准化(处理)"选项,如图 8-102 所示。

(6) 在弹出的"标准化"对话框中,修改"标准化为:"值为 100%,如图 8-103 所示,单击"确定"按钮,可观察到调整后的音频波形的振幅有明显的增大,如图 8-104 所示。

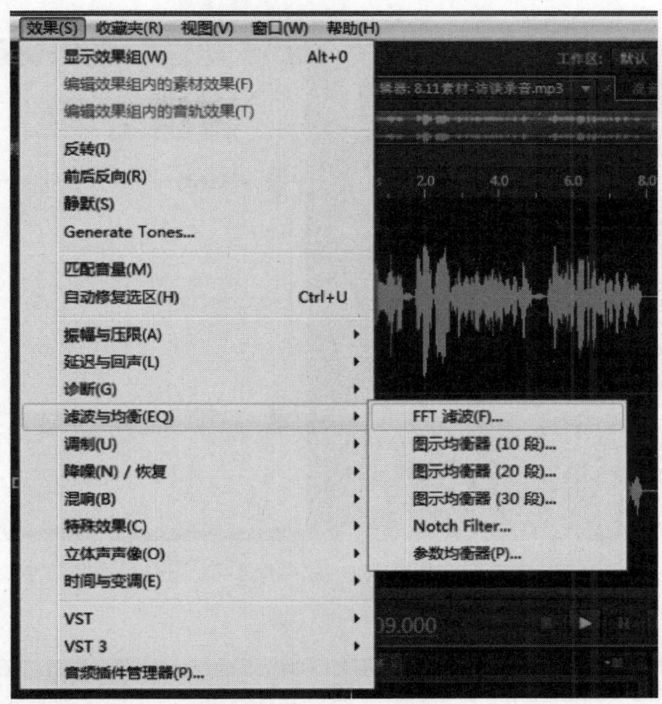

图 8-99 FFT 滤波

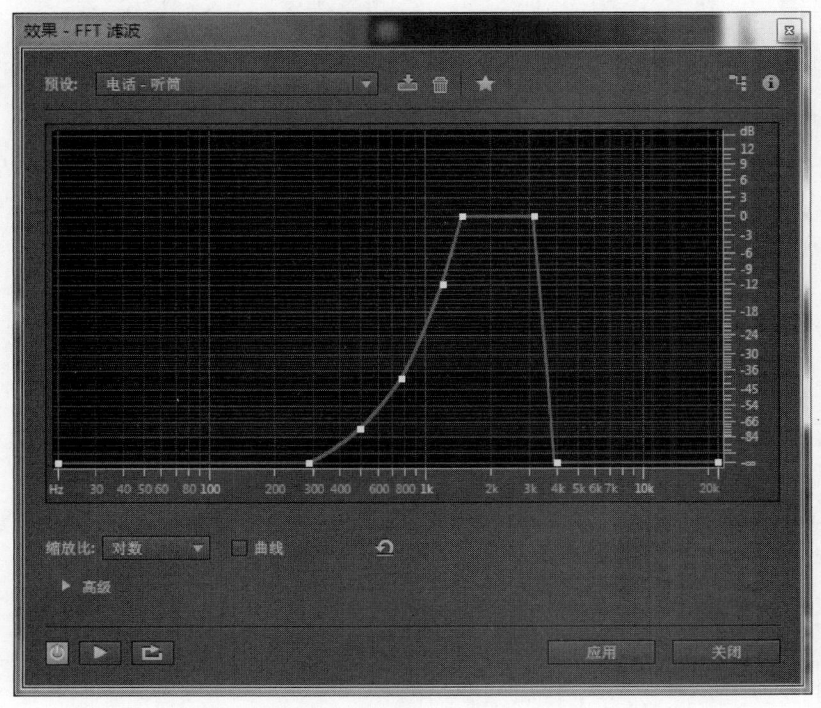

图 8-100 “效果-FFT 滤波”对话框

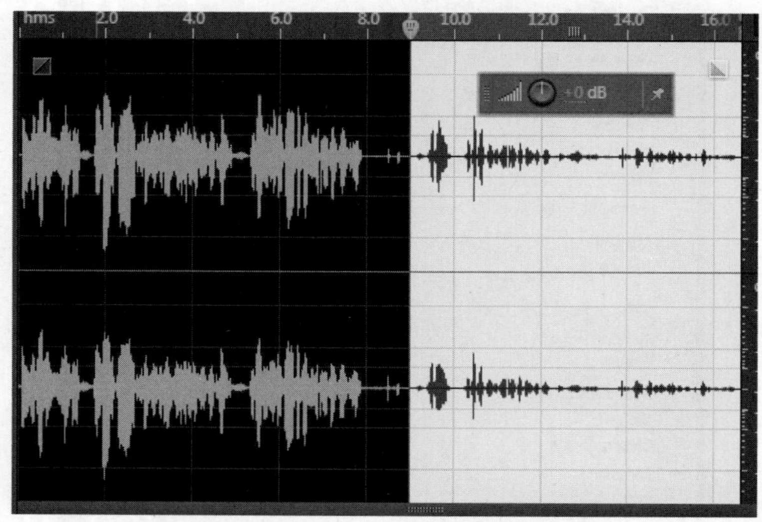

图 8-101　波形变小

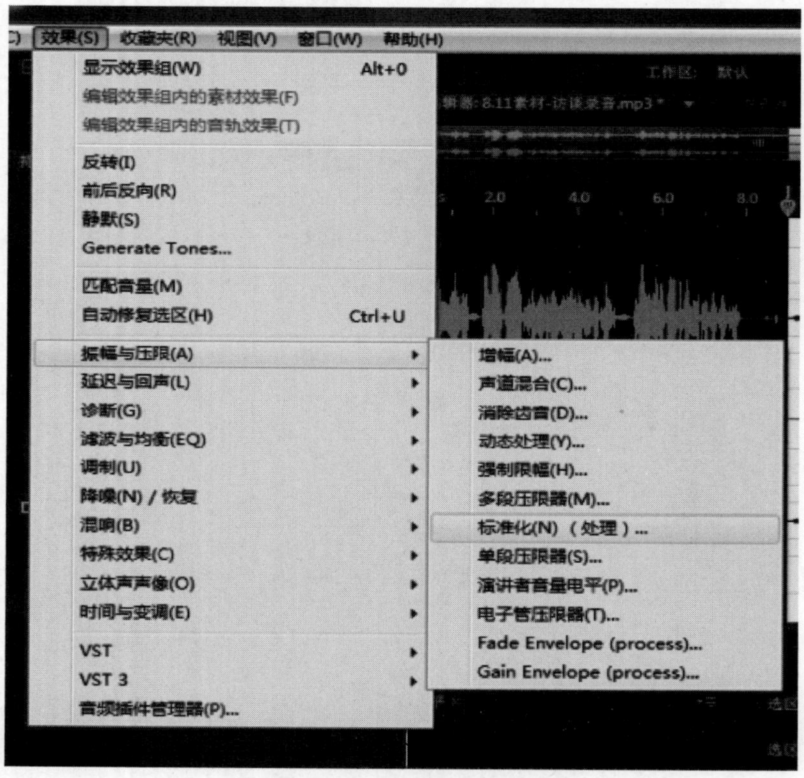

图 8-102　标准化(处理)

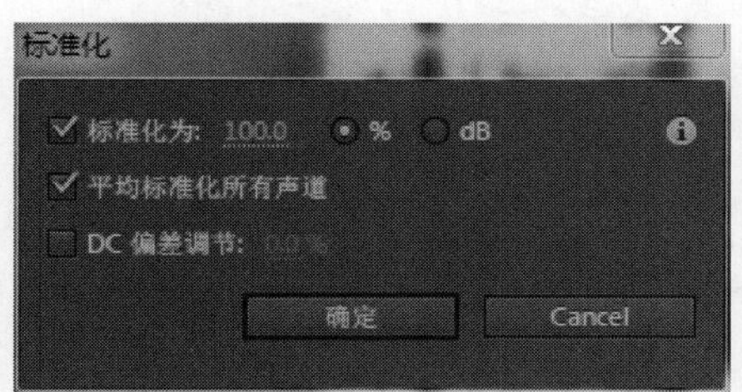

图 8-103 标准化参数调整

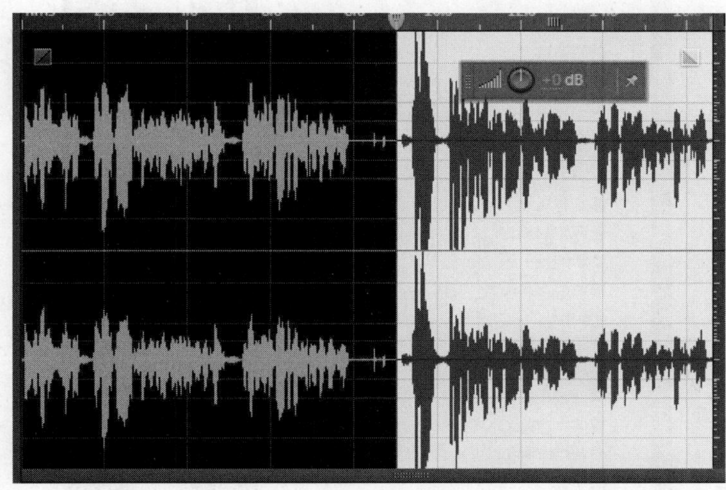

图 8-104 波形变大

(7) 将播放头设置到全部波形的开始处,单击“播放”按钮,监听是否生成了逼真的对话效果,并对制作的音频文件进行保存操作。

(8) 删除导入的音频文件及波形编辑器中的音频波形,单击“波形”按钮,如图 8-105 所示,在弹出的“新建音频文件”对话框中,保持默认设置不变,如图 8-106 所示,单击“确定”按钮。

图 8-105 “波形”按钮

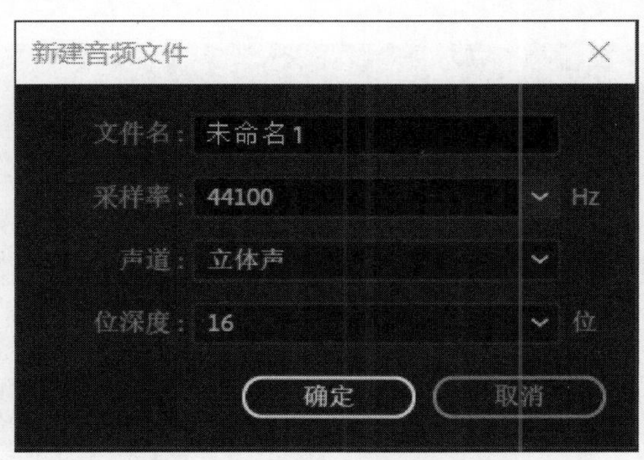

图 8-106 “新建音频文件”对话框

(9) 依次选择菜单栏中的“效果”→“生成”→“音调”选项,如图 8-107 所示。

(10) 在弹出的“效果-生成音调”对话框中,勾选“扫描频率”选项,如图 8-108 所示,勾选后上方会出现“开始”和“结束”两个可选项,在“开始”选项下设置“基频:”值为 20Hz,在“结束”选项下,勾选“对数扫描”选项,并设置“基频:”值为 20000Hz,如图 8-109 所示,同时设置右下方的持续时间为 10s,如图 8-110 所示,单击“确定”按钮。

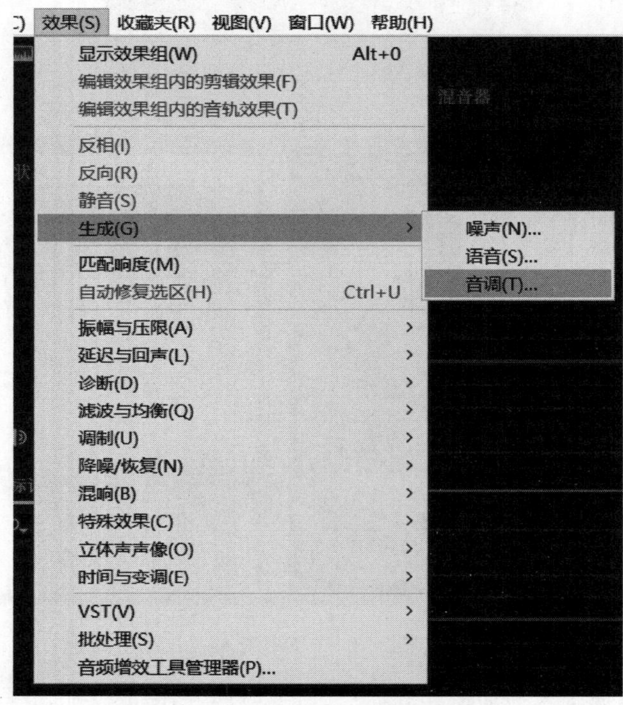

图 8-107 音调

图 8-108 勾选“扫描频率”

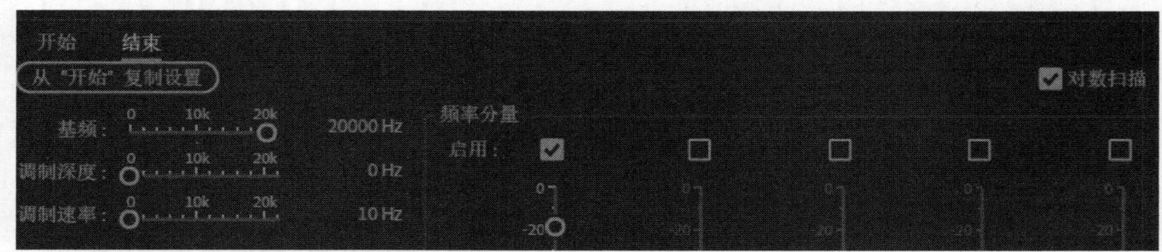

图 8-109 “开始”选项

图 8-110 持续时间

（11）可观察到波形编辑器中生成了与设置对应的扫频音波形，如图 8-111 所示，将播放头设置到全部波形的开始处，单击“播放”按钮，监听扫频音。

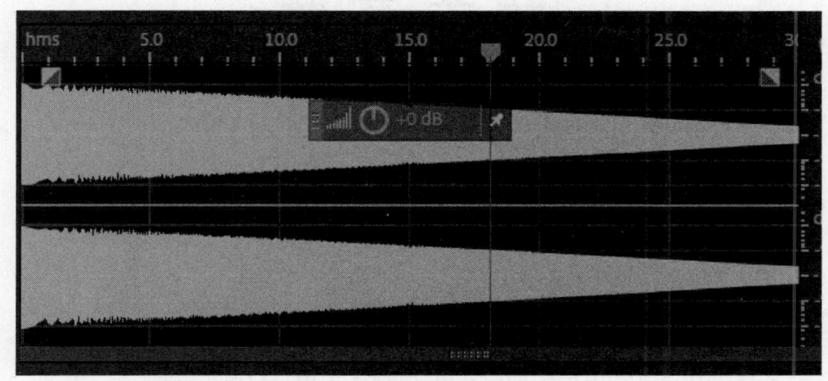

图 8-111　扫频音波形

（12）对生成的扫频音文件执行“文件”→“保存”选项，进行保存即可。

参 考 文 献

[1] 吴韶波，顾奕，李林隽. 数字音视频技术及应用[M]. 2 版. 哈尔滨：哈尔滨工业大学出版社，2016.

[2] 解相吾，解文博. 数字音视频技术[M]. 北京：人民邮电出版社，2012.

[3] 卢官明，宗昉. 数字音频原理及应用[M]. 北京：机械工业出版社，2012.

[4] 刘星，辛祥利. 动漫影视创作——数字音频设计与制作[M]. 北京：清华大学出版社，2019.

[5] 石雪飞，郭宇刚. 数字音频编辑 Adobe Audition CS6 实例教程[M]. 北京：电子工业出版社，2013.

[6] 裴雅勤，殷默刚. 动画声音[M]. 南京：江苏科学技术出版社，2010.

[7] 崔亚民. 配音与音效制作[M]. 北京：中国劳动社会保障出版社，2010.

[8] 付龙，高昇. 影视声音创作与数字制作技术[M]. 北京：中国广播电视出版社，2006.

[9] 王定朱，庄元. 数字音频编辑 Adobe Audition CS5.5[M]. 北京：电子工业出版社，2012.

[10] 孙钢. 7 天精通 Adobe Audition CS5.5 音频处理[M]. 北京：电子工业出版社，2012.

[11] Adobe 专家委员会 DDC 传媒. Adobe Audition 3 标准培训教材[M]. 北京：人民邮电出版社，2009.

[12] 王华，赵曙光，李艳红. Adobe Audition 3.0 网络音乐编辑入门与提高[M]. 北京：清华大学出版社，2009.

图书资源支持

感谢您一直以来对清华版图书的支持和爱护。为了配合本书的使用，本书提供配套的资源，有需求的读者请扫描下方的“书圈”微信公众号二维码，在图书专区下载，也可以拨打电话或发送电子邮件咨询。

如果您在使用本书的过程中遇到了什么问题，或者有相关图书出版计划，也请您发邮件告诉我们，以便我们更好地为您服务。

我们的联系方式：

清华大学出版社计算机与信息分社网站：https://www.shuimushuhui.com/

地　　址：北京市海淀区双清路学研大厦 A 座 714

邮　　编：100084

电　　话：010-83470236　010-83470237

客服邮箱：2301891038@qq.com

QQ：2301891038（请写明您的单位和姓名）

资源下载：关注公众号“书圈”下载配套资源。

资源下载、样书申请

书圈

图书案例

清华计算机学堂

观看课程直播